अनुप्रयुक्त भौतिक शास्त्र-I

(लैब मैन्युअल सहित)

मीना तलाटी
विनोद कुमार यादव

KHANNA BOOK PUBLISHING CO. (P) LTD.
PUBLISHER OF ENGINEERING AND COMPUTER BOOKS
4C/4344, Ansari Road, Darya Ganj, New Delhi-110002
Phone: 011-23244447-48 **Mobile:** +91-99109 09320
E-mail: contact@khannabooks.com
Website: www.khannabooks.com

Dear Readers,

To prevent the piracy, this book is secured with HIGH SECURITY HOLOGRAM on the front title cover. In case you don't find the hologram on the front cover title, please write us to at contact@khannabooks.com or whatsapp us at +91-99109 09320 and avail special gift voucher for yourself.

Specimen of Hologram on front Cover title: 

Moreover, there is a SPECIAL DISCOUNT COUPON for you with EVERY HOLOGRAM.

How to avail this SPECIAL DISCOUNT:

Step 1: Scratch the hologram

Step 2: Under the scratch area, your "coupon code" is available

Step 3: Logon to www.khannabooks.com

Step 4: Use your "coupon code" in the shopping cart and get your copy at a special discount

Step 5: Enjoy your reading!

ISBN: 978-93-5538-183-5
Book Code: DIP176HI

Applied Physics-I
by Mina Talati, Vinod Kumar Yadav
[Hindi Edition]

First Edition: 2021
Reprint: 2022, 2023, **2024**

Published by:
Khanna Book Publishing Co. (P) Ltd.
CIN: U22110DL1998PTC095547

Visit us at: **www.khannabooks.com**
Write us at: **contact@khannabooks.com**

To view complete list of books, Please scan the QR Code: KPH

Printed in Bharat.

प्रो. अनिल डी. सहस्रबुद्धे
अध्यक्ष
Prof. Anil D. Sahasrabudhe
Chairman

सत्यमेव जयते

अखिल भारतीय तकनीकी शिक्षा परिषद्
(भारत सरकार का एक सांविधिक निकाय)
(शिक्षा मंत्रालय, भारत सरकार)
नेल्सन मंडेला मार्ग, वसंत कुंज, नई दिल्ली–110070
दूरभाष : 011–26131498
ई–मेल : chairman@aicte-india.org

ALL INDIA COUNCIL FOR TECHNICAL EDUCATION
(A STATUTORY BODY OF THE GOVT. OF INDIA)
(Ministry of Education, Govt. of India)
Nelson Mandela Marg, Vasant Kunj, New Delhi-110070
Phone : 011-26131498
E-mail : chairman@aicte-india.org

प्राक्कथन

इंजीनियरिंग ने सदियों से समाज की प्रगति और विस्तार में बहुत महत्वपूर्ण भूमिका निभाई है। भारतीय उपमहाद्वीप में उपजे इंजीनियरिंग विचारों ने संपूर्ण विश्व के चिंतन को प्रभावित किया है।

अखिल भारतीय तकनीकी शिक्षा परिषद (अभातशिप) ने वर्ष 1987 में अपने स्थापना से ही तकनीकी विद्यार्थियों को सर्व संभव सहायता देने में अग्रणी भूमिका का निर्वहन किया है। अभातशिप का लक्ष्य गुणवत्तापूर्ण तकनीकी शिक्षा को प्रोत्साहन देते हुए इसके माध्यम से उद्योग जगत को नवीन उत्कर्ष पर पहुँचाना एवं अंततः मातृभूमि भारत को एक आधुनिक विकसित राष्ट्र के रूप में स्थापित करना है। यहां यह उल्लेख करना अनुचित नहीं होगा कि इंजीनियर आधुनिक समाज की रीढ़ हैं - बेहतर इंजीनियर अर्थात बेहतर उद्योग और उद्योग जितने बेहतर होंगे राष्ट्र उतना ही विकास करेगा।

राष्ट्रीय शिक्षा नीति 2020 की परिकल्पना है कि सभी के लिए क्षेत्रीय भाषा में शिक्षा उपलब्ध हो, जो सुनिश्चित करती है कि प्रत्येक विद्यार्थी समग्र रूप से सक्षम एवं दक्ष हो ताकि राष्ट्रीय विकास में सकल योगदान दे सके।

अभातशिप का विगत कुछ वर्षों से यह अथक प्रयास रहा है कि, इंजीनियरिंग के सभी विद्यार्थियों को उच्च गुणवत्ता वाली अंतरराष्ट्रीय स्तर की पुस्तकें क्षेत्रीय भाषाओं में तैयार कर, उचित मूल्य पर उपलब्ध कराई जाएँ। ये पुस्तकें न केवल सरल भाषा में व्यावहारिक जीवन के उदाहरणों तथा समृद्ध विषय सामग्री को ध्यान में रखकर तैयार की गई हैं, अपितु इनमें दिन प्रति दिन बदलते वैश्विक परिदृश्य तथा उद्योग जगत की आवश्यकताओं का भी ध्यान रखा गया है। क्षेत्रीय भाषाओँ में तैयार की गई ये पुस्तकें, अभातशिप के इंजीनियरिंग एवं प्रौद्योगिकी के मॉडल पाठ्यक्रम - 2018 के अनुरूप हैं।

संपूर्ण भारत के अनुभवी एवं विषय के निष्णात प्रख्यात प्राध्यापकों द्वारा इन पुस्तकों को अकादमिक समुदाय के लाभ के लिए लिखा गया है। अभातशिप को पूर्ण विश्वास है कि, विषय सामग्री की दृष्टि से समृद्ध, ये पुस्तकें तकनीकी शिक्षा के विद्यार्थियों को अधिक सुगमता और गुणवत्ता के साथ विषयों में दक्षता प्राप्त करने में सहायक होंगी।

अभातशिप इन पुस्तकों और इंजीनियरिंग विषयों को अधिक सुस्पष्ट एवं प्रभावी बनाने के लिए सभी मूल लेखकों, समन्वयकों तथा अनुवादकों के अथक प्रयास और परिश्रम की प्रशंसा करता है।

(Anil D. Sahasrabudhe)

आभार

इंजीनियरिंग एवं प्रौद्योगिकी के विद्यार्थियों के लिए तकनीकी पुस्तकों के प्रकाशन हेतु कुशल नियोजन, संयोजन एवं क्रियान्वयन हेतु अखिल भारतीय तकनीकी शिक्षा परिषद् के प्रति लेखक हृदय से कृतज्ञ हैं।

पुस्तक को विद्यार्थियों के अनुकूल रोचक एवं कलात्मक रूप देने में पुस्तक के समीक्षक श्रीमती मेधा शिरीष गिजरे के बहुमूल्य योगदान के प्रति भी लेखक हृदय से आभारी है।

लेखक के लिए अत्यंत गौरव का विषय है कि, यह पुस्तक एआईसीटीई के मॉडल पाठ्यक्रम एवं राष्ट्रीय शिक्षा नीति (NEP)–2020 के दिशानिर्देशों के अनुरूप तैयार की गई है। साथ ही क्षेत्रीय भाषाओं में शिक्षा को बढ़ावा देने के लिए इस पुस्तक का अनुसूचित भारतीय क्षेत्रीय भाषाओं में भी अनुवाद किया जा रहा है।

हम इस पुस्तक के हिंदी भाषा में अनुवाद के लिए डॉ. राजेश लालवानी एवं समीक्षा के लिए प्रो. पूर्णिमा स्वरुप खरे के प्रति आभार व्यक्त करते हैं।

हम श्री बुद्धा चंद्रशेखर, मुख्य समन्वय अधिकारी (CCO), NEAT, एआईसीटीई के प्रति हार्दिक सम्मान व्यक्त करते हैं जिनके द्वारा विकसित आर्टिफिशियल इंटेलिजेंस (AI) आधारित ट्रांसलेशन टूल का उपयोग अनुवाद के लिए किया गया।

अंत में, लेखक, खन्ना बुक पब्लिशिंग कंपनी प्राइवेट लिमिटेड, नई दिल्ली, के सभी सदस्यों जिन्होंने प्रकाशन के दौरान तत्परता से सहयोग प्रदान किया एवं इसे एक स्मरणीय अनुभव बनाया, के प्रति भी हार्दिक धन्यवाद ज्ञापित करते हैं।

– मीना तलाटी और विनोद कुमार यादव

प्रस्तावना

'अनुप्रयुक्त भौतिक शास्त्र-1 एवं प्रायोगिक' नामक पुस्तक डिप्लोमा इंजीनियरिंग स्तर पर आधारभूत भौतिकी पाठ्यक्रमों के हमारे शिक्षण के अनुभव का परिणाम है। हमने एआईसीटीई के आउटकम बेस्ड एजुकेशन (OBE) मॉडल पाठ्यक्रम की आवश्यकताओं और नई शिक्षा नीति (NEP) 2020 के अनुसार प्रथम वर्ष के डिप्लोमा इंजीनियरिंग डिप्लोमा इंजीनियरिंग पाठ्यक्रमों के लिए प्रासंगिक भौतिकी के मूल सिद्धांतों के विषयों को शामिल किया है। इस पुस्तक की सामग्री को रोचक, छात्र हितैषी और स्पष्ट रखने के लिए ईमानदारी से प्रयास किए गए हैं, साथ-साथ इंजीनियरिंग छात्रों को भौतिकी की मूलभूत अवधारणाओं को प्रकट करने और समझाने से समझौता नहीं किया गया है।

इस पुस्तक की पांडुलिपि की पूरी तैयारी में हमने विभिन्न मानक पाठ्यपुस्तकों, शोध पत्रों और रिपोर्टों पर विचार किया है, और तदनुसार, हमने प्रश्न, हल और पूरक समस्याओं को शामिल किया है। पुस्तक में विभिन्न कठिनाई स्तरों की समस्याओं को शामिल किया गया है जिन्हें निश्चित रूप से कुछ विचारशील प्रयासों से हल किया जा सकता है। इस पुस्तक में बुनियादी सिद्धांतों के त्वरित संशोधन के लिए भौतिक घटनाओं और भौतिक राशियों, भौतिकी के नियमों और पाठ्यक्रम से संबंधित विभिन्न भौतिकी सूत्रों की परिभाषा पर जोर दिया गया है। हमने भौतिकी की अवधारणाओं की उचित समझ के लिए प्रत्येक यूनिट में विभिन्न उदाहरण और चित्रण प्रदान करने का भी प्रयास किया है जिससे विद्यार्थी स्वयं को जोड़ सकते है। अवधारणाओं के और स्पष्टीकरण के लिए, हमने उचित उपयोग नीतियों और क्रिएटिव कॉमन्स लाइसेंस के तहत उपलब्ध आंकड़ों और आरेखों का उपयोग किया है।

यह ध्यान रखना महत्वपूर्ण है कि, हमने प्रत्येक यूनिट के अंत में पाठ्यक्रम के अनुसार प्रासंगिक बारह प्रायोगिक कार्य शामिल किए हैं। इसके अलावा, हमने अनुलग्नक अनुभाग में कुछ आवश्यक सूत्र और इकाइयों के रूपांतरण को एक साथ रखा है। प्रत्येक यूनिट में, पाठ्यचर्या की सीमाओं के भीतर विषयों के स्व-शिक्षण के लिए उपयोगकर्ता की इच्छा का समर्थन करने और बढ़ावा देने के लिए वीडियो और/सिमुलेशन लिंक दिए गए हैं।

हमें पूरी उम्मीद है कि पुस्तक जिज्ञासा पैदा करेगी और छात्रों को उनके मूल विषयों से संबंधित समस्याओं के समाधान के लिए भौतिकी के बुनियादी सिद्धांतों को सीखने, चर्चा करने और उपयोग करने के लिए प्रेरित करेगी। पुस्तक के भावी संस्करणों को बेहतर बनाने में पाठकों की लाभकारी टिप्पणियाँ और सुझाव प्रमुख भूमिका निभाएंगे। प्रथम वर्ष के डिप्लोमा इंजीनियरिंग के लिए 'तकनीकी पुस्तक लेखन' योजना के तहत लिखी गई इस पुस्तक को शिक्षकों और छात्रों के हाथों में रखते हुए हमें बहुत खुशी हो रही है।

– मीना तलाटी और विनोद कुमार यादव

परिणाम आधारित शिक्षा

डिप्लोमा इंजीनियरिंग छात्रों के लिए परिणाम आधारित शिक्षा के कार्यान्वयन के लिए, परिणाम आधारित पाठ्यक्रम विकसित किया गया है। इसमें परिणाम आधारित मूल्यांकन भी शामिल है, जिसके माध्यम से शिक्षाविद् और मूल्यांकनकर्ता मानक, विशिष्ट और मापनीय कार्यक्रम परिणामों के रूप में छात्रों की उपलब्धि का आकलन और मूल्यांकन करने में सक्षम होंगे। परिणाम आधारित शिक्षा, व्यवस्थित और उत्तरोत्तर रूप से कार्यक्रम-विशिष्ट कौशल को प्राप्त करने पर जोर देती है जिसे डिप्लोमा इंजीनियरिंग छात्रों को प्राप्त करना चाहिए। परिणाम आधारित शिक्षा के माध्यम से, शिक्षार्थी किसी भी स्तर पर कार्यक्रम को छोड़े बिना न्यूनतम मानक प्राप्त करने के लिए प्रतिबद्ध हो सकेंगे। परिणाम आधारित शिक्षा युक्त प्रोग्राम के अंत में, डिप्लोमा इंजीनियरिंग के छात्र निम्नलिखित लक्ष्यों (परिणामों) तक पहुंचने में सक्षम होंगे:

PO1 : **मूलभूत एवं अध्ययन संकाय विशिष्ट ज्ञान:** गणित, विज्ञान, इंजीनियरिंग के आधारभूत ज्ञान और इंजीनियरिंग विशेषज्ञता कों इंजीनियरिंग समस्याओं के समाधान के लिए उपयोग करना।

PO2 : **समस्या विश्लेषण:** संहिताबद्ध मानक विधियों का उपयोग करके सुपरिभाषित इंजीनियरिंग समस्याओं को पहचानना एवं उनका विश्लेषण करना।

PO3 : **समाधानों की रूपरेखा / विस्तार:** सुपरिभाषित तकनीकी समस्याओं के लिए समाधानों की रूपरेखा (डिजाईन) तैयार करना और निर्दिष्ट आवश्यकताओं को पूरा करने के लिए प्रणाली के घटकों या प्रक्रियाओं के डिजाइन में सहायता करना।

PO4 : **इंजीनियरिंग उपकरण, प्रयोग और परीक्षण:** मानक परीक्षण और माप करने के लिए आधुनिक इंजीनियरिंग उपकरण और उपयुक्त तकनीक का उपयोग करना।

PO5 : **समाज एवं पर्यावरणीय स्थायित्व के लिए इंजीनियरिंग कार्यप्रणाली:** समाज, स्थिरता, पर्यावरण और नैतिक कार्यप्रणालियों के संदर्भ में उपयुक्त प्रौद्योगिकी का उपयोग करना।

PO6 : **परियोजना प्रबंधन:** इंजीनियरिंग और प्रबंधन के सिद्धांतों का उपयोग व्यक्तिगत एवं समूह के सदस्य अथवा प्रमुख के रूप में परियोजना प्रबंधन करना एवं सुपरिभाषित इंजीनियरिंग गतिविधियों के विषय में प्रभावी ढंग से संप्रेषित करना।

PO7 : **जीवन-पर्यन्त सीखना:** व्यक्तिगत आवश्यकताओं का विश्लेषण करने की क्षमता और तकनीकी परिवर्तनों के व्यापक संदर्भ में जीवन-पर्यन्त सीखना।

कोर्स आउटकम्स

पाठ्यक्रम के पूरा होने के बाद विद्यार्थी निम्न में सक्षम होंगे:

CO-1 : इंजीनियरिंग समस्याओं के सटीक और परिशुध्द माप के लिए भौतिक राशियों का चयन करना और माप में त्रुटियों का अनुमान लगाना।

CO-2 : सदिशों का योग, अंतर, गुणनफल (स्केलर और वेक्टर गुणनफल) करना और प्रासंगिक अनुप्रयोगों के लिए सदिशों का वियोजन प्राप्त करना। इंजीनियरिंग अनुप्रयोगों को हल करने के लिए गति के प्रकार का विश्लेषण करना एवं लागू करना।

CO-3 : वैज्ञानिक शब्द कार्य, ऊर्जा और शक्ति और उनके मात्रकों को परिभाषित करना और इंजीनियरिंग समस्याओं को हल करने के लिए उनके बीच संबंध प्राप्त करना। विभिन्न सतहों के बीच घर्षण के रूपों का वर्णन करना और उनके बीच घर्षण को कम करने के लिए विधियों का वर्णन करना। ऊर्जा संरक्षण के सिद्धांत का वर्णन करना तथा ऊर्जा के विभिन्न रूपों तथा ऊर्जा रूपांतरणों की पहचान करना।

CO-4 : रेखीय गति और घूर्णी गति से संबंधित भौतिक गुणों की तुलना करना और उनके बीच संबंध स्थापित करना। और ज्ञात समस्याओं के लिए कोणीय संवेग संरक्षण नियम को लागू करना।

CO-5 : व्यापक आधारित इंजीनियरिंग समस्याओं को हल करने के लिए ठोस और तरल पदार्थ के भौतिक गुणों का विश्लेषण करके, उद्योगों में प्रासंगिक सामग्रियों का चयन करना।

CO-6 : ऊष्मा के मूल सिद्धांतों की व्याख्या करना और विभिन्न थर्मामीटरों का उपयोग करके तापमान को मापना। संबंधित इंजीनियरिंग अनुप्रयोगों में दी गई सामग्री के प्रसार गुणांक और उष्मीय चालकता गुणांक ज्ञात कर, उष्मा स्थानांतरण के प्रकारों को पहचानना एवं लागू करना।

कोर्स आउटकम्स (COs)	प्रोग्राम आउटकम्स (POs) के साथ अपेक्षित संबंध *(1-कमजोर सहसंबंध; 2-मध्यम सहसंबंध; 3-मजबूत सहसंबंध)*						
	PO-1	PO-2	PO-3	PO-4	PO-5	PO-6	PO-7
CO-1	3	2	1	1	2	1	1
CO-2	3	2	1	1	3	2	1
CO-3	3	2	1	1	2	1	1
CO-4	3	2	1	1	1	3	2
CO-5	3	3	1	1	2	2	2
CO-6	3	2	1	1	2	2	2

संक्षेपण और प्रतीक

संक्षेपण सूची

सामान्य पद			
संक्षेपण	**विस्तृत रूप**	**संक्षेपण**	**विस्तृत रूप**
amu	एटोमिक मास यूनिट	PO	प्रोग्राम आउटकम
AU	एस्ट्रो नोमिकल यूनिट्स	PRT	प्लेटिनम रेसिस्टेंस थर्मामीटर
CO	कोर्स आउटकम	TME	टोटल मेकेनिकल एनर्जी
KE	कायनेटिक एनर्जी (गतिज ऊर्जा)	UO	यूनिट आउटकम
LC	लीस्ट काउंट (अल्पतमांक)	UTS	अल्टीमेट टेंसाइल स्ट्रेंग्थ (चरम तनन सामर्थ्य)
PE	पोटेंशियल एनर्जी (स्थितिज ऊर्जा)		
उपयोग किये गए मात्रक			
Å	एंगस्ट्रांग	kW-h	किलोवाट-घंटा
BTU	ब्रिटिश थर्मल यूनिट	m	मीटर
°C	डिग्री सेल्सियस	mm of Hg	Hg (पारे) का मिलीमीटर
cal	कैलोरी	N	न्यूटन
eV	इलेक्ट्रोन वोल्ट	P	प्वाइज
°F	फैरनहाइट	Pa	पास्कल
Hz	हर्ट्ज	PI	पोइजुली
J	जूल	°R	रैंकिन
K	केल्विन	St	स्टोक्स
kg	किलोग्राम	W	वाट

प्रतीक सूची

प्रतीक	विवरण	प्रतीक	विवरण
Å	एंगस्ट्रोंग	η	श्यानता गुणांक या अपरूपण प्रत्यास्थता गुणांक
B	आयतन प्रत्यास्थता गुणांक	λ	तरंग दैर्ध्य
R_e	रेनॉल्ड संख्या	μ_k	गतिज घर्षण गुणांक
T	आवर्तकाल	μ_s	स्थैतिक घर्षण गुणांक
Y	यंग प्रत्यास्थता गुणांक	π	घनत्व
α	रेखीय प्रसार गुणांक	ω	कोणीय आवृत्ति
β	पृष्ठीय प्रसार गुणांक	f	आवृत्ति
γ	आयतन प्रसार गुणांक	f_k	गतिज घर्षण
v	वेग	f_s	स्थैतिक घर्षण

चित्र सूची

यूनिट 3: कार्य, शक्ति एवं ऊर्जा

यूनिट 4: घूर्णी गति

यूनिट 5: द्रव्यों के गुण

यूनिट 6: ऊष्मा और ऊष्मामिति

तालिका सूची

शिक्षकों के लिए दिशानिर्देश

परिणाम आधारित शिक्षा (OBE) की रुपरेखा के क्रियान्वयन और ब्लूम की टैक्सोनॉमी के उपयोग पर अधिक ध्यान देने के लिए आवश्यक है कि विद्यार्थियों के ज्ञान एवं व्यावसायिक कौशल को बढ़ाया जाना चाहिए। इसके उचित क्रियान्वयन के लिए शिक्षकों को एक बड़ी जिम्मेदारी लेनी चाहिए। परिणाम आधारित शिक्षा प्रणाली में शिक्षकों के असीमित उत्तरदायित्वों में से कुछ निम्न प्रकार के हो सकते है :

- यथोचित प्रतिबंधो के अंतर्गत, सभी विद्यार्थियों के सर्वोत्तम लाभ के लिए उन्हें युक्तिपूर्ण तरीके से समय का प्रबंधन करना चाहिए।
- उन्हें विद्यार्थियों का आकलन किसी भेदभाव या अन्य संभावित अपात्रता पर विचार किए बिना केवल कुछ निश्चित मानदंडों के आधार पर ही करना चाहिए।
- उन्हें विद्यार्थियों के संस्थान छोड़ने के पूर्व उनकी सीखने की क्षमता को एक निश्चित स्तर तक बढ़ाने का प्रयास करना चाहिए।
- उन्हें यह सुनिश्चित करने का प्रयास करना चाहिए कि शिक्षा पूर्ण करने तक सभी विद्यार्थी गुणवत्ता पूर्ण ज्ञान एवं योग्यता ग्रहण कर चुके हों।
- उन्हें विद्यार्थियों को उनकी श्रेष्ठ प्रदर्शन करने की क्षमताओं को विकसित करने के लिए हमेशा प्रोत्साहित करना चाहिए।
- उन्हें नए दृष्टिकोण को सुदृढ़ करने के लिए सामूहिक एवं दलगत रूप में कार्य करने के लिए सुविधा एवं प्रोत्साहन देना चाहिए।
- उन्हें आकलन के प्रत्येक चरण में ब्लूम्स टैक्सोनॉमी का पालन करना चाहिए।

ब्लूम्स टैक्सोनॉमी

स्तर	शिक्षक को जाँचना चाहिए	विद्यार्थी को सक्षम होना चाहिए	आकलन का संभावित तरीका
सृजन Creating	विद्यार्थियों की सृजन क्षमता	डिजाइन या सृजन	लघु परियोजना
मूल्यांकन Evaluating	विद्यार्थियों की तर्क एवं मूल्यांकन की क्षमता	तर्क या प्रतिरक्षा	निर्दिष्ट कार्य
विश्लेषण Analyzing	विद्यार्थियों की विश्लेषण क्षमता	पृथक करना या भेद करना	परियोजना एवं प्रयोगशाला पद्धति
अनुप्रयोग Applying	विद्यार्थियों में जानकारी के उपयोग की क्षमता	प्रचालन/प्रदर्शन	तकनीकी प्रस्तुति/प्रदर्शन
समझ Understanding	विद्यार्थियों में विचारों की व्याख्या करने की क्षमता	व्याख्या या वर्गीकरण	प्रस्तुति/संगोष्ठी
स्मरण Remembering	विद्यार्थियों की याद करने की क्षमता (या याद रखना)	परिभाषित या याद करना	प्रश्नोत्तरी

विद्यार्थियों के लिए दिशानिर्देश

विद्यार्थियों को परिणाम आधारित शिक्षा (OBE) को लागू करने के लिए समान जिम्मेदारी लेनी चाहिए। परिणाम आधारित शिक्षा प्रणाली में विद्यार्थियों के लिए असीमित जिम्मेदारियों में से कुछ इस प्रकार हैं:

- प्रत्येक पाठ्यक्रम में यूनिट शुरू होने से पहले विद्यार्थियों को प्रत्येक UO के बारे में अच्छी तरह से अवगत होना चाहिए।
- पाठ्यक्रम शुरू होने से पहले विद्यार्थियों को प्रत्येक CO के बारे में अच्छी तरह से अवगत होना चाहिए।
- पाठ्यक्रम शुरू होने से पहले विद्यार्थियों को प्रत्येक PO के बारे में अच्छी तरह से अवगत होना चाहिए।
- विद्यार्थियों को उचित चिंतन और क्रिया के साथ आलोचनात्मक और तर्कसंगत रूप से सोचना चाहिए।
- विद्यार्थियों के सीखने को व्यावहारिक और दैनिक जीवन के परिणामों के साथ सम्बद्ध और एकीकृत किया जाना चाहिए।
- विद्यार्थियों को परिणाम आधारित शिक्षा के प्रत्येक स्तर पर अपनी योग्यता से अच्छी तरह अवगत होना चाहिए।

विषय-सूची

1 भौतिक जगत, मात्रक एवं मापन

यूनिट विशिष्ट

यह यूनिट आधारभूत भौतिकी के निम्नलिखित विषयों पर केंद्रित है:

- मूल एवं व्युत्पन्न भौतिक राशियाँ और मात्रक
- मात्रकों की प्रणाली
- भौतिक राशियों का विमीय विश्लेषण एवं इसकी सीमाएं
- माप के प्रत्यक्ष और अप्रत्यक्ष तरीके एवं माप उपकरणों का अल्पतमांक
- त्रुटियों का निर्धारण एवं उनका प्रसार
- सार्थक अंक

भूमिका

इंजीनियरिंग, उद्योग और दैनिक जीवन में राशियों का मापन आवश्यक है। भौतिक राशियों को मापा जा सकता है। मापन के लिए राशियों की इकाइयों को परिभाषित किया जाना चाहिए। आधारभूत भौतिक राशियाँ स्वतंत्र होती हैं और शेष राशियाँ इन आधारभूत राशियों पर निर्भर होती हैं। किसी भौतिक राशि का विमीय सूत्र आधार राशियों के पदों में लिखकर प्राप्त किया जाता है। विमाओं की विधि का उपयोग, समीकरणों की शुद्धता की जांच करने और राशियों के बीच संबंध स्थापित करने के लिए किया जाता है। मापीय त्रुटि का निर्धारण करके किसी भौतिक राशि का सही मान ज्ञात किया जा सकता है। इन सब बातों का अध्ययन इस पाठ में किया जाएगा।

पूर्व अपेक्षित ज्ञान

गणित – मूल बीजगणित

विज्ञान – मूल विज्ञान

अन्य – कम्प्यूटर का बुनियादी ज्ञान

यूनिट आउटकम्स

U1-O1: भौतिक राशियों को उनके उपयुक्त मात्रक के साथ पहचानना और दी गई भौतिक राशियों की विमायें निर्धारित करना।

U2-O2: विमाओं की विधियाँ और उनकी सीमाएं लागू करना।

U3–O3: दिए गए मापन उपकरण और उसके अनुप्रयोगों का वर्णन करना।

U4–O4: किसी भौतिक राशि की दी गई माप में त्रुटियों का औचित्य सहित वर्णन करना।

कोर्स आउटकम्स (COs) के साथ यूनिट आउटकम्स (UOs) का परस्पर संबंध

यूनिट-1 आउटकम्स (UOs)	कोर्स आउटकम्स (COs) के साथ अपेक्षित संबंध *(1-कमजोर सहसंबंध, 2-मध्यम सहसंबंध, 3-मजबूत सहसंबंध)*					
	CO-1	CO-2	CO-3	CO-4	CO-5	CO-6
U1–O1	3	3	3	3	3	3
U1–O2	3	2	2	2	2	2
U1–O3	2	1	1	1	2	2
U1–O4	3	2	2	1	3	2

1.1 भौतिक राशियाँ

रोचक तथ्य

इकाइयों और विमाओं के कुछ दिलचस्प तथ्य हैं; जैसे कि एक ब्लू व्हेल का वजन 30 हाथियों के वजन के बराबर हो सकता है, एक बिल्ली अपनी लंबाई से 7 गुना ज्यादा कूद सकती है। जब पानी जम जाता है तो यह 9% तक फैल जाता है। मगरमच्छ चट्टानों को निगलते हैं ताकि उन्हें गहरा गोता लगाने में मदद मिल सके।

1.1.1 भौतिक राशियाँ

भौतिकी का अध्ययन मापन पर आधारित है। उनके बीच संबंध स्थापित करने के लिए विभिन्न राशियों को मापना आवश्यक है। वे राशियाँ जिन्हें मापा जा सकता है, भौतिक राशियाँ कहलाती हैं।

उदाहरण के लिए: लंबाई, द्रव्यमान, समय, आयतन, गति आदि।

दूसरी ओर, प्रबलता, तारत्व अभौतिक राशियाँ है क्योंकि उन्हें मापना संभव नहीं है। भौतिक राशियों को मापने के लिए हमें एक मानक मात्रक की आवश्यकता होती है। प्रत्येक माप में दो भाग होते हैं, पहला संख्यात्मक भाग (n), और दूसरा उस भौतिक राशि का मात्रक (u)।

मान लीजिए कि एक गुटके का द्रव्यमान 5 kg है, तो $n = 5$ संख्यात्मक भाग है जो एकांक द्रव्यमान का 5 गुना है और kg द्रव्यमान का मात्रक (u) है। तब,

5 kg = 5000 gm, इस प्रकार, $n_1u_1 = n_2u_2$, ($n_1 = 5$, u_1 = kg, $n_2 = 5000$ और u_2 = gm)

1.1.2 मूल और व्युत्पन्न मात्रक

वैज्ञानिक कार्यों और दैनिक जीवन में बहुत सारी भौतिक राशियों को मापा जाता है और प्रत्येक मापी गई राशि को परिभाषित करने के लिए एक मात्रक की आवश्यकता होती है। हालाँकि, बड़ी संख्या में राशियाँ परस्पर जुड़ी हुई हैं। उदाहरण के लिए, आयतन लंबाई से संबंधित है और गति लंबाई से समय का अनुपात है। इस प्रकार, सभी राशियों को स्वतंत्र राशियों के रूप में चुनना आवश्यक नहीं है। मूल राशियाँ स्वतंत्र होती हैं और शेष राशियों को इन मूल राशियों के रूप में व्यक्त किया जा सकता है। सात मूल राशियाँ होती हैं और व्युत्पन्न राशियाँ, इन मूल राशियों से प्राप्त होती हैं।

वे राशियाँ जो स्वतंत्र होती हैं, मूल भौतिक राशियाँ कहलाती हैं। मूल राशियों के मात्रकों को मूल मात्रक कहा जाता है। मूल राशियों को आधारभूत राशियाँ भी कहा जाता हैं। अन्य सभी राशियों को जिन्हें आधारभूत राशियों से

व्युत्पन्न किया जा सकता है उन्हें व्युत्पन्न राशियाँ कहा जाता है और उनके मात्रकों को व्युत्पन्न मात्रक कहते हैं। गति, दाब, कार्य और आयतन, व्युत्पन्न मात्रकों के कुछ उदाहरण हैं।

S.I. इकाइयाँ: S.I. फ्रांसीसी नाम "लि सिस्टम इंटरनेशनल डी यूनिट्स" (Le Systéme International d' Unités) का संक्षिप्त रूप है। 1971 में CGPM ने अपनी बैठक में मात्रकों की इस प्रणाली पर निर्णय लिया जिसे मात्रकों की अंतर्राष्ट्रीय प्रणाली कहा जाता है।

सात मूल राशियों के नाम और उनके S.I. मात्रक नीचे तालिका (1.1) में दिए गए हैं:

तालिका 1.1: सात मूल या आधारभूत राशियाँ

भौतिक राशि	S.I. मात्रक	प्रतीक
लंबाई	मीटर	m
द्रव्यमान	किलोग्राम	kg
विद्युत धारा	एम्पियर	A
समय	सेकंड	s
ऊष्मागतिक ताप	केल्विन	K
ज्योति तीव्रता	केंडेला	cd
पदार्थ की मात्रा	मोल	mol

तालिका 1.2: व्युत्पन्न राशियाँ

भौतिक राशि	मात्रक	संक्षेप
आयतन	m^3	m^3
बल	न्यूटन	$kg\ m\ s^{-2} = N$
कार्य	जूल	$kg\ m^2\ s^{-2} = J$
शक्ति	वॉट	$kg\ m^2\ s^{-3} = W$

सात मूलभूत राशियों के अलावा, दो पूरक राशियों को परिभाषित किया गया है।

तालिका 1.3: पूरक राशियाँ

पूरक राशि	मात्रक	प्रतीक
समतल कोण	रेडियन	rad
घन कोण	स्टेरेडियन	sr

1.1.2 मात्रकों की प्रणाली

मापन के लिए उपयोग किए जाने वाले मात्रकों की तीन प्रणालियाँ हैं–

1. F.P.S. (फुट, पाउंड और सेकंड) : मात्रकों की इस प्रणाली में लंबाई का मात्रक फुट, द्रव्यमान का मात्रक पाउंड, और समय का मात्रक सेकंड होता है।

2. C.G.S. (सेंटीमीटर, ग्राम, सेकंड) : मात्रकों की इस प्रणाली में लंबाई सेंटीमीटर में, द्रव्यमान ग्राम में और समय सेकंड में मापा जाता है।

3. M.K.S. (मीटर, किलोग्राम, सेकंड) **:** मात्रकों की इस प्रणाली में, लंबाई मीटर में, द्रव्यमान किलोग्राम में और समय सेकंड में मापा जाता है।

मात्रकों की S.I. प्रणाली में, सभी सात मूल राशियों को M.K.S. प्रणाली के विस्तृत रूप में मापा जाता है। मात्रकों की S.I. प्रणाली में लम्बाई मीटर में, समय सेकंड में, द्रव्यमान किलोग्राम में, तापमान केल्विन में, विद्युत धारा एम्पीयर में, ज्योति तीव्रता कैंडेला में, और पदार्थ की मात्रा को मोल में मापा जाता है।

तालिका 1.4: S.I. मात्रकों के उपसर्ग, 10 की घात और उपसर्गों के प्रतीक

10 की घात	12	9	6	3	2	1	−1	−2	−3	−6	−9	−12
उपसर्ग	टेरा	गीगा	मेगा	किलो	हेक्टा	डेका	डेसी	सेंटी	मिली	माइक्रो	नैनो	पिको
प्रतीक	T	G	M	K	h	da	d	c	m	μ	n	p

1.1.4 भौतिक राशियों की विमायें एवं उनके विमीय सूत्र

विमीय प्रणाली में, सात मूल राशियाँ एवं दो पूरक राशियाँ होती है और शेष सभी राशियाँ व्युत्पन्न राशियाँ होती है। व्युत्पन्न राशियाँ, मूल राशियों के गुणन और भाग द्वारा प्राप्त की जा सकती हैं। हम एक भौतिक राशि को आधारभूत राशियों के रूप में व्यक्त कर सकते हैं। किसी मूल राशि की घात (या घातांक) जो व्यंजक में प्रवेश करती है, वह उस आधार में उस राशि की विमा कहलाती है।

तालिका 1.5: आधार राशियों के विमीय चिन्ह

राशि	लंबाई	द्रव्यमान	समय	ताप	विद्युत धारा	ज्योति तीव्रता	पदार्थ की मात्रा
प्रतीक	L	M	T	K	I	cd	mol

भौतिक राशियों के विमीय सूत्र:

बल = द्रव्यमान × त्वरण = $\frac{\text{दूरी}}{(\text{समय})^2}$ = MLT^{-2} (बल का विमीय सूत्र MLT^{-2} होता है।)

(बल की विमायें, द्रव्यमान में 1, लंबाई में 1 और समय में −2 हैं।)

आयतन = लंबाई × चौड़ाई × ऊँचाई = [L] [L] [L] = $M^oL^3T^o$

(आयतन का विमीय सूत्र $M^oL^3T^o$ और विमाएँ लंबाई में 3 हैं और शेष शून्य हैं।)

$$\text{घनत्व} = \frac{\text{द्रव्यमान}}{\text{आयतन}} = \frac{M}{L^3} = ML^{-3}T^0$$

नोट: भौतिक राशियों के विमीय सूत्र ज्ञात करने के लिए परिमाण पर विचार नहीं किया जाता है। यह प्रवेश करने वाली राशियों के प्रकार की समानता पर निर्भर करता है। इस प्रकार, वेग में परिवर्तन, प्रारंभिक वेग, औसत वेग और अंतिम वेग सभी के विमीय सूत्र समान अर्थात LT^{-1} होते हैं।

अनुप्रयोग (वास्तविक जीवन/औद्योगिक)

दैनिक जीवन में दुकानदार सामान तौलता है। जब कोई कपड़े खरीदने जाता है, तो कपड़ों की लंबाई नापने की जरूरत होती है। जब कोई सिविल इंजीनियर घर बनाता है, तो वह प्लॉट की लंबाई और चौड़ाई को मापकर घर का नक्शा

तैयार करता है और उसकी डिजाइन तैयार करता है। दो शहरों के बीच की दूरी किलोमीटर में होती है और बस या हवाई यात्रा के किराये के लिए रुपये में जानकारी की आवश्यकता होती है। इंजीनियरिंग और उद्योगों में विभिन्न भौतिक राशियों के मापन की आवश्यकता होती है।

केस-स्टडी (पर्यावरण/स्थिरता/सामाजिक/नैतिक मुद्दे)

15 अप्रैल 1999 को एक कोरियाई एयर कार्गो फ्लाइट नंबर 6316 शंघाई से सियोल जा रही थी। विमान के चालक दल के सदस्यों ने निर्देशों में एक टॉवर से दूरी मीटर में प्राप्त की, जबकि विमान के अल्टीमीटर से दूरी फीट में मापी गई। गलत दूरी को ध्यान में रखने की वजह से विमान भटक गया था और जमीन पर गिर गया था। इस दुर्घटना में चालक दल के तीन सदस्य और 5 अन्य मारे गए और 37 घायल हो गए। इस केस स्टडी से यह पता चलता है कि किसी भी भौतिक मात्रा को मापने में उसके मान के साथ-साथ मात्रक का भी ध्यान रखना आवश्यक है।

अन्वेष्णशीलता और जिज्ञासा पैदा करें

$Y = \dfrac{2\pi ta}{T}$ आवर्त गति का एक समीकरण है। इस समीकरण में मुद्रण त्रुटि का पता लगाएं। जहाँ a अधिकतम विस्थापन है।

हल किये गए प्रश्न

प्रश्न 1: निम्नलिखित राशियों के विमीय सूत्र ज्ञात कीजिए: कार्य, शक्ति और बल आघूर्ण

हल: (a) कार्य = बल × विस्थापन

$$W = F \times \text{लम्बाई} = MLT^{-2}.L = ML^2T^{-2}$$

(b) शक्ति = $\dfrac{\text{कार्य}}{\text{समय}}$

$$P = \frac{\text{कार्य}}{t} = \frac{MLT^{-2}}{T} = ML^2T^{-3}$$

(c) बल आघूर्ण = बल × बल से लम्बवत दूरी

$$\tau = F \times \text{लम्बाई} = MLT^{-2}.L = ML^2T^{-2}$$

प्रश्न 2: नीचे दी गई राशियों के विमीय सूत्र ज्ञात कीजिए

(a) यंग प्रत्यास्थता गुणांक Y

(b) श्यानता गुणांक η

(c) गुरुत्वाकर्षण का सार्वत्रिक स्थिरांक G

$Y = \dfrac{MgL}{\pi r^2 l}$, $F = \dfrac{Gm_1m_2}{r^2}$ जहाँ नियतांकों के अपने सामान्य अर्थ है।

हल: (a) $[Y] = \dfrac{MLT^{-2}L}{L^2L} = ML^{-1}T^{-2}$

(b) श्यान बल $F = 6\pi rv\eta$

$$[\eta] = \frac{MLT^{-2}}{L.L.T^{-1}} = ML^{-1}T^{-1}$$

(c) $F = \dfrac{Gm_1m_2}{r^2}$

$$[G] = \frac{Fr^2}{m_1m_2} = \frac{MLT^{-2}L^2}{M^2} = M^{-1}L^3T^{-2}$$

1.2 विमीय विश्लेषण

रोचक तथ्य

एक प्रकाश वर्ष दूरी का मात्रक है, जो एक वर्ष में निर्वात में प्रकाश द्वारा तय की गई दूरी के बराबर होता है। −40 °C तापमान, −40 °F के बराबर होता है।

1.2.1 विमाओं की समरूपता का सिद्धांत

यह सिद्धांत बताता है कि, समान विमाओं की किसी भी भौतिक राशि को जोड़ा या घटाया जा सकता है। उदाहरण के लिए, द्रव्यमान को लंबाई से नहीं घटाया जा सकता है और कार्य को वेग में नहीं जोड़ा जा सकता है। दूसरे शब्दों में, एक समीकरण के सभी पद विमीय रूप से बराबर (या सजातीय) होने चाहिए। इसलिए, दिए गए समीकरण की शुद्धता की जांच के लिए समरूपता के इस सिद्धांत का उपयोग किया जा सकता है।

1.2.2 विमीय समीकरण और उनके अनुप्रयोग

A. विमीय समीकरणों की शुद्धता की जाँच करना

विमाओं की विधि का उपयोग करके किसी भी समीकरण की शुद्धता की जाँच की जा सकती है, कि वह सही है या नहीं।

उदाहरण के लिए

आइए जाँच करें कि क्या समीकरण $v^2 = u^2 + 2ax$ विमीय रूप से सही है या नहीं।

हल: यहाँ, v एक पिंड का अंतिम वेग है जिसका प्रारंभिक वेग u, गति की दिशा में त्वरण a, और x उस पिंड के द्वारा तय किया गया विस्थापन है।

$$[v^2] = (\text{अंतिम वेग})^2 = \left(\frac{\text{लम्बाई}}{\text{समय}}\right)^2 = L^2T^{-2}$$

$$[u^2] = (\text{प्रारंभिक वेग})^2 = \left(\frac{\text{लम्बाई}}{\text{समय}}\right)^2 = L^2T^{-2}$$

$$ax = \text{त्वरण} \times \text{विस्थापन}$$

$$= \left(\frac{\text{वेग}}{\text{समय}}\right) \times \text{विस्थापन}$$

$$= \left(\frac{\text{लम्बाई / समय}}{\text{समय}}\right) \times \text{लम्बाई} = L^2T^{-2}$$

यहाँ, तीनों पदों की विमायें समान हैं, इसलिए विमाओं के आधार पर समीकरण सही हो सकता है।

उदाहरणः सूत्र $F = \dfrac{mv^2}{r}$ की शुद्धता की जाँच कीजिये।

जहाँ F बल, m द्रव्यमान, v कण का वेग, और r वृत्तीय पथ की त्रिज्या है।

हलः वेग की विमायें LT^{-1} होती है।

अतः दायीं ओर की विमायें हैः $\dfrac{M(LT^{-1})^2}{L} = MLT^{-2}$

बाईं ओर एक बल है इसलिए, विमायें MLT^{-2} है।

दोनों पक्षों की विमायें समान हैं, इसलिए यह सूत्र सही हो सकता है।

B. मात्रकों का एक प्रणाली से दूसरे में रूपांतरण

विमाओं का उपयोग करके किसी भौतिक राशि के मात्रकों के संख्यात्मक भाग को एक प्रणाली से दूसरी प्रणाली में परिवर्तित किया जा सकता है।

एक उदाहरण पर विचार करें: 1 जूल कार्य को अर्ग (CGS) में परिवर्तित करें।

आइए पहले कार्य के विमीय सूत्र को लिखें:

$$W = F.x = \text{बल} \times \text{विस्थापन}$$

$$[W] = [F].[x] = MLT^{-2}.L = ML^2T^{-2}$$

यहाँ $n_1 = 1, u_1 =$ जूल (MKS), $u_2 =$ CGS मात्रक, $n_2 = ?$

$$n_1u_1 = n_2u_2,$$

अतः

$$n_2 = \frac{n_1u_1}{u_2} = 1\left(\frac{1\text{ kg}}{1\text{ g}}\right)\left(\frac{1\text{ m}}{1\text{ cm}}\right)^2\left(\frac{1\,s}{1\,s}\right)^2 = \left(\frac{1000\text{g}}{1\text{g}}\right)\left(\frac{100\text{ cm}}{1\text{ cm}}\right)^2\left(\frac{1\text{ s}}{1\text{ s}}\right)^{-2}$$

$$= 10^3 \times 10^4 = 10^7 \text{ अर्ग}$$

$$\therefore \quad 1 \text{ जूल} = 10^7 \text{ अर्ग}$$

यदि व्युत्पन्न राशि का विमीय सूत्र ज्ञात हो तो किसी भौतिक राशि को एक प्रणाली से दूसरी प्रणाली में परिवर्तित किया जा सकता है।

C. भौतिक राशियों के मध्य संबंध स्थापित करना

कभी-कभी विमाओं की विधि का उपयोग करके दी गई भौतिक राशियों के बीच संबंध स्थापित किया जा सकता है। इस पद्धति में दी गई राशियों के बीच संबंध स्थापित करने के लिए, यह माना जा सकता है कि भौतिक राशियों के बीच निर्भरता गुणात्मक प्रकार की है। विमाओं के इस अनुप्रयोग को एक उदाहरण से समझा जा सकता है।

उदाहरणः मान लीजिए कि हमें एक तनी हुई डोरी की आवृत्ति के लिए व्यंजक प्राप्त करना है जो डोरी के तनाव (F) के कारण कंपन करती है। इस प्रकार, डोरी के कम्पन की आवृत्ति डोरी पर आरोपित तनाव (F), लंबाई (l) और डोरी के प्रति एकांक लम्बाई द्रव्यमान (μ) पर निर्भर करती है।

हलः माना, इन राशियों पर आवृत्ति की निर्भरता गुणात्मक प्रकार की है, अर्थात

$$n = kl^a F^b \mu^c \qquad ...(1.1)$$

जहाँ, k एक विमाहीन नियतांक है, और a, b, और c घातांक है जिन्हें हम निर्धारित करना चाहते है। दोनों पक्षों के विमाओं को लेने पर हमें प्राप्त होता है:

$$T^{-1} = kL^{a}(MLT^{-2})^{b}(ML^{-1})^{c} = kL^{a+b+c}M^{b+c}T^{-2b}$$

चूँकि दोनों पक्षों की विमायें समान होनी चाहिए, अत:

$$a + b - c = 0; \quad b + c = 0; \quad -2b = -1$$

अत: हल करने पर हमें प्राप्त होगा:

$$b = \frac{1}{2}, c = -\frac{1}{2}, a = -1$$

समीकरण (1.1) में यह मान रखने पर हमें प्राप्त होगा

$$n = \frac{k}{l}\sqrt{\frac{F}{\mu}} \qquad ...(1.2)$$

इस प्रकार, विमीय विश्लेषण द्वारा, हम यह संबंध स्थापित कर सकते हैं कि तनी हुई डोरी की आवृत्ति डोरी के तनाव के वर्गमूल के समानुपाती, डोरी की लंबाई के व्युत्क्रमानुपाती, और डोरी के प्रति एकांक लम्बाई द्रव्यमान के वर्गमूल के व्युत्क्रमानुपाती होती है। नियतांक $k = 1/2$ का मान किसी अन्य विधि द्वारा निर्धारित किया जा सकता है लेकिन विमीय विश्लेषण द्वारा प्राप्त नहीं किया जा सकता है।

1.2.3 विमीय विश्लेषण की सीमायें

यद्यपि विमीय समीकरण के अनुप्रयोग उपयोगी होते हैं, परन्तु विमीय विश्लेषण की कुछ सीमायें होती हैं:

1. दी गई भौतिक राशियों के बीच संबंध तभी स्थापित किया जा सकता है जब उनकी निर्भरता गुणनफल पर हो। उदाहरण के लिए $v^2 = u^2 - 2ax$, की व्युत्पत्ति नही की जा सकती है।
2. यदि कोई विशेष भौतिक राशि तीन से अधिक राशियों पर निर्भर करती है तो इस विधि का उपयोग नही किया जा सकता है, क्योंकि तब समीकरणों से अधिक अज्ञात राशियाँ होंगी। अत:, घातांको को प्राप्त नही किया जा सकता हैं।
3. विमाहीन संख्यात्मक नियतांको को विमीय विश्लेषण की विधि द्वारा निर्धारित नहीं किया जा सकता है।
4. समीकरण जिनमें त्रिकोणमितीय पद ($\sin(x), \cos(x), \tan(x)$ आदि), घातांक फलन (e^x, a^x आदि) और लघुगणक पद ($\log x$) हों, उनकी व्युत्पत्ति नहीं की जा सकती है।

अनुप्रयोग (वास्तविक जीवन/औद्योगिक)

हमें कभी कभी भौतिक राशियों को एक मात्रक से दूसरे मात्रकों में परिवर्तित करने की आवश्यकता होती है, जैसे कि यदि 1 किलो चीनी की कीमत 40 रु. है, और 250 ग्राम चीनी की कीमत निर्धारित करनी हो। यदि भूखंड की लंबाई और चौड़ाई फुट में दी गई है और उसे मीटर में बदलने की जरूरत हो। सिविल इंजीनियर ने लोहे का वजन टन में दिया है और इसे किलोग्राम में बदलने की जरूरत हो।

केस-स्टडी (पर्यावरण/स्थिरता/सामाजिक/नैतिक मुद्दे)

सितम्बर 1999 में, मंगल मिशन के दौरान नासा मार्स क्लाइमेट ऑर्बिटर (NASA Mars Climate Orbiter) अपनी कक्षा में प्रवेश करने के बजाय, दुर्घटनावश नष्ट हो गया था। मिशन की विफलता का कारण बल की इकाई का गलत संचार था, जिसे अलग-अलग कंप्यूटर प्रोग्राम में अलग-अलग (न्यूटन बनाम पाउंड-बल) इस्तेमाल किया गया था। इस वजह से बहुत सारी मेहनत, पैसा और समय बर्बाद हुआ।

अन्वेषणशीलता और जिज्ञासा पैदा करें

आइये, बल, द्रव्यमान और समय को मूल राशि मानकर (*a*) जड़त्व आघूर्ण (*b*) दाब (*c*) त्वरण की विमायें ज्ञात करें।

हल किये गए प्रश्न

प्रश्न 1: विमीय विश्लेषण के आधार पर समीकरण $x = ut + \frac{1}{2}at^2$ की शुद्धता की जाँच करें।

हलः $[x]$ = लंबाई = L, $[ut]$ = वेग × समय = $LT^{-1}.T = L$ और $[at^2]$ = त्वरण × समय^2 = $LT^{-2}.T^2 = L$
इन सभी पदों की विमाएँ समान हैं अतः दिया गया समीकरण सही हो सकता है।

प्रश्न 2: एक साधारण लोलक में, *m* द्रव्यमान का एक गोलक, लंबाई *l* की एक डोरी से जुड़ा हुआ है और यह लोलक गुरुत्वीय क्षेत्र में आवर्तकाल T के साथ दोलन करता है। यदि आवर्तकाल, डोरी की लंबाई *l*, गोलक के द्रव्यमान *m*, और गुरुत्वीय त्वरण *g* पर निर्भर करता है, तो विमीय विश्लेषण की विधि का उपयोग करके आवर्तकाल का दी गई राशियों के साथ संबंध ज्ञात कीजिए।

हलः माना राशियों *l*, *m* और *g* पर आवर्तकाल की निर्भरता गुणात्मक प्रकार की है, जिसे इस प्रकार लिखा जा सकता है:

$$T = kl^a m^b g^c \qquad ...(1)$$

जहाँ *k* विमाहीन नियतांक है और *a*, *b*, *c* घातांक हैं।

विमाओं को लेने पर, हमे प्राप्त होता है:

$$T = [L]^a [M]^b [LT^{-2}]^c$$

अतः $$L^0M^0T^1 = L^{a+c} M^b T^{-2c}$$

दोनों पक्षों में M, L और T की समान घातों को हल करने पर हमें प्राप्त होता है

$$a + c = 0, b = 0 \text{ और } -2c = 1$$

अतः, $a = \frac{1}{2}, b = 0, c = -\frac{1}{2}$ समीकरण (1) में *a*, *b* और *c* के मान रखने पर

$$T = kl^{1/2} g^{-1/2} \text{ या } T = k\sqrt{\frac{l}{g}}$$

नियतांक *k* का मान किसी अन्य विधि से निर्धारित होता है जो कि 2π है, यहाँ *k* का मान विमीय विश्लेषण द्वारा निर्धारित नही किया जा सकता है।

1.3 मापन

रोचक तथ्य

क्या आप जानते हैं कि आपकी हथेली का आकार एक मात्रक के रूप में भी काम कर सकता है, हालांकि यह मानक माप उपकरणों के रूप में सटीक नहीं है? अपने घर में रेफ्रिजरेटर की विमाओं को हथेली में जांचें और मानक इकाइयों के साथ तुलना करें।

1.3.1 मापन

मापन, दो भौतिक राशियों की तुलना करने की एक प्रक्रिया या संक्रियाओं का समूह है, जिसमें एक राशि का परिमाण, दूसरी पूर्वनिर्धारित मानक मात्रा (या मात्रक) वाली राशि के सापेक्ष अज्ञात होता है। आविष्कृत उपकरणों या स्वनिर्मित

उपकरणों के कारण मापन विकसित हुआ है और इसका विकास आसपास के वातावरण में श्रेष्ठता प्राप्त करने; दैनिक भोजन प्राप्त करने के लिए उत्पादन के साधनों को गुणकर बनाने; ठंड के मौसम में अपने आपको बचाये रखने; धन कमाने और व्यापार की गतिशीलता को आगे बढ़ाने; विभिन्न रूपों की ऊर्जा को नियंत्रित करने, और वर्तमान में नवीनतम उपकरणों का उपयोग करके सूचना में स्वामित्व पाने की आवश्यकता के कारण हुआ है।

1.3.2 माप उपकरण क्या है?

यह एक ऐसा उपकरण है जो किसी वस्तु की डिग्री या सीमा या मात्रा को दर्शाता है जिसे हम आम तौर पर अपने आसपास देखते हैं। विभिन्न इंजीनियरिंग अनुप्रयोगों के लिए वर्नियर कैलिपर्स, माइक्रोमीटर स्क्रू गेज, डायल गेज, रेडियस गेज, सर्वेइंग कंपास, मल्टीमीटर, इलेक्ट्रॉनिक सेंसर, फ्लोमीटर इत्यादि जैसे कई माप उपकरण हैं।

1.3.3 माप उपकरण का अल्पतमांक और शून्यांक त्रुटियाँ

किसी भी मापक यंत्र से मापा जा सकने वाला सबसे छोटा माप उसका अल्पतमांक (L.C.) कहलाता है। यह किसी मापन उपकरण का प्रवर्धन प्रदान करता है।

उदाहरण के लिए, (*a*) साधारण रूलर 0.1 सेमी या 1 mm को सटीक रूप से माप सकता है, जो कि इसका अल्पतमांक है, या दूसरे शब्दों में, इसका प्रवर्धन है।

(*b*) वर्नियर कैलिपर्स का अल्पतमांक सामान्यतः 0.01 सेमी = 0.1 मिमी होता है। तो, एक रूलर और एक वर्नियर कैलिपर्स के अल्पतमांक की तुलना करते हुए, यह कहा जा सकता है कि वर्नियर कैलिपर्स का प्रवर्धन बेहतर होता है। वर्नियर कैलिपर्स का अल्पतमांक (L.C.) निम्न सूत्र द्वारा दिया गया है:

$$\text{अल्पमतांक (L.C.)} = \frac{\text{मुख्य स्केल के सबसे छोटे भाग का मान}}{\text{वर्नियर स्केल के कुल भागों की संख्या}} = \frac{\text{SDMS}}{\text{TDVS}} = \frac{1\,\text{MSD}}{\text{n}}$$

(c) **माइक्रोमीटर स्क्रू गेज** आमतौर पर प्रयोगशालाओं में 0.001 सेमी या 0.01 मिमी या उससे भी कम की रीडिंग को मापता है। माइक्रोमीटर स्क्रू गेज का अल्पतमांक (L.C.) निम्न सूत्र द्वारा दिया गया है:

$$\text{माइक्रोमीटर स्क्रू गेज का अल्पतमांक (L.C.)} = \frac{\text{स्क्रू गेज की पिच}}{\text{वृत्तीय स्केल पर कुल खानों की संख्या}}$$

यहाँ, स्क्रू गेज की पिच को स्क्रू के दो लगातार थ्रेड के बीच की दूरी के रूप में परिभाषित किया गया है।

(d) उत्तल या अवतल सतहों या लेंसों की वक्रता त्रिज्या को मापने के लिए, स्फेरोमीटर का उपयोग किया जा सकता है, जिसका अल्पतमांक सामान्यतः 0.001 सेमी या 0.01 मिमी तक होता है।

$$\text{स्फेरोमीटर का अल्पतमांक (L.C.)} = \frac{\text{स्फेमीटर की पिच}}{\text{वृत्तीय स्केल पर कुल खानों की संख्या}}$$

इनमें से प्रत्येक उपकरण को किसी भी माप के लिए उपयोग करने से पहले इनकी शून्यांक त्रुटि की जाँच करना आवश्यक है। इन उपकरणों की शून्यांक त्रुटि के निर्धारण के बारे में अधिक विवरण अनुलग्नक-1 में संबंधित प्रयोगों में उपलब्ध हैं।

1.3.4 मापन के प्रकार

विमीय मापन दो प्रकार के होते हैं: (a) प्रत्यक्ष और (b) अप्रत्यक्ष या अनुमानात्मक। माप उपकरण जैसे वर्नियर कैलिपर्स, माइक्रोमीटर स्क्रू गेज, और समन्वयक मापन मशीन प्रत्यक्ष माप उपकरण हैं और दिए गए लक्ष्य की विमाओं

को सीधे मापने के लिए उपयोग किए जाते हैं। प्रत्यक्ष माप सरल, लगभग सीधे और किफायती होते हैं। अप्रत्यक्ष माप को तुलनात्मक माप के रूप में भी जाना जाता है क्योंकि संदर्भित उपकरणों का लक्ष्य की मानक विमाओं के साथ तुलना करना आवश्यक होता है। यह विधि रिमोट प्रोसेसिंग के लिए आउटपुट का उत्पादन करती है और उसके मापन में नवीनतम तकनीक को नियोजित करती है।

अनुप्रयोग (वास्तविक जीवन/औद्योगिक)

रासायनिक उद्योगों में संयंत्र संचालक, विभिन्न बिंदुओं पर जहाँ रासायनिक क्रियाएँ होती रहती हैं वहाँ पर तापमान और दाब को मापकर, रासायनिक संयंत्रों के सुचारू कामकाज के लिए सही और आवश्यक कदम उठाते है।

केस-स्टडी (पर्यावरण/स्थिरता/सामाजिक/नैतिक मुद्दे)

यदि आपके वाहन के टायर को 5 psi (पाउंड प्रति वर्ग इंच) से कम फुलाया जाता है तो यह उसके जीवन को लगभग 25% तक कम कर सकता है। कम फुलाए गए टायर ईंधन की खपत को लगभग 5% तक बढ़ा सकते हैं जो प्रकृति, पर्यावरण और आपके बटुए (!) को नुकसान पहुंचाते हैं।

अन्वेष्णशीलता और जिज्ञासा पैदा करें

आपकी कलाई घड़ी का अल्पतमांक और रेंज क्या है? आपके मित्र की कलाई घड़ी केसी है? अपने दोस्तों के समूह के बीच अपने परिणामों की तुलना करें।

हल किये गए प्रश्न

प्रश्न 1: यदि माइक्रोमीटर स्क्रू गेज का L.C. 0.01 मिमी है और वृत्तीय पैमाने पर 50 डिवीजन हैं और शून्यांक त्रुटि +0.02 मिमी है, तो A4 आकार के कागज की मोटाई का कुल सही मान ज्ञात करें। मुख्य पैमाने की रीडिंग 0.70 मिमी है और वृत्ताकार पैमाने की रीडिंग 7 डिवीजनों की है।

हल: यहाँ, माइक्रोमीटर स्क्रू गेज का L.C. = 0.01 मिमी और शून्यांक त्रुटि $(e) = +0.02$ मिमी

इसलिए, सुधार $(c) = -0.02$ मिमी

मुख्य स्केल रीडिंग (MSR) = 0.70 मिमी; वृत्ताकार पैमाने की रीडिंग (C.S.R.) = 7 डिवीजन

मिमी में कुल रीडिंग (T.R.) = (M.S.R. + C.S.R. × L.C.) = $[0.70 + (7 \times 0.01)]$ मिमी = 0.77 मिमी

प्रेक्षण का सही मान = कुल रीडिंग ± सुधार

इसलिए, संशोधित रीडिंग = $(0.77 - 0.02) = 0.75$ मिमी

1.4 मापन में त्रुटियाँ

रोचक तथ्य

यदि आप फुटबॉल खेल रहे हैं और आप स्कोर करने के बजाय हमेशा सही गोलपोस्ट पर हिट करते हैं, तो आप सटीक नहीं हैं, लेकिन आप परिशुद्ध हैं! यदि आप डाट्र्स खेल रहे हैं और आप हमेशा सबसे बाहरी रिंग के अंदर अलग-अलग स्थानों पर हिट करते हैं, जबकि लक्ष्य (यानी, केंद्र) से चूक जाते हैं, तो आप सटीक हैं लेकिन परिशुद्ध नहीं हैं!

1.4.1 त्रुटियाँ और त्रुटियों के प्रकार

त्रुटियाँ किसी मापक यंत्र द्वारा मापी गई प्रत्येक माप के परिमाण में आने वाली अनिश्चितता है। मापन त्रुटियों को प्राय: अवलोकन संबंधी त्रुटियाँ कहा जाता है।

मापन की सटीकता से पता चलता है कि मापा गया मान, उस राशि के वास्तविक मान के कितना करीब है।

परिशुद्धता हमें वह प्रवर्धन या सीमा प्रदान करती है जिस तक उस राशि को मापा जाता है। मापन में त्रुटियों के कारण प्रत्येक माप, हमे एक अनुमानित मान प्रदान करती है। सामान्य तौर पर, मापन त्रुटियों को मुख्य रूप से (1) व्यवस्थित त्रुटियों और (2) यादृच्छिक त्रुटियों के रूप में वर्गीकृत किया जा सकता है।

1. **क्रमबद्ध त्रुटियाँ :** क्रमबद्ध त्रुटियाँ एकदिशीय होती हैं, या तो धनात्मक या ऋणात्मक। उन्हें आगे 3 श्रेणियों में वर्गीकृत किया गया है: (*a*) यंत्रगत त्रुटियाँ (*b*) प्रयोगात्मक तकनीक या प्रक्रिया में अपूर्णता (*c*) व्यक्तिगत त्रुटियाँ।

   (a) **यंत्रगत त्रुटियाँ:** ये त्रुटियाँ दोषपूर्ण और अपूर्ण डिजाइन या माप उपकरण के अंशांकन, उपकरण में शून्यांक त्रुटि आदि के कारण उत्पन्न होती हैं।

   (b) **प्रयोगात्मक तकनीक या कार्यविधि में अपूर्णता:** प्रयोग के दौरान असंरचित कार्यविधि या तकनीक या अन्य बाहरी स्थितियां (जैसे तापमान, आर्द्रता, दबाव, ऊंचाई, हवा के वेग, आदि में परिवर्तन) माप को प्रभावित कर सकती हैं।

   (c) **व्यक्तिगत त्रुटियाँ:** व्यक्तिगत त्रुटियाँ, उचित प्रयोगात्मक उपकरण सेटअप की कमी, व्यक्ति की अनुभवहीनता या बिना उचित सावधानी बरतने, अवलोकन में लापरवाही करने आदि के कारण उत्पन्न होती हैं। क्रमबद्ध त्रुटियों को तकनीकों या प्रक्रियाओं में सुधार करके, बेहतर और अधिक सटीक उपकरणों का चयन करके, और यथासंभव व्यक्तिगत त्रुटियों को दूर करके व्यवस्थित रूप से कम किया जा सकता है।

2. **यादृच्छिक त्रुटियाँ:** यादृच्छिक त्रुटियाँ, वे त्रुटियाँ हैं, जो अनियमित अवधियों पर होती हैं और इसलिए, ये दिशा और आकार में अव्यवस्थित होती है। प्रयोगात्मक स्थितियों में अव्यवस्थित और अप्रत्याशित उतार-चढ़ाव (जैसे, तापमान, दबाव, वोल्टेज आपूर्ति आदि में अप्रत्याशित उतार-चढ़ाव), पर्यवेक्षक द्वारा रीडिंग लेने में व्यक्तिगत त्रुटियों आदि के कारण ये त्रुटियाँ उत्पन्न हो सकती हैं।

1.4.2 मापन में त्रुटियों का निर्धारण

(a) **निरपेक्ष त्रुटि ($|\Delta a|$):** माना कि एक भौतिक राशि के कई मापनों के मान $a_1, a_1, a_3 \ldots a_n$ प्राप्त होते है। तब इन मानों का समांतर माध्य इस प्रकार दिया जाता है:

$$\bar{a} = a_{mean} = \frac{a_1 + a_2 + a_3 + \ldots\ldots\ldots\ldots\ldots\ldots\ldots a_n}{n}$$

वास्तविक मान के अभाव में समांतर माध्य को ही वास्तविक मान माना जाता है। तब व्यक्तिगत मापन में त्रुटियों को इस प्रकार लिखा जा सकता है:

$$\Delta a_1 = \bar{a} - a_1; \Delta a_2 = \bar{a} - a_2, \Delta a_3 = \bar{a} - a_3, \ldots\ldots\ldots \Delta a_n = \bar{a} - a_n$$

व्यक्तिगत अवलोकन में त्रुटियाँ धनात्मक या ऋणात्मक हो सकती है किंतु उनकी निरपेक्ष त्रुटि हमेशा धनात्मक होती है।

(b) **माध्य निरपेक्ष त्रुटि** ($|\overline{\Delta a}|$) : यह $\overline{\Delta a}$ या Δa_{mean} से प्रदर्शित की जाती है। इस प्रकार,

$$\overline{\Delta a} = \Delta a_{mean} = \frac{|\Delta a_1| + |\Delta a_2| + |\Delta a_3| + \ldots\ldots\ldots\ldots |\Delta a_n|}{n}$$

किसी मान के एकल मापन के लिए a को इस प्रकार लिखा जा सकता है:

$$a = a_{mean} \pm \Delta a_{mean}$$

(c) **आपेक्षिक त्रुटि (या भिन्नात्मक त्रुटि) (δa) और प्रतिशत त्रुटि ($\delta a\%$)**:

आपेक्षिक त्रुटि $(\delta a) = \dfrac{|\Delta \overline{a}|}{\overline{a}} = \dfrac{\Delta a_{mean}}{a_{mean}}$ और प्रतिशत त्रुटि $\delta a = \dfrac{\Delta a_{mean}}{a_{mean}} \times 100\%$

1.4.3 अंकगणितीय संक्रियाओं में त्रुटि संचरण

माना दो भौतिक राशियाँ X और Y को उनके मापित मानों और त्रुटियों के साथ क्रमशः $X \pm \Delta X, Y \pm \Delta Y$ के रूप में लिखा जाता हैं। यहाँ, ΔX और ΔY क्रमशः इन राशियों की निरपेक्ष त्रुटियाँ हैं। माना Z इनका परिणामी मान है और ΔZ इनकी निरपेक्ष त्रुटि है।

(a) **संकलन ($Z = X + Y$) या व्यवकलन ($Z = X - Y$) में त्रुटियाँ:** संकलन या व्यवकलन में अधिकतम संभावित त्रुटि, $\Delta Z = \Delta X + \Delta Y$ द्वारा दी जाती है। राशियों के संकलन या व्यवकलन के अंतिम परिणामों में निरपेक्ष त्रुटि को हमेशा जोड़ा जाता है।

(b) **गुणनफल ($Z = XY$) या भागफल ($Z = X/Y$) की त्रुटि:** गुणनफल या भाग में अधिकतम आपेक्षिक या भिन्नात्मक त्रुटि $\dfrac{\Delta Z}{Z} = \dfrac{\Delta X}{X} + \dfrac{\Delta Y}{Y}$ से दर्शायी जाती है। राशियों के गुणनफल या भाग के अंतिम परिणामों में आपेक्षिक या भिन्नातमक त्रुटि हमेशा जोड़ी जाती है।

(c) **मापित राशि के घातों के प्रकरण में त्रुटि:** माना $Z = k\dfrac{X^n Y^m}{C^q}$ जहाँ k एक नियतांक है, तब सापेक्ष या भिन्नात्मक त्रुटि को $\dfrac{\Delta Z}{Z} = n\dfrac{\Delta X}{X} + m\dfrac{\Delta Y}{Y} + q\dfrac{\Delta C}{C}$ के रूप में लिखा जा सकता है। किसी घात वाली भौतिक राशि की कुल आपेक्षिक या भिन्नात्मक त्रुटि, उस राशि की आपेक्षिक या भिन्नात्मक त्रुटि और उसकी घात के गुणनफल के बराबर होती है। आपेक्षिक त्रुटियों के मूल्यांकन के लिए निरंतर गुणक पर विचार नहीं किया जाता है।

1.4.4 सार्थक अंक या संख्या

एक मापन परिणाम में, विश्वसनीय अंक और पहले अनिश्चित अंक को संख्या के सार्थक अंक या संख्या के रूप में जाना जाता है। सार्थक अंक माप की शुद्धता बताते है जो मापक यंत्र के अल्पतमांक पर निर्भर करता है।

सार्थक अंक निर्धारित करने के नियम

1. सभी गैर-शून्य अंक (अर्थात, अंक [1-9]) सार्थक होते हैं।
2. दो गैर-शून्य अंकों के बीच के सभी शून्य सार्थक होते हैं, भले ही दशमलव बिंदु कहीं भी हो।
3. यदि संख्या एक से कम अर्थात् (<) 1 है, तो दशमलव बिंदु के दाई ओर के शून्य सार्थक होते हैं लेकिन पहले गैर-शून्य अंक के बाईं ओर के शून्य सार्थक नहीं होते हैं। साथ ही, ध्यान दें कि दशमलव बिंदु वाली किसी संख्या में पिछला शून्य सार्थक होता है। [उदाहरण के लिए, $\underline{0.00}1430$ में, रेखांकित शून्य सार्थक नहीं हैं।]

4. यदि संख्या में दशमलव बिंदु नही है, तो उसके अंतिम या अनुगामी शून्य सार्थक अंक नही होते है। [उदाहरण के लिए, 139 मीटर = 13900 सेमी = 139000 मिमी में तीन सार्थक अंक हैं, पिछले शून्य सार्थक नहीं है।]
5. अनुगामी शून्य (शून्यों) वाली संख्याओं के लिए सार्थक अंको के निर्धारण में संदिग्धता को दूर करने के लिए, वैज्ञानिक संकेत (10 की घातों)के रूप में लिखना सबसे सुरक्षित तरीका है। [उदाहरण के लिए, $100.0 = 1.0 \times 10^2$]

सार्थक अंकों से सम्बंधित अंकगणितीय संक्रियाओं के नियम

गुणनफल या भाग में, अंतिम परिणाम में केवल उतने ही सार्थक अंक रहने देना चाहिए जितने कि सबसे कम सार्थक अंकों वाली मूल संख्या में है। योग या व्यवकलन में, अंतिम परिणाम में दशमलव के बाद उतने ही सार्थक अंक रहने देने चाहिए जितने की सभी मूल राशियों में दशमलव के बाद कम से कम है।

अनुप्रयोग (वास्तविक जीवन/औद्योगिक)

लगभग हर मानव गतिविधि में कुछ सीमा तक माप का उपयोग और त्रुटियाँ शामिल होती है। उदाहरण के लिए, माप और त्रुटि विश्लेषण के अनुप्रयोगों को GPS या GNSS प्रौद्योगिकी में, चिकित्सा और स्वास्थ्य क्षेत्र में, विभिन्न ओलंपिक स्तर की खेल गतिविधियों, विनिर्माण और उत्पादन उद्योगों में महसूस किया जाता है।

केस-स्टडी (पर्यावरण/स्थिरता/सामाजिक/नैतिक मुद्दे)

13 जुलाई 1983 को एयर कनाडा की उड़ान 143 ने, 41,000 फीट की ऊंचाई पर मॉन्ट्रियल से एडमॉन्टन जाते हुए अपने गंतव्य के आधे रास्ते में ही अपने पूरे ईंधन का उपयोग कर लिया, जिससे उसकी आपातकालीन लैंडिंग सुरक्षित रूप से करानी पड़ी। यह घटना, उड़ान की ईंधन आवश्यकता के मापन में रूपांतरण त्रुटि के कारण हुई। वहाँ किलो/लीटर (kg/lit.) के उपयोग के स्थान पर इम्पीरियल यूनिट सिस्टम का प्रयोग किया गया था ।

अन्वेषणशीलता और जिज्ञासा पैदा करें

सटीकता की डिग्री, माप इकाइयों के प्रत्येक तरफ की आधी होती है। । एक लकड़ी जो 5.5 मीटर लंबी है, और 0.1 मीटर के करीब या सटीक है, इसका अर्थ यह है कि उसकी लम्बाई 5.45 मीटर और 5.55 मीटर के बीच कहीं भी हो सकती है। इंच में आपकी ऊंचाई की सटीकता क्या है?

हल किये गए प्रश्न

प्रश्न 1: यदि बॉलपॉइंट पेन की बॉल का व्यास (0.70 ± 0.01) मिमी दिया गया है। तो इसका क्या अर्थ है?

हल: इसका अर्थ यह है कि बॉलपॉइंट पेन की बॉल के व्यास का वास्तविक मान 0.69 मिमी और 0.71 मिमी के बीच है।

प्रश्न 2: यदि किसी प्रयोग में सभी माप बराबर संख्या में किए जाते हैं, तो किस माप के कारण अधिकतम त्रुटि होती है?

हल: सूत्र में जिस राशि की घात अधिकतम होती है, उसके मापन के कारण अधिकतम त्रुटि होती है। और यदि सूत्र में सभी राशियों की घात समान हों, तो जिस राशि का परिमाण सबसे कम होता है, उसके कारण अधिकतम त्रुटि उत्पन्न होती है।

प्रश्न 3: यदि एक गोले की त्रिज्या को माइक्रोमीटर स्क्रू गेज से मापा जाता है और प्रेक्षण निम्नानुसार हैं, तो गोले की त्रिज्या के मापन में प्रतिशत त्रुटि ज्ञात कीजिए:

$R_1 = 2.46$ सेमी, $R_2 = 2.40$ सेमी, $R_3 = 2.48$ सेमी, $R_4 = 2.43$ सेमी, $R_5 = 2.42$ सेमी।

हल:

(i) प्रेक्षणों का माध्य $= \bar{a} = \dfrac{a_1 + a_2 + a_3 + a_4 + a_5}{5}$

$$= \frac{2.46 + 2.40 + 2.48 + 2.43 + 2.42}{5}$$

$$= \left(\frac{12.19}{5}\right) = 2.438 \text{ cm}$$

(ii) व्यक्तिगत प्रेक्षणों में निरपेक्ष त्रुटियाँ:

$$|\Delta a_1| = |2.438 - 2.46| = |-0.022| \text{ cm} = 0.022 \text{ cm}$$

$$|\Delta a_2| = |2.438 - 2.40| = |+0.038| \text{ cm} = 0.038 \text{ cm}$$

$$|\Delta a_3| = |2.438 - 2.48| = |-0.042| \text{ cm} = 0.042 \text{ cm}$$

$$|\Delta a_4| = |2.438 - 2.43| = |+0.008| \text{ cm} = 0.008 \text{ cm}$$

$$|\Delta a_5| = |2.438 - 2.42| = |+0.018| \text{ cm} = 0.018 \text{ cm}$$

(iii) निरपेक्ष त्रुटियों का माध्य $= \Delta\bar{a} = \dfrac{|a_1| + |a_2| + |a_3| + |a_4| + |a_5|}{5}$

$$= \frac{0.022 + 0.038 + 0.042 + 0.008 + 0.018}{5}$$

$$= \frac{0.128}{5} = 0.256 \text{ cm}$$

(iv) आपेक्षिक त्रुटि $= \delta a = \dfrac{\Delta\bar{a}}{a} = \dfrac{\text{माध्य निरपेक्ष त्रुटि}}{\text{प्रेक्षणों का माध्य}} = (0.256 \text{ cm}/2.438 \text{ cm}) = 0.105$

(v) प्रतिशत त्रुटि $= \delta a\% = \dfrac{\Delta\bar{a}}{a} \times 100\% = (0.105 \times 100)\% = 10.5\%$

प्रश्न 4: निम्नलिखित प्रेक्षणों में सार्थक अंकों की संख्या ज्ञात कीजिए:

(a) 0.001 सेकंड

(b) 4.34×10^4 मी./सेकंड

(c) 0.5250 किलोग्राम

(d) 6.0780 न्यूटन/मीटर^2

(e) 31.052 केलोरी

(f) 0.0009012 मीटर

(g) 1.0203×10^{12} हट्‌र्ज

(h) 1.5×10^{-9} ऐम्पियर

हल: [प्रेक्षणों में सार्थक अंकों की संख्या निम्नलिखित है]

क्रमांक	प्रेक्षण	सार्थक अंक
(a)	0.001 सेकंड	1 (एक)
(b)	4.34×10^4 मी./सेकंड	3 (तीन)
(c)	0.5250 किलोग्राम	4 (चार)
(d)	6.0780 न्यूटन/मीटर^2	5 (पाँच)
(e)	31.052 कैलोरी	5 (पाँच)
(f)	0.0009012 मीटर	4 (चार)
(g)	1.0203×10^{12} हर्ट्ज	5 (पाँच)
(h)	1.5×10^{-9} ऐम्पियर	2 (दो)

यूनिट सारांश

1. मापने और परीक्षण करने योग्य राशियाँ भौतिक राशियाँ कहलाती हैं।
2. सात स्वतंत्र मूल राशियाँ तथा दो पूरक राशियाँ समतल कोण और घन कोण होती हैं, जिनके मात्रक क्रमशः रेडियन (rad) और स्टेरेडियन (sr) हैं।
3. व्युत्पन्न राशियाँ मूल राशियों से व्युत्पन्न होती हैं और व्युत्पन्न राशियों के मात्रक व्युत्पन्न मात्रक कहलाते हैं।
4. भौतिक राशियों की बिमायें आधारभूत राशियों की वे घाते है, जिनसे उस भौतिक राशि के मात्रक प्राप्त किये जाते है।
5. किसी भौतिक राशि का विमीय सूत्र सात आधार राशियों के पदों में एक व्यंजक होता है।
6. विमाओं की विधियों का उपयोग किसी मात्रक को एक प्रणाली से दूसरी प्रणाली में परिवर्तित करने, विमीय समीकरण की जाँच और समीकरण की व्युत्पत्ति के लिए किया जा सकता है।
7. अल्पतमांक वह सबसे छोटा मान है जिसे किसी भी मापक यंत्र द्वारा मापा जा सकता है। मापे गए मान केवल इस मान तक ही सटीक होते हैं।
8. मापन उपकरण का चुनाव आवश्यक सटीकता की डिग्री पर निर्भर करता है।
9. सटीकता का अर्थ है सही मान (यानी, बुल्सआई को मारना)। यथार्थता का अर्थ है दोहराना (यानी, एक ही स्थान पर मारना, लेकिन शायद सही जगह नहीं।)
10. सार्थक अंक, मापन की यथार्थता दर्शाते हैं, जो मापक यंत्र के अल्पतमांक पर निर्भर करता है।

अभ्यास

(A) वस्तुनिष्ठ प्रश्न

1.1. आवेग की विमाऐं हैं: [LOD1]

(a) ML^2T^{-2} (b) MLT^{-1}

(c) $M^2L^2T^{-1}$ (d) ML^3T^{-2}

1.2. $ML^{-1}T^{-2}$ विमायें प्रदर्शित नहीं करता है: [LOD2]

(a) प्रतिबल (b) Y (यंग प्रत्यास्थता गुणांक)

(c) दाब (d) शक्ति

1.3. इनमें से कौन सी भौतिक राशि और उनकी विमाएं सुमेलित नहीं है: [LOD3]

(a) बल–न्यूटन (b) धारिता–फैरड

(c) शक्ति–वाट (d) कोणीय संवेग–जूल

1.4. ऊर्जा घनत्व के समान विमायें हैं: [LOD2]

(a) बल (b) दाब

(c) वेग (d) रैखिक संवेग

1.5. एक विमाहीन राशि का: [LOD3]

(a) मात्रक हो सकता है (b) मात्रक कभी नही हो सकता है

(c) हमेशा एक मात्रक होता है (d) अस्तित्व नही होता है

1.6. रिक्त स्थान भरो [LOD3]

एक वास्तविक गैस का समीकरण $(p + \frac{a}{v^2})(v - b) = RT$ होता है, जहाँ p, v और T, क्रमश: दाब, आयतन, एवं तापमान है, और r सार्वत्रिक गैस नियतांक है। उपरोक्त समीकरण में स्थिरांक a की विमाएँ हैं....

1.7. उचित जोड़ी बनाइए [LOD1]

(1) स्फेरोमीटर (a) तार के टुकड़े की मोटाई

(2) रूलर (b) बीकर का व्यास

(3) वर्नियर केलीपर (c) ऑप्टिकल लेंस की वक्रता त्रिज्या

(4) माइक्रोमीटर स्क्रू गेज (d) आपके स्मार्टफोन की लंबाई

1.8. $(1.0305 \times 10^{23}) + (0.011 \times 10^{23})$ के लिए सार्थक अंकों के नियम का प्रयोग करते हुए हमें प्राप्त होगा। (1.0415×10^{23}, 1.042×10^{23}, 1.041×10^{23}, 1.04×10^{23}) [LOD1]

1.9. यदि R_1, R_2 और R_3 एक श्रृंखला सर्किट में जुड़े हुए हैं और प्रतिशत त्रुटियों के साथ उनके मान क्रमश: 10 ± 1% ओम, 12 ± 0.8% ओम और 20 ± 2% ओम हैं, तो उनके समकक्ष प्रतिरोध में प्रतिशत त्रुटि है.... (± 3.6%, ± 3.8%, ± 3.3%, ± 3.5%) [LOD2]

1.10. स्मार्टफोन की लंबाई 6 इंच है। स्मार्टफोन की लंबाई वाली मात्रक में एक टेबल की लंबाई मापने पर, ... स्मार्टफोन की लंबाई वाली यूनिट एक टेबल की 91.44 सेमी लंबाई के बराबर होगी। (9, 6, 11, 15) [LOD2]

(A) वस्तुनिष्ठ प्रश्नों के उत्तर

प्रश्न	1.1	1.2	1.3	1.4	1.5	1.6	1.7	1.8	1.9	1.10
उत्तर	(b)	(d)	(d)	(b)	(a)	ML^5T^{-2}	1 - c, 2 - d, 3 - b, 4 - a	1.042×10^{23}	±3.80%	6

1.1. (b) आवेग की विमायें है: आवेग = बल × समय = $MLT^{-2}.T = MLT^{-1}$

1.2. (d) प्रतिबल = बल/(क्षेत्रफल) = $\frac{MLT^{-2}}{L^2} = ML^{-1}T^{-2}$

यंग प्रत्यास्थता गुणांक $Y = \frac{MgL}{\pi r^2 l} = \frac{MLT^{-2}L}{L^3} = ML^{-1}T^{-2}$

दाब = बल/(क्षेत्रफल) $ML^{-1}T^{-2}$ × शक्ति = (कार्य)/समय = $ML^{-1}T^{-3}$

1.3. (d) कोणीय संवेग = रेखीय संवेग × लंबाई = $kg\frac{m}{s} \times m = kgm^2s^{-1}$

1.4. (b) ऊर्जा घनत्व = (ऊर्जा)/आयतन = $ML^{-1}T^{-2}$, बल = द्रव्यमान × त्वरण = MLT^{-2}

दाब = बल/(क्षेत्रफल) = $ML^{-1}T^{-2}$, वेग = LT^{-1}

रेखीय संवेग = द्रव्यमान × वेग = MLT^{-1}

1.5. (a) विमाहीन राशियों का मात्रक हो सकता है।

उदाहरण के लिए समतल कोण = (चाप)/(त्रिज्या) = $M^{\circ}L^{\circ}T^{\circ}$ = विमाहीन, किंतु समतल कोण का मात्रक रेडियन है।

1.6. $\left(p + \frac{a^2}{v}\right)$ का अर्थ है, दो पदों का योग, अत: इन पदों की विमायें समान होनी चाहिए,

$p = \frac{a}{v^2}$, $a = pv^2$ = बल/(क्षेत्रफल) × (आयतन)^2 = ML^5T^{-2}

1.8. 1.042×10^{23} [$\because$ $(1.0305 + 0.011) \times 10^{23} = 1.0415 \times 10^{23}$, लेकिन योग के लिए हम मूल संख्याओं में सबसे कम दशमलव स्थान लेते हैं, इसलिए, पूर्णाकन के बाद उत्तर 1.042×10^{23} है।]

1.9. ± 3.8% [$\because$ $R_{eq} \pm \Delta R_{eq} = (R_1 \pm \Delta R_1) + (R_2 \pm \Delta R_2) + (R_3 \pm \Delta R_3) = (10 \pm 1\%) + (12 \pm 0.8\%) + (20 \pm 2\%) = (10 + 12 + 20) \pm (l + 0.8 + 2)\ \% = 42 \pm 3.8\ \%$ ओम]

1.10. 6 [$\because$ टेबल की लंबाई 91.44 सेंटीमीटर है, चूंकि 2.54 सेमी = 1 इंच, 91.44 सेमी = 36 इंच, यहाँ 6 इंच = एक स्मार्टफोन लंबाई, इसलिए 36 इंच = 6 स्मार्टफोन लंबाई।

(B) विषयात्मक प्रश्न

1.1. इन राशियों की विमायें ज्ञात कीजिये।

(a) बल

(b) विद्युत विभव

(c) रैखिक संवेग

[LOD1]

1.2. विमाओं की एकरूपता के सिद्धांत का उल्लेख कीजिए और विमीय विश्लेषण का उपयोग करते हुए 'm' द्रव्यमान के एक पिंड जिसका त्वरण 'a' है, उस पर लगने वाले बल के लिए संबंध व्युत्पन्न कीजिए। [LOD3]

1.3. यदि ऊर्जा का समीकरण $E = hf$, दिया हो, जहाँ f आवृत्ति है, तो प्लांक के नियतांक h की विमायें ज्ञात कीजिये। [LOD1]

1.4. विमीय विश्लेषण के आधार पर निम्नलिखित समीकरणों की शुद्धता की जाँच करें।

(a) $S = \frac{\rho rhg}{2\cos\theta}$

(b) $v = \sqrt{\frac{T}{m}}$

(c) $F = 6\pi\eta rv$

जहाँ h ऊँचाई, S पृष्ठ तनाव, ρ घनत्व, T तनाव, m प्रति इकाई लंबाई द्रव्यमान, और η श्यानता गुणांक है। [LOD2]

1.5. 1500 वाट की मोटर की शक्ति को CGS इकाई में बदलें। [LOD2]

1.6. प्रगामी तरंग के समीकरण $y = A\sin(\omega t - kx)$ से A और k की विमायें निर्धारित कीजिये, जहाँ y = विस्थापन, $\omega = \frac{2\pi}{T}$ तरंग का कोणीय वेग, और t = समय है। [LOD1]

1.7. सटीक माप के लिए वर्नियर कैलिपर्स के बदले माइक्रोमीटर स्क्रू गेज का उपयोग करने के कारण बताएं। [LOD1]

1.8. यदि किसी वर्नियर स्केल के मुख्य स्केल की रीडिंग 1.3 सेमी है और वर्नियर स्केल की रीडिंग 21 डिवीजन है, तो उस वर्नियर कैलिपर्स के लिए कुल रीडिंग और सही रीडिंग प्राप्त कीजिये, जिसका अल्पतमांक 0.02 मिमी है। वर्नियर कैलिपर्स में ऋणात्मक शून्यांक त्रुटि 2 डिवीजन की है। [LOD1]

1.9. एक 0–250 वोल्ट की रेंज वाला वोल्टमीटर एक सर्किट में एक घटक में विभव पतन को मापने के लिए जोड़ा जाता है, और इसे कुछ बार चालू और बंद करने के बाद, यह लगातार 5 वोल्ट प्रदर्शित करता है। तो डेटा को यथासंभव सटीक रूप से मापने के लिए आप इस स्थिति से केसे निपटेंगे। [LOD2]

1.10. मेरे पास 10 सेमी लंबाई के धागे का एक टुकड़ा है, और उसी व्यास की एक तांबे की छड़ और एक रूलर पैमाना है। मेरे पास वर्नियर कैलिपर्स, या माइक्रोमीटर स्क्रू गेज जैसे मापक यंत्र हैं। तो मैं रॉड के व्यास को 1 मिमी की सटीकता तक कैसे माप सकता हूँ? जबकि रूलर स्केल का परास 0–30 सेमी है। [LOD3]

(B) विषयात्मक प्रश्नों के उत्तर

1.1. (*a*) MLT^{-2} (*b*) $ML^2T^{-3}I^{-1}$ (*c*) MLT^{-1}

1.2. F = K*ma*, K = 1 (प्रयोग द्वारा निर्धारित स्थिरांक का मान)

1.3. $[h] = ML^2T^{-1}$

1.4. (*a*) शुद्ध हो सकता है (*b*) शुद्ध हो सकता है (*c*) शुद्ध हो सकता है

1.5. 1.5×10^{10} अर्ग/सेकंड (CGS मात्रक)

1.6. [A] = L, [K] = L^{-1}

1.8. 13.46 mm = 1.346 cm [कुल रीडिंग = MSR + (VSR × LC) = [13 + (21 × 0.02)] mm = 13.42 mm or 1.342 cm; संशोधित रीडिंग = कुल रीडिंग + सुधार 13.42 + (2 × 0.02) = 13.42 + 0.04 = 13.46 mm]

प्रायोगिक कार्य

प्रयोग 1. वर्नियर कैलीपर का उपयोग करके एक दिए गए बेलन, परखनली और बीकर की लंबाई एवं त्रिज्या मापना और उनका आयतन ज्ञात करना।

प्रायोगिक महत्व

विद्यार्थी अपने अध्ययन के दौरान और अपने कामकाजी पेशे में किसी वस्तु का बाह्य व्यास, गहराई, आंतरिक व्यास, और लम्बाई को मापने में वर्नियर कैलिपर का उपयोग कर पाएंगे। उद्योगों में 1 mm से कम विन्यास को मापने में सामान्य पैमाने का उपयोग नहीं किया जाता है, बल्कि इस प्रकार के मापन में वर्नियर कैलिपर का उपयोग किया जाता है, जो 0.1 mm तक की लंबाई को सटीकता के साथ माप सकता है। इस प्रयोग में वर्नियर कैलिपर के उपयोग को अच्छी तरह से समझाया गया है।

प्रासंगिक सिद्धांत

वर्नियर कैलिपर एक साधारण उपकरण है जिसके द्वारा किसी वस्तु की लंबाई को एक मिलीमीटर के दसवें या एक सेंटीमीटर के सौवें हिस्से तक सटीक रूप से मापा जा सकता है।

प्रयुक्त सूत्र: वर्नियर कैलिपर का अल्पतमांक

$$\text{L.C.} = \frac{\text{मुख्य पैमाने पर सबसे छोटे भाग का मान}}{\text{वर्नियर पैमाने पर कुल भागों की संख्या}} = (1\text{ mm})/10 = 0.1\text{ mm} = 0.01\text{ cm}$$

(a) लिया गया पाठ्यांक = मुख्य पैमाने का पाठ्यांक + (मुख्य पैमाने के साथ सम्पाती वर्नियर भाग की संख्या × L.C.)

(b) संशोधित पाठ्यांक = लिया गया पाठ्यांक – (± शून्यांक त्रुटि)

(c) किसी बेलनाकार वस्तु का आयतन $V = \pi r^2 h$

जहाँ h बेलनाकार वस्तु की ऊंचाई, और r उसकी आंतरिक त्रिज्या है।

प्रैक्टिकल आउटकम्स (PrO)

PrO1: वर्नियर कैलिपर का अल्पतमांक (L.C.) और शून्यांक त्रुटि का निर्धारण करना।

PrO2: किसी वस्तु की लम्बाई, आंतरिक व्यास, और गहराई मापने के लिए वर्नियर कैलिपर का उपयोग करना।

PrO3: दी गई वस्तुओं का आयतन ज्ञात करना।

प्रायोगिक व्यवस्था (चित्रांकन/ रेखा-चित्र/ रैखिक परिपथ/कार्य स्थिति)

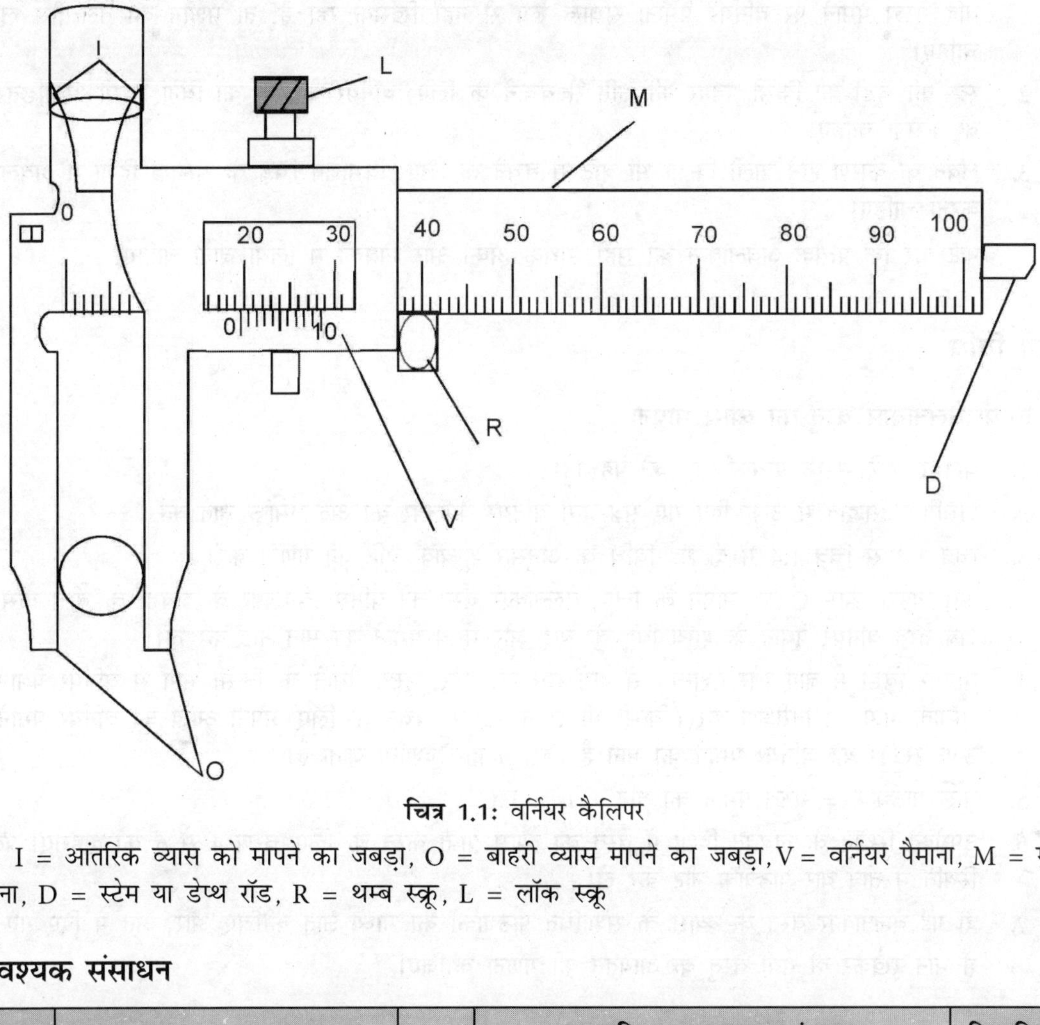

चित्र 1.1: वर्नियर कैलिपर

I = आंतरिक व्यास को मापने का जबड़ा, O = बाहरी व्यास मापने का जबड़ा, V = वर्नियर पैमाना, M = मुख्य पैमाना, D = स्टेम या डेप्थ रॉड, R = थम्ब स्क्रू, L = लॉक स्क्रू

आवश्यक संसाधन

क्रमांक	सुझाए गए आवश्यक संसाधन मशीनें/यंत्र /महत्वपूर्ण विशिष्टताओं वाले उपकरण	मात्रा	वास्तविक आवश्यक संसाधन मशीनें/यंत्र/महत्वपूर्ण विशिष्टताओं वाले उपकरण (छात्र द्वारा भरे जाने के लिए)		टिप्पणियाँ (यदि कोई हो, तो)
			मॉडल	विवरण	
1.	वर्नियर कैलिपर	1			
2.	बेलनाकार वस्तु	1			
3.	परखनली	1			
4.	बीकर	1			
5.	स्केल	1			

सावधानियाँ

1. यदि मुख्य पैमाने पर वर्नियर पैमाना सुचारू रूप से नहीं खिसक रहा है, तो मशीन का तेल/ग्रीस लगाना चाहिए।
2. स्क्रू की चूड़ी को किसी प्रकार की क्षति से बचाने के लिए, वर्नियर के स्क्रू को बिना किसी अवांछित दाब के कसना चाहिए।
3. लंबन के कारण होने वाली किसी भी त्रुटि से बचने के लिए, विभाजन चिह्न के सम्मुख दिशा में अवलोकन करना चाहिए।

   नोट करें कि प्रत्येक अवलोकन को सही सार्थक अंकों और मात्रकों में लिया जाना चाहिए।

प्रयोग विधि

(A) किसी बेलनाकार वस्तु का व्यास मापना

1. वर्नियर कैलिपर के प्रत्येक भाग को पहचानें।
2. प्रासंगिक सिद्धांत में ऊपर दिए गए सूत्र द्वारा वर्नियर कैलिपर का अल्पतमांक ज्ञात करें।
3. चित्र 1.2 से चित्र 1.4 में दी गई विधि के अनुसार शून्यांक त्रुटि की गणना करें।

   अब बाहरी व्यास O को मापने के लिए, बेलनाकार वस्तु को वर्नियर कैलिपर के जबड़ों के बीच कस लें। अब तुरंत वर्नियर पैमाने के शून्य बिंदु के बाईं ओर मुख्य पैमाने का मान नोट कर लें।
4. वर्नियर विंडो में बाएं छोर (शून्य) से दायें छोर की ओर, मुख्य पैमाने के किसी भाग से वर्नियर पैमाने के सम्पाती भाग का निरीक्षण करें (किसी भी लंबन त्रुटि से बचने के लिए अपनी आंख को वर्नियर पैमाने पर ऊपर रखें)। यह वर्नियर पैमाने का मान है जिसे n द्वारा दर्शाया जाता है।
5. कुल पाठ्यांक = मुख्य पैमाने का पाठ + $n \times$ L.C.
6. उपरोक्त स्थिति के लंबवत दिशा में वस्तु का व्यास प्राप्त करने के लिए चरण 4 से 6 को दोहराएं। प्रत्येक स्थिति में तीन बार पाठ्यांक नोट कर लें।
7. दी गई बेलनाकार वस्तु के व्यास के संशोधित पाठ्यांकों का माध्य ज्ञात कीजिए और, अंत में दिए गए सूत्र में मान रखकर दी गयी वस्तु के आयतन की गणना कीजिए।

(B) किसी दिए गए बीकर का आयतन ज्ञात करने के लिए उसके आंतरिक व्यास और गहराई को मापना।

1. वर्नियर कैलिपर के ऊपरी जबड़े I को बीकर की दीवार पर अनावश्यक दबाव न डालते हुए, अंदर से छूने के लिए व्यवस्थित कीजिये। अब वर्नियर कैलिपर के स्क्रू को धीरे से कस लें।
2. अब दिए गए बीकर का आतंरिक व्यास ज्ञात करने के लिए, (A) में वर्णित 4 से 6 पदों को दोहराए ।इसको बीकर की तीन अलग अलग जगहों के लिए दोहराएं।
3. बीकर की गहराई ज्ञात करने के लिए वर्नियर कैलिपर के मुख्य पैमानें को उसके परिधीय किनारे पर रखे ।
4. वर्नियर कैलिपर के गतिशील जबड़े को तब तक खिसकाते रहें जब तक कि धातु की पट्टी या स्टेम D, बीकर के निचले हिस्से को न छू ले और यह नीचे की सतह से बिल्कुल लंबवत होना चाहिए। अब वर्नियर कैलिपर के स्क्रू को धीरे से कस लें।

5. अब फिर से मुख्य पैमाने का मान और वर्नियर पैमाने के सम्पाती भाग का मान ज्ञात कीजिये।
6. तब दिए गए बीकर की गहराई ज्ञात करने के लिए प्रयोग का कुल पाठ्यांक = मुख्य पैमाने का मान + $n \times$ L.C.। बीकर के विभिन्न स्थानों पर गहराई के लिए पाठ्यांक लें।
7. यदि आवश्यक हो तो, प्रेक्षणों के मान लेने के बाद शून्यांक त्रुटि संशोधनों को लागू करें। बीकर के आंतरिक व्यास और गहराई के संशोधित पाठ्यांकों के माध्य की गणना करें और अंत में दिए गए सूत्र में मान रखकर उसके आयतन की गणना करें।
8. परखनली के लिए भी इसी प्रकार चरण (B) 1 से 7, तक उपरोक्त प्रक्रिया को दोहराएं।

प्रेक्षण और गणना

प्रेक्षण

1. **वर्नियर कैलिपर का अल्पतमांक (वर्नियर नियतांक)**

   मुख्य पैमाने पर सबसे छोटा भाग (MSD) = X cm

   वर्नियर पैमाने पर कुल विभाजनों की संख्या = N

   अल्पतमांक $= \frac{\text{MSD}}{\text{N}} = \frac{\text{X}}{\text{N}}$ सेमी

2. बेलनाकार वस्तु की लम्बाई = ... सेमी
3. शून्यांक त्रुटि और उसका सुधार

   जब बाह्य व्यास O मापने वाले जबड़े एक-दूसरे को स्पर्श करते हैं, तो वर्नियर पैमाने का शून्य, मुख्य पैमाने के शून्य के साथ सम्पाती होना चाहिए, तब उपकरण में कोई त्रुटि नहीं होती है जैसा कि (चित्र 1.2) में दिखाया गया है। यदि ऐसा नहीं है, तब ऐसा कहा जाता है कि उस उपकरण में शून्यांक त्रुटि है। (यह किसी विनिर्माण दोष के कारण या खराब रख रखाव के कारण हो सकता है)। शून्यांक त्रुटि धनात्मक या ऋणात्मक हो सकती है, यह इस बात पर निर्भर करता है कि वर्नियर पैमाने का शून्य, मुख्य पैमाने के शून्य के दाईं ओर है या बाई ओर, जैसा कि (चित्र 1.3 और चित्र 1.4) में दिखाया गया है। इस स्थिति में, लिए गए पाठ्यांक में सुधार की आवश्यकता होगी।

(a) धनात्मक शून्यांक त्रुटि

जब दोनों जबड़े एक-दूसरे को स्पर्श करते हैं, और वर्नियर पैमाने का शून्य मुख्य पैमाने के शून्य के दाई ओर स्थानांतरित हो जाता है। (चित्र 1.3 को देखें) तो इस स्थिति में मापन के दौरान लिया गया पाठ्यांक, वास्तविक पाठ्यांक से अधिक होगा। इसलिए, इस मामले में शून्यांक त्रुटि धनात्मक होगी और सुधार लागू करने की आवश्यकता होगी। लिए गए किसी भी माप के लिए, प्रेक्षित पाठ्यांक से शून्यांक त्रुटि को 'घटाया' जाना चाहिए। इस प्रकार, शुद्ध पाठ्यांक = प्रेक्षित पाठ्यांक – (+ शून्यांक त्रुटि)

(b) ऋणात्मक शून्यांक त्रुटि

जब दोनों जबड़े एक-दूसरे को स्पर्श करते हैं, और वर्नियर पैमाने का शून्य मुख्य पैमाने के शून्य के बाई ओर स्थानांतरित हो जाता है (चित्र 1.4)। यह स्थिति स्पष्ट करती है कि माप लेते समय लिया गया पाठ्यांक, वास्तविक पाठ्यांक से कम होगा इसलिए, इस मामले में शून्यांक त्रुटि ऋणात्मक होगी और सुधार लागू करने की आवश्यकता होगी। इस

प्रकार, शुद्ध पाठ्यांक = प्रेक्षित पाठ्यांक – (– शून्यांक त्रुटि)

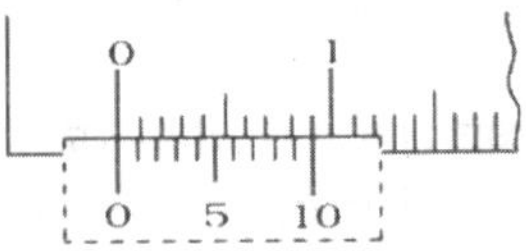

चित्र 1.2: शून्य शून्यांक त्रुटि

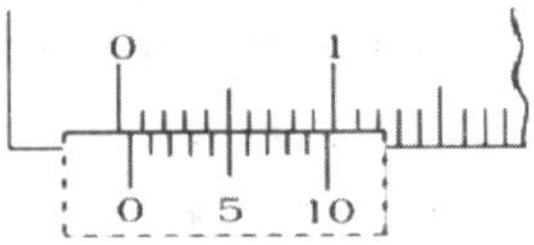

चित्र 1.3: धनात्मक शून्यांक त्रुटि

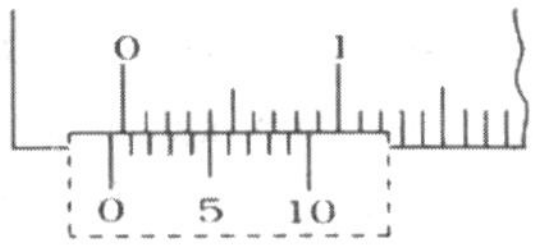

चित्र 1.4: ऋणात्मक शून्यांक त्रुटि

प्रेक्षण तालिका:

1. किसी बेलनाकार वस्तु का व्यास मापना

क्रमांक	किसी एक दिशा में				लंबवत दिशा में				माध्य पाठ्यांक	संशोधित पाठ्यांक
	मुख्य पैमाने का पाठ (cm)	वर्नियर पैमाने के सम्पाती भाग की संख्या (n)	वर्नियर पैमाने का पाठ = n× L.C. (cm)	कुल पाठ्यांक = MSR +VSR = (a+c) cm	मुख्य पैमाने का पाठ (cm)	वर्नियर पैमाने के सम्पाती भाग की संख्या (n)	वर्नियर पैमाने का पाठ = n× L.C. ((cm)	कुल पाठ्यांक = MSR + VSR = (a'+ c') cm	माध्य पाठ्यांक $= \frac{(d + d')}{2}$ cm	= माध्य पाठ्यांक (± शून्यांक त्रुटि) (cm)
	(a)	(b)	(c)	(d)	(a')	(b')	(c')	(d')	e)	(f)
1.										
2.										
3.										

2. किसी परखनली के आंतरिक व्यास और गहराई को मापना

	क्रमांक	मुख्य पैमाने का पाठ cm (a)	वर्नियर पैमाने के सम्पाती भाग की संख्या n (b)	वर्नियर पैमाने का पाठ = (n × LC) cm (c)	कुल पाठ्यांक = (MSR+VSR) = (a +c) cm (d)	संशोधित पाठ्यांक = माध्य पाठ्यांक (± शून्यांक त्रुटि) (cm) (e)
आंतरिक व्यास	1.					
	2.					
	3.					

	क्रमांक	मुख्य पैमाने का पाठ cm (a)	वर्नियर पैमाने के सम्पाती भाग की संख्या n (b)	वर्नियर पैमाने का पाठ = (n × LC) cm (c)	कुल पाठ्यांक = (MSR+VSR) = (a +c) cm (d)	संशोधित पाठ्यांक = माध्य पाठ्यांक (± शून्यांक त्रुटि) (cm) (e)
गहराई	1.					
	2.					
	3.					

नोटः बीकर के व्यास और गहराई के लिए फिर से वही टेबल बनाएं

परिणाम और/या व्याख्या

(a) बेलनाकार वस्तु की लंबाई (l) = cm
(b) बेलनाकार वस्तु का माध्य संशोधित व्यास (D) = ...cm
(c) बेलनाकार वस्तु की माध्य संशोधित त्रिज्या (R) = D/2 = ...cm
(d) बेलनाकार वस्तु का आयतन (V_1) = $\pi R^2 l$ = cm^3
(e) परखनली का माध्य संशोधित आंतरिक व्यास (d) = cm
(f) परखनली की माध्य संशोधित त्रिज्या (r) = $d/2$ = ...cm
(g) परखनली की गहराई (l_1) = cm
(h) परखनली का आयतन (V_2) = $\pi r^2 l_1$ = cm^3
(i) बीकर का माध्य संशोधित आंतरिक व्यास (d') = cm
(j) बीकर की माध्य संशोधित त्रिज्या (r') = $d'/2$ = ...cm
(k) बीकर की गहराई (l_2) = ...cm
(l) बीकर का आयतन (V_3) = $\pi r'^2 l_2$

निष्कर्ष और/या सत्यापन (विद्यार्थी द्वारा भरा जाना है)

....

....

प्रयोग संबंधित प्रश्न या मौखिक प्रश्न

वर्नियर कैलीपर पर सिमुलेशन

1. वर्नियर नियतांक को परिभाषित कीजिए।
2. वर्नियर कैलीपर की स्लाइडिंग पट्टी या स्टेम का उपयोग लिखिए।
3. वर्नियर कैलीपर में शून्यांक त्रुटि ज्ञात करने की विधि समझाइए।
4. वर्नियर कैलीपर के सिद्धांत को संक्षेप में समझाइए।

सुझाई गई मूल्यांकन योजना

(शिक्षक द्वारा भरा जाना है)

दिए गए कार्य निष्पादन संकेतक, प्रक्रिया और परिणाम सहसंबंध के मूल्यांकन के लिए दिशा निर्देश के रूप में उपयोग करने चाहिए।

	कार्य निष्पादन संकेतक	भारिता	प्राप्तांक
प्रक्रिया सूचक : .... अंक' (...........%)		**60%**	
1.	वर्नियर कैलीपर का अल्पतमांक (L.C.) ज्ञात करना	15%	
2.	वर्नियर कैलीपर की शून्यांक त्रुटि का मापन	15%	
3.	दी गई वस्तुओं की लंबाई और व्यास का उचित माप करना	15%	
4.	गणना और परिणाम प्राप्त करना	15%	
परिणाम सूचक : .... अंक' (...........%)		40%	
5.	त्रुटि का अनुमान	10%	
6.	परिणाम और व्याख्या	10%	
7.	निष्कर्ष और सत्यापन	10%	
8.	प्रायोगिक प्रश्नों या मौखिक प्रश्नों के उत्तर देने की तैयारी	10%	
	कुल	**100%**	

* **प्रक्रिया और परिणाम मूल्यांकन के लिए अंक और प्रतिशत भार शिक्षक द्वारा तय किये जायें।**

विद्यार्थी का नामः .... प्राप्तांक			**शिक्षक के हस्ताक्षर (दिनांक के साथ)**
प्रक्रिया सूचक	परिणाम सूचक	कुल	

प्रयोग 2. स्क्रू गेज का उपयोग करके किसी ठोस गेंद, और तार का व्यास एवं कार्डबोर्ड की मोटाई ज्ञात करना।

प्रायोगिक महत्व

उद्योगों और प्रयोगशालाओं में 0.01 mm से कम विन्यास की वस्तुओं का व्यास और मोटाई ज्ञात करने की आवश्यकता होती है, तब सामान्य पैमाने और वर्नियर कैलीपर का उपयोग नहीं किया जा सकता है, इस प्रकार के मापन में स्क्रू गेज की सहायता से 0.01 mm तक के विन्यास, उच्च सटीकता और यथार्थता के साथ मापे जा सकते है। इस प्रयोग में स्क्रू गेज के उपयोग और मापन के सिध्दांत को समझाया गया है।

प्रासंगिक सिद्धांत

पिच: जब स्क्रू को एक पूरा घुमाव दिया जाता है, तब मुख्य पैमानें पर स्क्रू की नोंक द्वारा तय की गई दूरी को उस स्क्रू गेज की पिच कहा जाता है। यह मुख्य पैमानें पर दो लगातार भागों के बीच की दूरी होता है। स्क्रू गेज की पिच 1mm के बराबर होती है।

स्क्रू गेज का अल्पतमांक: स्क्रू गेज द्वारा सटीक रूप से मापी गई न्यूनतम दूरी को स्क्रू गेज का अल्पतमांक कहा जाता है।

$$\text{स्क्रू गेज की पिच} = \frac{\text{स्क्रू द्वारा तय की गई दूरी}}{\text{स्क्रू को दिए गए घुमावों की संख्या}}$$

$$\text{अल्पतमांक} = \frac{\text{पिच}}{\text{वृत्ताकार पैमाने पर कुल भागों की संख्या}} = \frac{1\text{mm}}{100} = 0.001 \text{ cm}$$

व्यास का कुल पाठ्यांक = मुख्य पैमाने का पाठ्यांक + वृत्तीय पैमाने का सम्पाती भाग × L.C.

कार्डबोर्ड की मोटाई का कुल पाठ्यांक = मुख्य पैमाने का पाठ्यांक + वृत्तीय पैमाने का सम्पाती भाग × L.C.

$= X + (n \times \text{L.C.})$

व्यास का शुद्ध पाठ्यांक = व्यास का कुल पाठ्यांक – (± शून्यांक त्रुटि)

कार्डबोर्ड की मोटाई का शुद्ध पाठ्यांक = कार्डबोर्ड की मोटाई का कुल पाठ्यांक – (± शून्यांक त्रुटि)

स्क्रू गेज की शून्यांक त्रुटि

जब स्क्रू का अंतिम सिरा और स्टड की सतह एक-दूसरे के संपर्क में हों, तो रैखिक पैमाने (या मुख्य पैमानें) और वृत्तीय पैमाने का पाठ्यांक शून्य होना चाहिए। यदि ऐसा नहीं है, तो स्क्रू गेज में एक त्रुटि होती है जिसे शून्यांक त्रुटि कहा जाता है। जब फलक A और B संपर्क में होते हैं तो कोई त्रुटि नहीं होती है क्योंकि रैखिक पैमाने और वृत्तीय पैमाने के शून्य, एक दूसरे के साथ मेल खाते हैं जैसा कि (चित्र 1.5) में दिखाया गया है। जब वृत्तीय पैमाने का पाठ्यांक, रैखिक पैमाने के शून्य से अधिक या धनात्मक होता है, तो उस स्क्रू गेज में धनात्मक शून्यांक त्रुटि होती है और धनात्मक शून्यांक त्रुटि का मान = $0.0 + 2 \times 0.002$ = (+) 0.004 cm होगा, जैसा कि (चित्र 1.6) में दिखाया गया है। जब रैखिक पैमाने पर वृत्तीय पैमाने का पाठ्यांक, रैखिक पैमाने के शून्य से कम या ऋणात्मक होता है, तो उस स्क्रू गेज में ऋणात्मक शून्यांक त्रुटि होती है और ऋणात्मक शून्यांक त्रुटि का मान = $0.0 + 46 \times 0.002$ = (–) 0.092 cm होगा, जैसा कि (चित्र 1.7) में दिखाया गया है।

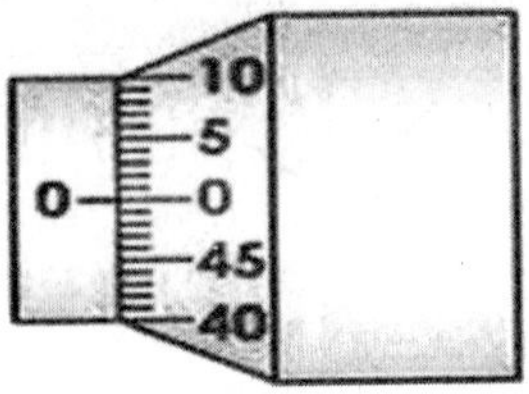

चित्र 1.5 शून्य शून्यांक त्रुटि

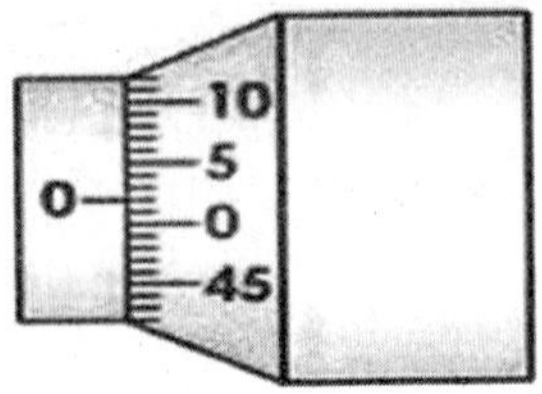

चित्र 1.6 धनात्मक शून्यांक त्रुटि

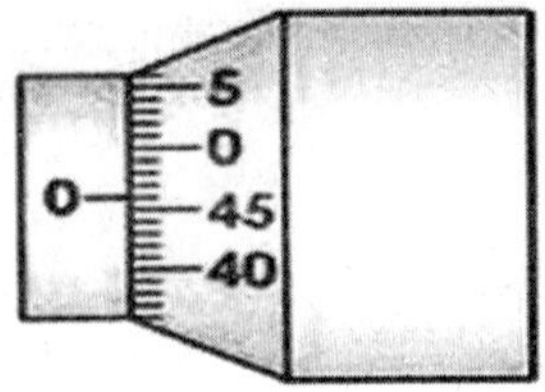

चित्र 1.7 ऋणात्मक शून्यांक त्रुटि

प्रैक्टिकल आउटकम्स (PrO)

PrO1: स्क्रू गेज का अल्पतमांक और शून्यांक त्रुटि ज्ञात करना।

PrO2: स्क्रू गेज का उपयोग करके गेंद और तार का व्यास को ज्ञात करना।

PrO3: स्क्रू गेज का उपयोग करके कार्डबोर्ड की मोटाई ज्ञात करना।

प्रायोगिक व्यवस्था (चित्रांकन/ रेखा-चित्र/ रैखिक परिपथ/ कार्य स्थिति)

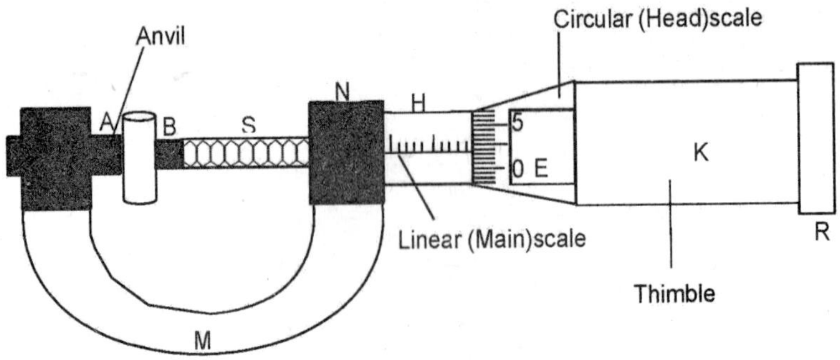

चित्र 1.8 स्क्रू गेज

A. एन्विल या स्टड, S- स्पिंडल, N – लॉक नट, M- फ्रेम, H- बैरल, K- थिम्बल, R- रैचेट स्क्रू

आवश्यक संसाधन

क्रमांक	सुझाए गए आवश्यक संसाधन मशीनें/यंत्र / महत्वपूर्ण विशिष्टताओं वाले उपकरण	मात्रा	वास्तविक आवश्यक संसाधन मशीनें/यंत्र/महत्वपूर्ण विशिष्टताओं वाले उपकरण (छात्र द्वारा भरे जाने के लिए)		टिप्पणियाँ (यदि कोई हो, तो)
			मॉडल	विवरण	
1.	स्क्रू गेज	1			
2.	तार	1			
3.	ठोस गेंद	1			
4.	कार्डबोर्ड	1			

सावधानियाँ

1. स्क्रू को बिना घर्षण के स्वतंत्र रूप से चलना चाहिए ।
2. स्क्रू की पिच्छट त्रुटि से बचने के लिए स्क्रू को एक ही दिशा में घुमाना चाहिए ।
3. स्क्रू के अत्यधिक घुमाव से बचना चाहिए ।

प्रयोग विधि

1. मुख्य पैमाने पर दिए गए पाँच पूर्ण घुमावों में स्क्रू की नोक द्वारा तय की गई दूरी माप लें, फिर इस दूरी को पाँच से विभाजित करें, जो कि स्क्रू गेज के पिच के बराबर होगा ।
2. वृत्तीय पैमाने पर भागों की संख्या को गिन लें और पिच को वृत्तीय पैमानें के कुल भागों की संख्या से विभाजित करें जो स्क्रू गेज के अल्पतमांक (L.C.) के बराबर होगा ।
3. स्क्रू गेज के रैचेट को इस प्रकार घुमाएँ कि स्क्रू गेज का स्थिर सिरा और गतिमान नोंक B एक दूसरे को स्पर्श करें और रैचेट का आगे घूर्णन ना हो पाए ।
4. वृत्तीय पैमाने और मुख्य पैमाने के सम्पाती भाग को नोट करें और शून्यांक त्रुटि ज्ञात करें।
5. अब स्थिर सिरे A और B गतिमान नोंक के बीच तार डालें, फिर रैचेट को इस तरह घुमाएं कि दोनों सिरे। A और B तार को छू लें और आगे कोई घूर्णन संभव ना हो।
6. फिर मुख्य पैमाने के पाठ्यांक को नोट करें और वृत्तीय पैमाने के सम्पाती भाग को नोट करें।
7. अब तार को पिछली स्थिति के लंबवत रखे और फिर से पाठ्यांक नोट करें।
8. चरण 5, 6 और 7 को दोहराएं और 4 से 5 पाठ्यांक नोट कर लें और फिर तार का माध्य व्यास ज्ञात करें।
9. तार के व्यास का शुद्ध पाठ्यांक प्राप्त करने के लिए, यदि आवश्यक हो तो (±) चिह्न के साथ शून्यांक त्रुटि को घटाएं।
10. स्टड A और नोंक B के बीच कार्डबोर्ड रखें, फिर पांच अलग-अलग स्थितियों पर मोटाई ज्ञात करें।
11. दी गई ठोस गेंद को स्क्रू गेज के स्टड और नोंक के बीच रखें और पांच अलग-अलग स्थितियों पर व्यास ज्ञात करें।
12. ठोस गेंद का माध्य व्यास और गत्ते की मोटाई ज्ञात कीजिए, शून्यांक त्रुटि को घटाइए ।

प्रेक्षण और गणना

प्रेक्षण:

पिच ज्ञात करना : यदि स्क्रू के नोंक द्वारा 5 पूर्ण घुमाव में तय की गयी दूरी X है,

तो पिच = $\frac{X}{5}$ = ...cm, वृत्तीय पैमाने पर कुल भागों की संख्या (N) = ...

स्क्रू गेज का अल्पतमांक (L.C.) = $\dfrac{\text{पिच}}{\text{वृत्तीय पैमानें पर कुल भागों की संख्या}}$ = ...cm

शून्यांक त्रुटि : शून्यांक त्रुटि का पाठ्यांक = $X \pm n \times$ L.C. = ± ....cm

प्रेक्षण तालिका : 1. तार का व्यास ज्ञात करने के लिए

क्रमांक	किसी एक दिशा में पाठ्यांक				लंबवत दिशा में पाठ्यांक					
	मुख्य पैमाने का पाठ्यांक (cm)	वृत्तीय पैमाने का सम्पाती भाग (n)	वृत्तीय पैमाने का पाठ्यांक = n × L.C. (cm)	कुल पाठ्यांक = (a+c) cm	मुख्य पैमाने का पाठ्यांक (cm)	वृत्तीय पैमाने का सम्पाती भाग (n)	वृत्तीय पैमाने का पाठ्यांक = n × L.C. (cm)	कुल पाठ्यांक = (a'+c') cm	लिया गया व्यास $= \frac{(d+d')}{2}$ cm	माध्य व्यास (cm)
	(a)	(b)	(c)	(d)	(a')	(b')	(c')	(d')	(e)	(f)
1.										
2.										
3.										
4.										
5.										

2. दिए हुए ठोस गेंद और तार का व्यास ज्ञात करने के लिए:

क्रमांक	मुख्य पैमानें का पाठ्यांक (cm)	वृत्तीय पैमानें का सम्पाती भाग (n)	वृत्तीय पैमानें का पाठ्यांक = n × L.C. (cm)	कुल पाठ्यांक (a + c) (cm)	माध्य पाठ्यांक (cm)
	(a)	(b)	(c)	(d)	(f)
1.					
2.					
3.					
4.					
5.					

नोट : तार के लिए अपनी प्रेक्टिकल कॉपी में इसी प्रकार टेबल बनाइये

परिणाम और/या व्याख्या

तार के व्यास का शुद्ध पाठ्यांक (D_1) = तार का माध्य व्यास – शून्यांक त्रुटि (चिह्न के साथ) = ... cm

गेंद के व्यास का शुद्ध पाठ्यांक (D_2) = गेंद का माध्य व्यास – शून्यांक त्रुटि (चिह्न के साथ) = ... cm

कार्डबोर्ड की मोटाई का शुद्ध पाठ्यांक (t) = कार्डबोर्ड की मोटाई का माध्य मान - (± शून्यांक त्रुटि) = ... cm

निष्कर्ष और/या सत्यापन (विद्यार्थी द्वारा भरा जाना है)

....

....

प्रयोग संबंधित प्रश्न या मौखिक प्रश्न

1. स्क्रू गेज के टर्म पिच को समझाइये ।
2. धनात्मक और ऋणात्मक शून्यांक त्रुटि की स्थितियाँ लिखिए।
3. स्क्रू गेज की पिच्छट त्रुटि को न्यूनतम करने की विधि समझाइए।
4. स्क्रू गेज की अधिकतम परास निर्धारित करने की विधि समझाइए।

स्क्रू गेज पर सिमुलेशन

सुझाई गई मूल्यांकन योजना

(शिक्षक द्वारा भरा जाना है)

दिए गए कार्य निष्पादन संकेतक, प्रक्रिया और परिणाम सहसंबंध के मूल्यांकन के लिए दिशा निर्देश के रूप में उपयोग करने चाहिए।

	कार्य निष्पादन संकेतक	भारिता	प्राप्तांक
प्रक्रिया सूचक : .... अंक' (............%)		60%	
1.	स्क्रू गेज का अल्पतमांक (L.C.) ज्ञात करना	15%	
2.	स्क्रू गेज की शून्यांक त्रुटि का मापन	15%	
3.	दी गई गेंद और तार के व्यास और कार्ड बोर्ड की मोटाई का उचित मापन करना	15%	
4.	गणना करना और परिणाम प्राप्त करना	15%	
परिणाम सूचक : .... अंक' (............%)		40%	
5.	त्रुटि का अनुमान	10%	
6.	परिणाम और व्याख्या	10%	
7.	निष्कर्ष और सत्यापन	10%	
8.	प्रायोगिक प्रश्नों या मौखिक प्रश्नों के उत्तर देने की तैयारी	10%	
	कुल	**100%**	

*** प्रक्रिया और परिणाम मूल्यांकन के लिए अंक और प्रतिशत भार शिक्षक द्वारा तय किये जाएँ।**

विद्यार्थी का नाम: .... प्राप्तांक			**शिक्षक के हस्ताक्षर** **(दिनांक के साथ)**
प्रक्रिया सूचक	परिणाम सूचक	कुल	

प्रयोग 3. स्फेरोमीटर का उपयोग करके उत्तल और अवतल दर्पण/सतह की वक्रता त्रिज्या ज्ञात करना।

प्रायोगिक महत्व

तेल उद्योगों और मैकेनिकल इंजीनियरिंग में इंजीनियर, विभिन्न वक्रीय पृष्ठों जैसे पाइप की सतहों, धात्विक प्लेटों एवं गोलों की वक्रता मापने के लिए स्फेरोमीटर का उपयोग करते हैं। स्फेरोमीटर की सहायता से वक्रीय पृष्ठों की वक्रता त्रिज्या को 0.01 mm तक की उच्च सटीकता के साथ मापा जा सकता है सिविल इंजीनियरिंग में सर्वेयिंग में, सिलिंडर और लेंस की वक्रता को मापने में स्फेरोमीटर बहुत उपयोगी है। पेट्रोलियम उद्योग में धात्विक पृष्ठों की समतलता और पाईपों की गोलाई मापने में स्फेरोमीटर का उपयोग होता है इस प्रयोग में, स्फेरोमीटर के उपयोग और उसके सिद्धांत को समझाया गया है।

प्रासंगिक सिद्धांत

पिच: मुख्य पैमाने पर एक पूर्ण रोटेशन में वृत्ताकार पैमाने द्वारा तय की गई दूरी को पिच कहा जाता है।

$$\text{अल्पतमांक} = \frac{\text{स्फेरोमीटर स्क्रू का पिच}}{\text{वृत्ताकार पैमाने के कुल भागों की संख्या}} = \frac{1\text{mm}}{100} = 0.01 \text{ mm} = 0.001 \text{ cm}$$

$$\text{वक्रीय पृष्ठ की वक्रता त्रिज्या का सूत्र } R = \frac{a^2}{6h} + \frac{h}{2}$$

यहाँ 'a' स्फेरोमीटर के दो टांगों के बीच की औसत दूरी, और 'h' किसी समतल पृष्ठ से वक्रीय पृष्ठ की औसत ऊंचाई 'h' है जिसे धनु के रूप में जाना जाता है।

प्रैक्टिकल आउटकम्स (PrO)

PrO1: स्फेरोमीटर का अल्पतमांक और शून्यांक त्रुटि ज्ञात करना।

PrO2: उत्तल और अवतल दर्पण/सतह का धनु ज्ञात करने के लिए स्फेरोमीटर का उपयोग करना।

PrO3: स्फेरोमीटर का उपयोग करके उत्तल और अवतल दर्पण/सतह की वक्रता त्रिज्या ज्ञात करना।

प्रायोगिक व्यवस्था (चित्रांकन/ रेखा-चित्र / रैखिक परिपथ/ कार्य स्थिति)

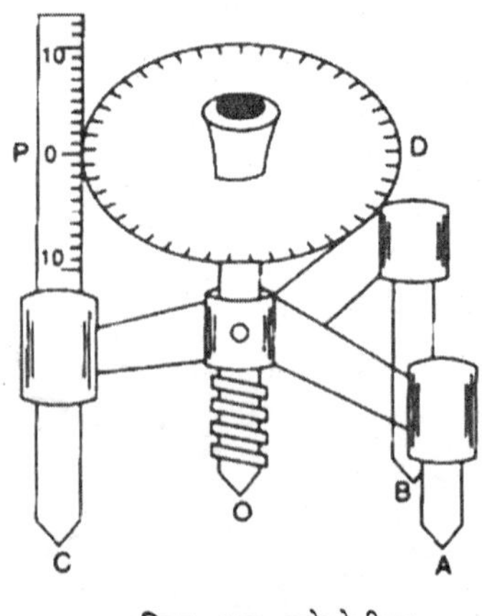

चित्र 1.9: स्फेरोमीटर

A, B, C = टाँगें, D = वृत्तीय पैमाना, O = केंद्रीय टांग, p = उर्ध्वाधर पैमाना (या मुख्य पैमाना)

आवश्यक संसाधन

क्रमांक	सुझाए गए आवश्यक संसाधन मशीनें/यंत्र /महत्वपूर्ण विशिष्टताओं वाले उपकरण	मात्रा	वास्तविक आवश्यक संसाधन मशीनें/यंत्र /महत्वपूर्ण विशिष्टताओं वाले उपकरण (छात्र द्वारा भरे जाने के लिए)		टिप्पणियाँ (यदि कोई हो, तो)
			मॉडल	विवरण	
1.	स्फेरोमीटर	1			
2.	उत्तल दर्पण	1			
3.	अवतल दर्पण	1			
4.	समतल कांच की प्लेट	1			

सावधानियाँ

1. स्क्रू को बिना घर्षण के स्वतंत्र रूप से चलाना चाहिए।
2. स्क्रू की पिच्छट त्रुटि से बचने के लिए स्क्रू को एक ही दिशा में घुमाना चाहिए।
3. स्क्रू के अत्यधिक घुमाव से बचना चाहिए।

प्रयोग विधि

1. स्फेरोमीटर के केंद्रीय स्क्रू को ऊपर उठाएं और प्रायोगिक नोटबुक पर धीरे से दबाएं ताकि उस पर तीनों टांगों से छिद्र बन जाए। इन छिद्रों को A, B और C के रूप में चिह्नित करें।
2. इन छिद्रों के बीच की दूरी मापने के लिए, इन तीनों बिन्दुओं को जोड़कर एक त्रिभुज ABC बना लें ।
3. नोटबुक में इन दूरियों (AB, BC, AC) को नोट कर उनका माध्य लीजिए, जो a का मान है।
4. स्फेरोमीटर की पिच और अल्पतमांक ज्ञात कीजिए और इसे चरणबद्ध तरीके से रिकॉर्ड कीजिए।
5. स्फेरोमीटर को उत्तल पृष्ठ पर रखें और धीरे से स्क्रू को नीचे की ओर घुमाएं, जब तक कि केंद्रीय स्क्रू की नोंक उत्तल पृष्ठ को न छू ले (स्क्रू की नोक, उत्तल कांच के पृष्ठ पर अपने प्रतिबिम्ब को स्पर्श करेगी) और स्फेरोमीटर की तीनों टाँगें भी उस उत्तल पृष्ठ पर होनी चाहिये ।
6. मुख्य पैमाने (या ऊर्ध्वाधर पैमाने) का पाठ्यांक नोट कर लें, और वृत्तीय पैमाने के उस भाग को भी नोट कर ले, जो मुख्य पैमाने के किसी भाग से सम्पाती है, तो कुल पाठ्यांक = मुख्य पैमाने का पाठ्यांक + $n \times$ L.C. ज्ञात कीजिए। उत्तल पृष्ठ पर पाठ्यांक लेते समय मुख्य पैमाने के पाठ्यांक को उस उर्ध्वाधर पैमाने के शून्य के ऊपर मापा जाता है।
7. उत्तल पृष्ठ के तीन अलग-अलग स्थानों पर स्फेरोमीटर का पाठ्यांक लेने के लिए चरण 6 और 7 दोहराएं। स्फेरोमीटर के उत्तल पृष्ठ पर लिए गए पाठ्यांक का माध्य h_1 है।
8. अवतल पृष्ठ पर पाठ्यांक लेने के लिए समान चरण 6 और 7 को दोहराएं, अवतल पृष्ठ के लिए, मुख्य पैमाने का पाठ्यांक उस ऊर्ध्वाधर पैमाने के शून्य से नीचे मापा जाता है। अवतल पृष्ठ पर तीन अलग-अलग स्थानों पर लिए गए पाठ्यांकों का माध्य h_3 है।

9. अब एक समतल कांच की प्लेट पर चरण 6 और 7 को तीन अलग-अलग स्थानों पर दोहराते हुए स्फेरोमीटर का पाठ्यांक लें और समतल सतह पर पाठ्यांक का माध्य ज्ञात करें जो कि h_1 है।
10. समतल पृष्ठ से उत्तल पृष्ठ की ऊँचाई की गणना $(h_2 - h_1) = h$ से कर लें। इसी प्रकार, समतल सतह से अवतल सतह की गहराई की गणना $(h_3 - h_1) = h'$ से कर लें, अब उत्तल और अवतल पृष्ठों के लिए वक्रता त्रिज्या R तथा R' ज्ञात कीजिए।

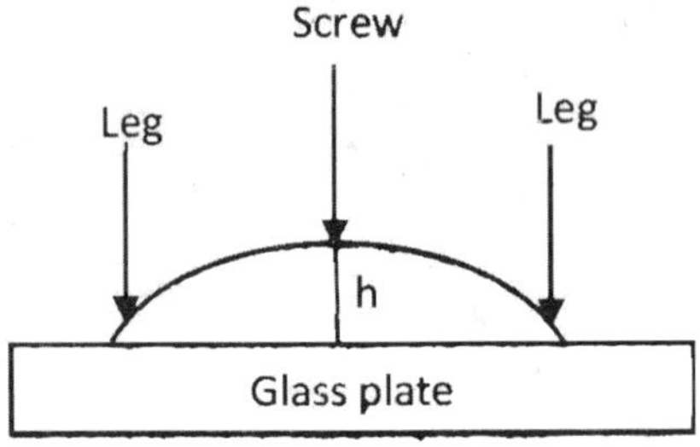

चित्र 1.10: 'धनु' का मापन

प्रेक्षण और गणना

स्फेरोमीटर की दो टांगों के बीच औसत दूरी ज्ञात करने के लिए:

चित्र 1.11 में दिखाए गए, स्फेरोमीटर की टांगों द्वारा चिह्नित त्रिभुज ABC में,

AB = a_1 = ...cm, BC = a_2 = ...cm, CA = a_3 = ...cm

तो, स्फेरोमीटर की टांगों के बीच की औसत दूरी

$$a = \frac{a_1 + a_2 + a_3}{3} = \ldots\ldots\ldots\ldots \text{ cm}$$

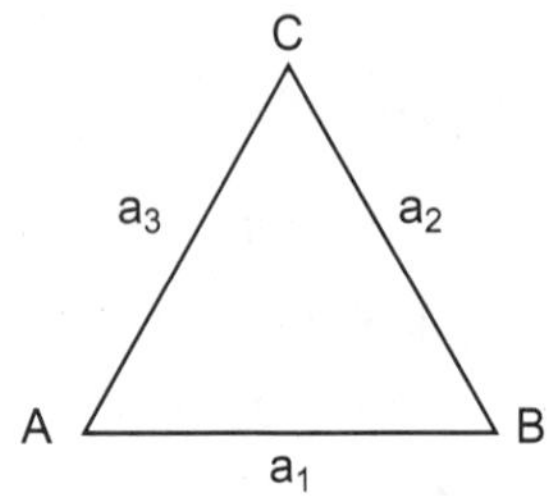

चित्र 1.11

पिच के लिए: वर्नियर पैमाने के 5 पूर्ण घुमावों में केंद्रीय स्क्रू द्वारा तय की गई दूरी X है,

$\therefore$ पिच = $\frac{X}{5}$ = ... सेमी, वृत्तीय पैमाने पर कुल भागों की संख्या (N) = ...

$$\text{स्फेरोमीटर का अल्पतमांक (L.C.)} = \frac{\text{पिच}}{\text{वृत्ताकार पैमानें पर कुल भागों की संख्या}} = \ldots\ldots\ldots \text{cm}$$

स्फेरोमीटर का पाठ्यांक:

	क्रमांक	मुख्य पैमानें का पाठ्यांक (cm)	वृत्तीय पैमानें का सम्पाती भाग (n)	वृत्तीय पैमानें का पाठ्यांक = n× L.C. (cm)	कुल पाठ्यांक (a + c)(cm)	माध्य पाठ्यांक (cm)
		(a)	(b)	(c)	(d)	
	1.					
समतल पृष्ठ	2.					h_1 = ...cm
	3.					

	क्रमांक	मुख्य पैमानें का पाठ्यांक (cm)	वृत्तीय पैमानें का सम्पाती भाग (n)	वृत्तीय पैमानें का पाठ्यांक = n× L.C. (cm)	कुल पाठ्यांक (a + c)(cm)	माध्य पाठ्यांक (cm)
		(a)	(b)	(c)	(d)	
उत्तल पृष्ठ	1.					h_2 = ……cm
	2.					
	3.					
अवतल पृष्ठ	1.					h_3 = ……cm
	2.					
	3.					

परिणाम और/या व्याख्या

समतल पृष्ठ से उत्तल सतह की ऊँचाई (या धनु) $h = h_2 - h_1$ = …… .... cm

समतल पृष्ठ (या धनु) से अवतल सतह की गहराई (या धनु) $h' = h_3 - h_1$ = ... ……cm

उत्तल पृष्ठ की वक्रता त्रिज्या $R = \frac{a^2}{6h} + \frac{h}{2}$ = ……………… cm

अवतल सतह की वक्रता त्रिज्या $R' = \frac{a^2}{6h'} + \frac{h'}{2}$ = ……………… cm

निष्कर्ष और/या सत्यापन (विद्यार्थी द्वारा भरा जाना है)

....

....

प्रयोग संबंधित प्रश्न या मौखिक प्रश्न

1. स्फेरोमीटर की शून्यांक त्रुटि संशोधन को समझाइए।
2. उत्तल दर्पण की फोकस दूरी और वक्रता त्रिज्या के बीच संबंध लिखिए।
3. स्फेरोमीटर की पिच्छट त्रुटि को न्यूनतम करने की विधि बताइए।
4. किसी उपकरण के अल्पतमांक को परिभाषित कीजिए।

स्फेरोमीटर पर सिमुलेशन

सुझाई गई मूल्यांकन योजना

(शिक्षक द्वारा भरा जाना है)

दिए गए कार्य निष्पादन संकेतक, प्रक्रिया और परिणाम सहसंबंध के मूल्यांकन के लिए दिशा निर्देश के रूप में उपयोग करने चाहिए।

	कार्य निष्पादन संकेतक	भारिता	प्राप्तांक
प्रक्रिया सूचक : .... अंक' (...........%)		60%	
1.	स्फेरोमीटर का अल्पतमांक ज्ञात करना	15%	
2.	शून्यांक त्रुटि का मापन	15%	
3.	उत्तल एवं अवतल पृष्ठों की धनु h और h' का उचित मापन करना	15%	
4.	गणना करना और परिणाम प्राप्त करना	15%	
परिणाम सूचक : .... अंक' (...........%)		40%	
5.	त्रुटि का अनुमान	10%	
6.	परिणाम और व्याख्या	10%	
7.	निष्कर्ष और सत्यापन	10%	
8.	प्रायोगिक प्रश्नों या मौखिक प्रश्नों के उत्तर देने की तैयारी	10%	
	कुल	**100%**	

*** प्रक्रिया और परिणाम मूल्यांकन के लिए अंक और प्रतिशत भार शिक्षक द्वारा तय किये जाएँ।**

विद्यार्थी का नाम: .... **प्राप्तांक**			**शिक्षक के हस्ताक्षर (दिनांक के साथ)**
प्रक्रिया सूचक	परिणाम सूचक	कुल	

अधिक जानिए

सौर मंडल के बाहर खगोलीय पिंडों की दूरियों के मात्रक पारसेक, प्रकाश वर्ष या खगोलीय मात्रक (AU) होते हैं। अणुओं या परमाणुओं के द्रव्यमान को परमाणु द्रव्यमान मात्रक (amu) में मापा जाता है जबकि खगोलीय पिंडों जैसे आकाशगंगाओं या ब्लैकहोल का द्रव्यमान सौर द्रव्यमान में मापा जाता है। समय का एक अनौपचारिक मात्रक है, जो 10 नैनोसेकंड या 10^{-8} सेकंड समय मापता है, 1 shake के रूप में जाना जाता है। समय के इस मात्रक का उपयोग परमाणु प्रतिक्रियाओं में न्यूट्रॉन प्रतिक्रियाओं जैसी घटनाओं के समय को व्यक्त करने के लिए होता है।

माप की सटीकता और विश्वसनीयता इतनी महत्वपूर्ण क्यों हैं?

ज्ञान की कमी, असटीकता और गलत अनुमान आपदा का कारण बन सकते हैं। कर्स्टन ब्लांडर इसका एक महान उदाहरण है। उन्होंने गलती से मिलीमीटर को इंच में बदल दिया, जिसकी कीमत सरकार को 2 बिलियन डॉलर से अधिक चुकानी पड़ी। उन्होंने एक मान को 25.4 पर सेट करने के बजाय, 24.5 सेट किया, जिसके परिणामस्वरूप अंतरिक्ष खोज यान की शक्ति नष्ट हो गई और शुक्र ग्रह अंतरिक्ष में खो गया।

अभिनव प्रायोगिक परियोजनाएं/गतिविधियां डिजाइन करें

1. विभिन्न अल्पतमांक वाले वर्नियर केलिपर का उपयोग करके वस्तु को मापें।
2. विभिन्न अल्पतमांक वाले माइक्रोमीटर स्क्रू गेज का उपयोग करके वस्तु को मापें।
3. विभिन्न अल्पतमांकों के स्फेरोमीटर का उपयोग करके वृत्ताकार वस्तु को मापें।
4. अपने मुख्य कार्यक्रमों में विभिन्न माप उपकरणों की सूची बनाएं।

संदर्भ एवं अध्ययन हेतु सुझाव

संदर्भ

1. H. C. Verma, Concepts of Physics Vol. I & II, Bharti Bhawan Ltd. New Delhi, 2017.
2. J. Walker, Principles of Physics, 9th Edition, Hoboken, New Jersey: Wiley, 2011.
3. M. E. Browne, Schaum's Outline of Physics For Engineering And Science, 4th Edition, McGraw-Hill, 2019.
4. E. Hecht, Schaum's Outline of College Physics, 12th Edition, McGraw-Hill, 2017.
5. A. Halpern, Schaum's 3,000 Solved Problems In Physics, McGraw-Hill, 2011.
6. A. Beiser, Schaum's Outline Of Applied Physics, 4th Edition, Mc-Graw-Hill, 2009.
7. A. Beiser, Schaum's Easy Outline Of Applied Physics, Revised Edition, McGraw-Hill, 2011.
8. PhET Interactive Simulations, University of Colorado Boulder, https://phet.colorado.edu
9. OLabs, Developed by Amrita Vishwa Vidyapeetham & CDAC Mumbai and funded by MeitY (Ministry of Electronics & Information Technology, India), http://www.olabs.edu.in/
10. Swayam Prabha, INFLIBNET, India, https://www.swayamprabha.gov.in/index.php/

प्रैक्टिकल हेतु सुझाए गये संसाधन

1. C. L. Arora, B.Sc. Practical Physics, S. Chand Limited, 2001.
2. G. L. Squires, Practical Physics, Cambridge University Press, 2001.
3. https://selflearning.io/study-material/physics/physics/physics-and-mathematical-calculation/absolute-error-relative-error-and-percentage-error

2 बल एवं गति

यूनिट विशिष्ट

यह यूनिट आधारभूत भौतिकी के निम्नलिखित विषयों पर केंद्रित है:

- अदिश एवं सदिश राशियाँ एवं उनके उदाहरण
- सदिश राशियों पर गणितीय संक्रियाएँ और सदिश वियोजन के अनुप्रयोग
- त्रिभुज एवं समांतर चतुर्भुज नियम (केवल कथन)
- रेखीय संवेग संरक्षण एवं उसके अनुप्रयोग
- किसी वस्तु की वृत्तीय गति से संबंधित भौतिक राशियाँ
- रेखीय और कोणीय वेग एवं रेखीय और कोणीय त्वरण के बीच संबंध
- अभिकेन्द्रीय और अपकेन्द्रीय बल उदाहरण सहित
- व्यंजक एवं अनुप्रयोग जैसे सड़कों का बंकन और साइकिल चालक का झुकना

भूमिका

कोई भी मापने योग्य राशि या तो अदिश राशि या सदिश राशि होती है। एक अदिश राशि को केवल उसके परिमाण द्वारा वर्णित किया जा सकता है और दिशा की कोई आवश्यकता नहीं होती है। एक सदिश राशि परिमाण और दिशा दोनों द्वारा प्रदर्शित की जाती है, और सदिश योग के नियम का पालन करती है। सदिश योग के लिए त्रिभुज नियम और समांतर चतुर्भुज नियम का उपयोग किया जाता है। दो सदिशों के गुणनफल और सदिशों के वियोजन को उदाहरण सहित समझाया गया है। कोणीय संवेग संरक्षण के नियम और आवेग को उदाहरण सहित समझाया गया है। बंदूक का प्रतिक्षिप्त वेग, और रॉकेट जैसे अनुप्रयोगों का वर्णन किया गया है। कोणीय विस्थापन, कोणीय वेग, कोणीय त्वरण और उनके रैखिक राशियों के साथ संबंध व्युत्पन्न किये गए हैं। इस पाठ में अभिकेंद्रीय बल और अपकेंद्रीय बल को सड़कों के बंकन, और साइकिल चालक के झुकने जैसे अनुप्रयोगों के साथ समझाया गया है।

पूर्व अपेक्षित ज्ञान

भौतिकी – मात्रकों की मूल जानकारी और भौतिक राशियों का मापन

गणित – रैखिक बीजगणित की मूल जानकारियाँ

अन्य – कम्प्यूटर का बुनियादी ज्ञान

यूनिट आउटकम्स (UOs)

इस यूनिट के पूर्ण अध्ययन करने के बाद, विद्यार्थी निम्न में सक्षम होंगे:

U2-O1: सदिश और अदिश राशियों में अंतर स्पष्ट करना। सदिश योग, अंतर और गुणनफल नियम को लागू करना। अवनत समतलों और लॉन रोलर पर सदिशों के वियोजन का प्रयोग करना।

U2-O2: संवेग और आवेग के साथ बल का संबंध स्थापित करना। रॉकेट प्रणोदन और बंदूक के प्रतिक्षिप्त वेग में रैखिक संवेग संरक्षण नियम को लागू करना।

U2-O3: कोणीय गति और उससे संबंधित भौतिक राशियों को परिभाषित करना। जीवन्त उदाहरणों से अभिकेन्द्रीय और अपकेन्द्रीय बलों की पहचान करना और उन्हें सड़कों के बंकन और साइकिल चालक के झुकने में उपयोग करने में सक्षम होना।

कोर्स आउटकम्स (COs) के साथ यूनिट आउटकम्स (UOs) की मैपिंग (परस्पर संबंध)

यूनिट-2 आउटकम्स (UOs)	कोर्स आउटकम्स (COs) के साथ अपेक्षित संबंध *(1-कमजोर सहसंबंध, 2-मध्यम सहसंबंध, 3-मजबूत सहसंबंध)*					
	CO-1	CO-2	CO-3	CO-4	CO-5	CO-6
U2-O1	2	3	2	2	1	1
U2-O2	2	3	2	1	3	1
U2-O3	2	3	1	2	-	-

2.1 अदिश और सदिश राशियाँ

रोचक तथ्य

एक समतल (जैसे कागज का एक सादा शीट या द्विविमीय स्थान) में एक सदिश को रैखिक रूप से स्वतंत्र दो सदिशों को जोड़कर वर्णित किया जाता है। त्रिविमीय स्पेस में, किसी सदिश को तीन सदिश घटकों के योग के रूप में लिखा जा सकता है। सदिश, वे गणितीय साधन होते हैं जिनका उपयोग भौतिकी के समीकरणों को हल करने और गणना को आसान बनाने के लिए किया जा सकता है।

2.1.1 अदिश और सदिश राशियाँ

कुछ भौतिक राशियों को केवल उनके परिमाण द्वारा पूर्ण रूप से वर्णित किया जाता है, ऐसी राशियों को अदिश राशि कहा जाता है। इन राशियों को केवल बीजगणित के नियमों द्वारा जोड़ा जाता है। द्रव्यमान, आयतन, घनत्व और तापमान अदिश राशियों के कुछ उदाहरण हैं।

कुछ भौतिक राशियों का वर्णन करने के लिए हमें परिमाण के साथ साथ दिशा की भी आवश्यकता होती है, और इन्हें सदिश योग के नियमों द्वारा जोड़ा जाता है, ऐसी राशियों को सदिश राशि कहा जाता है। वेग, त्वरण, रैखिक संवेग, और बल सदिश राशियों के कुछ उदाहरण हैं।

कुछ मामलों में, एक भौतिक राशि में परिमाण के साथ-साथ दिशा भी होती है, परन्तु इन्हें सदिश योग के नियम द्वारा नहीं जोड़ा जा सकता है, तो वह राशि, एक सदिश राशि नहीं होती है। उदाहरण के लिए, एक तार में विद्युत धारा में परिमाण और दिशा दोनों होते हैं लेकिन सदिश योग के नियम द्वारा धाराएँ नहीं जोड़ी जा सकती है, अतः, धारा एक अदिश राशि है।

A. सदिशों का निरूपण

ज्यामितीय रूप से, एक सदिश को एक तीर के साथ एक सीधी रेखा द्वारा दर्शाया जाता है, रेखा की लंबाई को उस राशि के परिमाण के समानुपाती लिया जाता है और तीर उस सदिश की दिशा को दर्शाता है।

चित्र (2.1) में, सदिश $\vec{A}$, को $\overrightarrow{PQ}$ द्वारा दर्शाया गया है, लंबाई PQ उस सदिश ($\vec{A}$) का परिमाण या मापांक देता है और तीरनुमा शीर्ष उस सदिश की दिशा को दर्शाता है। सदिशों को प्रतीकों पर तीर लगाकर दर्शाया जाता है जैसे $\overrightarrow{PQ}$, $\overrightarrow{AB}$। कभी-कभी हम एकल-अक्षर वाले प्रतीकों जैसे $\vec{r}$ $\vec{f}$ $\vec{v}$ आदि का उपयोग करते हैं। कुछ पुस्तकों में, सदिशों को मोटे अक्षरों द्वारा दर्शाया जाता है जैसे **PQ, AB, F, V** आदि।

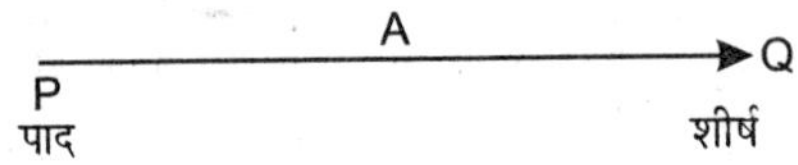

चित्र 2.1: सदिश $\vec{A}$

सदिश का परिमाण $|\vec{A}|$ मापांक या अक्षर A (बिना बोल्ड) द्वारा निरूपित किया जाता है।

B. सदिशों के प्रकार

1. **शून्य सदिशः** जब किसी सदिश के प्रारंभिक और अंतिम बिंदु (या टर्मिनल बिंदु) सम्पाती होते है, तो सदिश का परिमाण शून्य होता है, ऐसे सदिश को शून्य सदिश कहा जाता है।
2. **एकांक सदिशः** यदि किसी सदिश का परिमाण एक होता है, तो उसे एकांक सदिश कहा जाता है। किसी एकांक सदिश को $\hat{A} = \frac{\vec{A}}{|\vec{A}|} = \frac{\text{सदिश}}{\text{सदिश का परिणामी}}$ से दर्शाया जाता हैं।
   यहाँ $\hat{A}$ को A कैप कहा जाता है।
3. **समान सदिशः** दो सदिश, समान सदिश कहलाते हैं यदि वे समान परिमाण और दिशा के साथ समान भौतिक राशि को प्रदर्शित करते है, जैसे $\vec{A} = \vec{B}$।
4. **ऋणात्मक सदिशः** जब दो सदिशों के परिमाण समान होते है, किन्तु वे एक दूसरे की विपरीत दिशा में होते हैं तो उन्हें ऋणात्मक या विपरीत सदिश कहते हैं। ऋणात्मक सदिश को $\vec{A} = -\vec{B}$ के रूप में लिखा जा सकता है।

प्रारंभिक बिंदु के आधार पर सदिश के प्रकार

(a) **मुक्त सदिशः** यदि किसी सदिश के प्रारंभिक बिंदु को स्पेस में किसी भी बिंदु पर विस्थापित किया जा सकता है, तो इसे मुक्त सदिश कहा जाता है।

(b) **स्लाइडिंग सदिशः** जब किसी सदिश का प्रारंभिक बिंदु केवल उसकी क्रिया की रेखा के अनुदिश विस्थापन कर सकता है तो उसे स्लाइडिंग सदिश कहते हैं।

(c) **आबद्ध सदिशः** यदि किसी सदिश का प्रारंभिक बिंदु स्पेस में स्थिर हो और उसे बदला न जा सके तो उसे आबद्ध सदिश कहते हैं।

(d) **ध्रुवीय सदिशः** यदि किसी सदिश की दिशा संदर्भ फ्रेम से स्वतंत्र हो, तो इसे ध्रुवीय सदिश कहते हैं। ध्रुवीय सदिश की दिशा उनके विवरण जैसे वेग, त्वरण, बल सदिश द्वारा दर्शाई जाती है।

(e) **अक्षीय सदिशः** यदि एक सदिश, घूर्णन अक्ष की दिशा में घूर्णन प्रभाव दर्शाता है तो इसे अक्षीय सदिश कहा जाता है। अक्षीय सदिश की दिशा संदर्भ फ्रेम की सुस्पष्टता पर निर्भर करती है।

बल आघूर्ण $\vec{\tau} = \vec{r} \times \vec{F}$ और कोणीय संवेग $\vec{J} = \vec{r} \times \vec{p}$ अक्षीय सदिशों के कुछ उदाहरण हैं।

समतलीय सदिशः यदि दो सदिश एक ही तल में स्थित हों, तो वे समतलीय सदिश कहलाते हैं।

2.1.2 सदिशों का योग और अंतर

A. दो सदिशों का योग

त्रिभुज का नियम: जब दो सदिशों $\vec{a}$ और $\vec{b}$ को जोड़ना हो तो $\vec{a}$ के शीर्ष पर $\vec{b}$ के पाद को रखा जाता है, तब पहले सदिश $\vec{a}$ की पाद और दूसरे सदिश $\vec{b}$ के शीर्ष को मिलाने वाला सदिश, इन दोनों सदिशों $\vec{a}$ और $\vec{b}$ का सदिश योगफल होता है। इस नियम को दो सदिशों के योग के त्रिभुज नियम कहा जाता है।

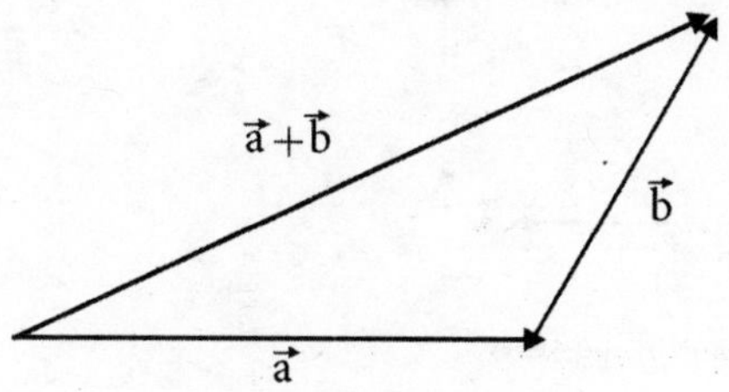

चित्र 2.2: त्रिभुज नियम

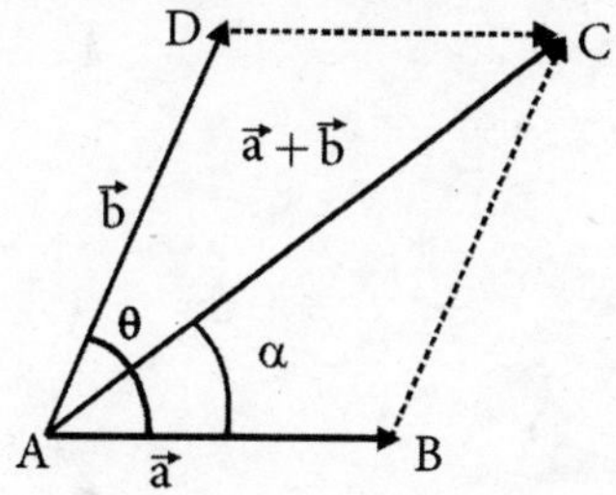

चित्र 2.3: समांतर चतुर्भुज नियम

समांतर चतुर्भुज का नियम: यदि दो सदिश $\vec{a}$ और $\vec{b}$ एक समांतर चतुर्भुज के उभयनिष्ठ पादों वाली दो आसन्न भुजाओं द्वारा निरूपित किये जाते है, तब उन दो सदिशों के प्रतिच्छेदन से खींचा गया विकर्ण, सदिशों $\vec{a}$ और $\vec{b}$ का सदिश योग दर्शाता है। $\overrightarrow{AB} + \overrightarrow{BC} = \overrightarrow{AC}\ \overrightarrow{AD} + \overrightarrow{DC} = \overrightarrow{AC}$

$(\vec{a} + \vec{b})$ के परिमाण को $|\vec{a} + \vec{b}| = \sqrt{a^2 + b^2 + 2ab\cos\theta}$ के रूप में लिख सकते है। जहाँ θ, $\vec{a}$ और $\vec{b}$ के बीच एक छोटा कोण है।

यदि $(\vec{a} + \vec{b})$ सदिश $\vec{a}$ से कोण $\vec{b}$ बनाता है तो, $\tan\alpha = \dfrac{b\sin\theta}{a + b\cos\theta}$

B. दो सदिशों का अंतर

माना $\vec{a}$ और $\vec{b}$ दो सदिश हैं तो $\vec{a}$ और $\vec{b}$ के अंतर को सदिश $\vec{a}$ और $\vec{b}$ के विपरीत सदिश के योग के रूप में परिभाषित किया जा सकता है। $\overrightarrow{-b}$, सदिश $\vec{b}$ का एक विपरीत सदिश है, तब $\vec{a} - \vec{b} = \vec{a} + (\overrightarrow{-b})$

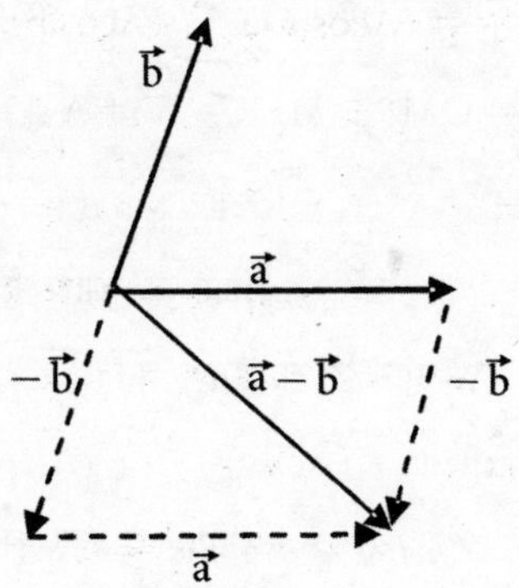

चित्र 2.4: सदिश अंतर

उदाहरण के लिये, हम इस प्रकार ले सकते है: $\vec{b} - \vec{a} = \vec{b} + (-\vec{a})$

अतः, $(\vec{b} - \vec{a}), (\vec{a} - \vec{b})$ के विपरीत दिशा में है।

2.1.3 सदिशों का वियोजन

माना एक $x-y$ तल में कोई सदिश $\vec{A} = \vec{OP}$ को मूल बिंदु O से बिंदु P तक खींचा गया है जैसा कि चित्र 2.5 में दिखाया गया है।

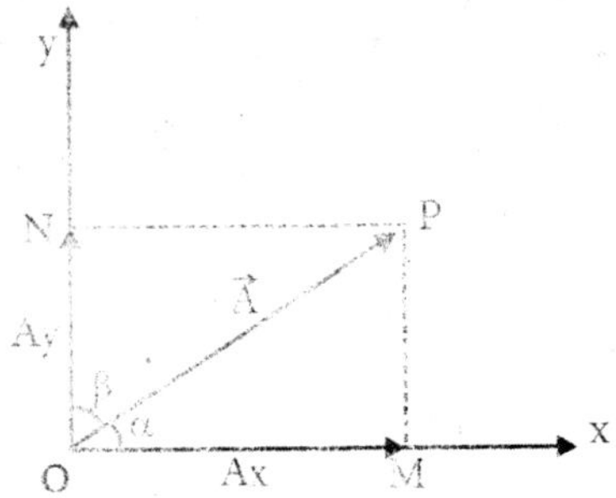

चित्र 2.5: सदिशों का वियोजन

माना, सदिश $\vec{A}$, X-अक्ष के साथ कोण α और Y-अक्ष के साथ $\beta = (90 - \alpha)$ का कोण बनाता है, तो PM और PN क्रमशः बिंदु P से X और Y अक्ष पर खींचे गए लंब होंगे।

0M = X-अक्ष पर सदिश $\vec{OP}$ का प्रक्षेपण = X-अक्ष के साथ सदिश $\vec{OP}$ का घटक, और ON = Y-अक्ष पर सदिश $\vec{OP}$ का प्रक्षेपण = Y-अक्ष के साथ सदिश $\vec{OP}$ का घटक

तब, सदिश योग के त्रिभुज नियम अनुसार,

$\vec{A} = \vec{OP} = \vec{OM} + \vec{MP} = \vec{OM} + \vec{ON}$ (यहाँ $\vec{MP} = \vec{ON}$, आयत की विपरीत भुजाएं हैं।)

ΔOMP में $\cos\alpha = \dfrac{OM}{OP}$ या $OM = OP\cos\alpha = A\cos\alpha$

ΔONP में $\cos\beta = \dfrac{ON}{OP}$ या $ON = OP\cos\beta = A\cos\beta$

यदि $\vec{i}$ और $\vec{j}$ क्रमशः X और Y अक्ष के अनुदिश इकाई सदिश हैं

तब, हमे प्राप्त होगा $\vec{OM} = (A\cos\alpha)\ \vec{i}$ और $\vec{ON} = (A\cos\beta)\ \vec{j}$

इस प्रकार, सदिश $\vec{A} = A_x\vec{i} + A_y\vec{j} = (A\cos\alpha)\vec{i} + (A\cos\beta)\vec{j}$

$$|\vec{A}| = OP^2 = OM^2 + MP^2 = A_x^2 + A_y^2$$

अतः सदिश $|\vec{A}|$ का परिमाण $|\vec{A}| = \sqrt{A_x^2 + A_y^2}$ और $\tan\alpha = \dfrac{A_Y}{A_X}$

इसी तरह, हम किसी सदिश $\vec{A}$ को X, Y और Z अक्षों के साथ त्रिविमीय स्पेस में समायोजित कर सकते हैं।

यदि सदिश $\vec{A}$ क्रमशः तीन अक्षों X, Y और Z के साथ कोण α, β और γ बनाता है, तो हमें प्राप्त होता है:

$$\vec{A} = (A\cos\alpha)\ \vec{i} + (A\cos\beta)\vec{j} + (A\cos\gamma)\vec{k}$$

यहाँ, $\vec{i}$, $\vec{j}$, $\vec{k}$ क्रमशः X, Y और Z अक्षों के अनुदिश इकाई सदिश हैं।

माना $\vec{A} = A_x\vec{i} + A_y\vec{j} + A_z\vec{k}$, तथा $\vec{B} = B_x\vec{i} + B_x\vec{j} + B_z\vec{k}$

तब $\vec{A} \pm \vec{B} = (A_x \pm B_x)\vec{i} + (A_y \pm B_y)\vec{j} + (A_z \pm B_z)\vec{k}$

और परिमाण $|\vec{A} \pm \vec{B}| = \sqrt{(A_x \pm B_x)^2 + (A_y \pm B_y)^2 + (A_z \pm B_z)^2}$

2.1.4 सदिशों के अनुप्रयोग

A. अवनत समतल

हम किसी अवनत समतल पर बल सदिश को प्रदर्शित कर सकते हैं। माना m द्रव्यमान का एक गुटका एक अवनत समतल पर रखा है जो क्षैतिज दिशा के साथ θ कोण बनाता है। तो गुटके के भार $W = mg$ को दो घटकों में विभक्त किया जा सकता है, एक $W_{||}$ अवनत तल के समांतर है, और दूसरा $W_{\perp}$ इस अवनत तल के लंबवत है।

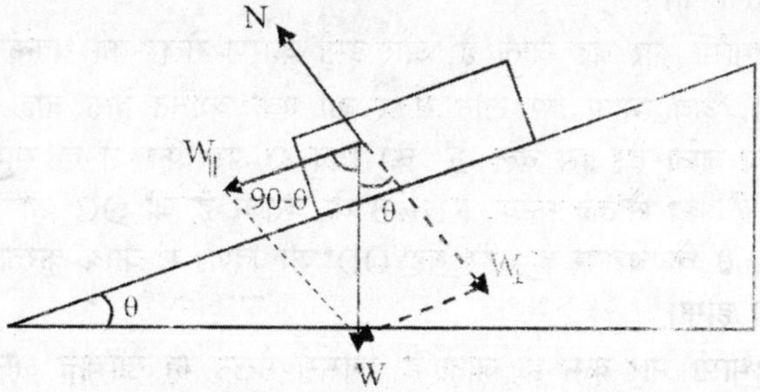

चित्र 2.6: अवनत समतल पर रखा गुटका

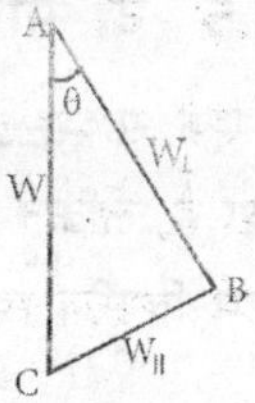

चित्र 2.7: भार के घटक

यहाँ, $\sin\theta = \dfrac{BC}{AC} = \dfrac{W_{||}}{W}$ या $W_{||} = W\sin\theta$

$$\cos\theta = \frac{AB}{AC} = \frac{W_{\perp}}{W}$$

या $W_{\perp} = W\cos\theta = N$ (अभिलम्ब प्रतिक्रिया) एक ऊर्ध्वाधर घटक है।

B. लॉन रोलर

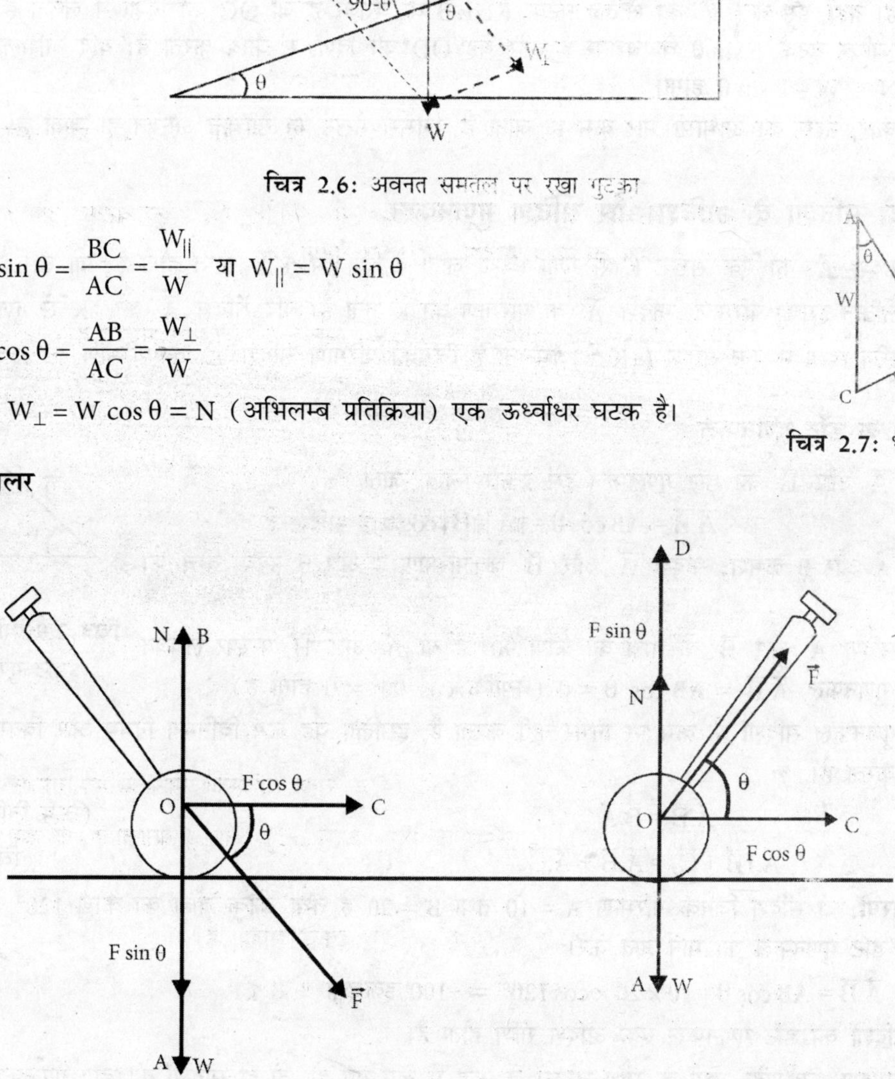

चित्र 2.8: लॉन रोलर

माना कि एक लॉन रोलर का वास्तविक भार W है। यह लॉन रोलर किसी व्यक्ति द्वारा एक समतल लॉन के ऊपर धकेला या खींचा जाता है।

धक्का देने के उदाहरण में: एक व्यक्ति क्षैतिज दिशा के साथ θ कोण बनाते हुए और बाह्य बल $\vec{F}$ लगाकर एक लॉन रोलर को धकेलता है। इस बल $\vec{F}$ को बिंदु O पर दो सामान्य घटकों में विभक्त किया जा सकता है। यहाँ, इस बल $\vec{F}$ का क्षैतिज घटक, OC की दिशा में $F\cos\theta$, और ऊर्ध्वाधर घटक OA दिशा में $F\sin\theta$ के बराबर है। क्षैतिज घटक $F\cos\theta$ के कारण रोलर आगे की दिशा में चलता है। यदि रोलर पर अभिलम्ब प्रतिक्रिया का मान N है, तो, $N = W + F\sin\theta$ होगा।

इस प्रकार, रोलर का आभासी भार बढ़ जाता है, और इसी कारण रोलर को धक्का देना मुश्किल होता है।

खींचने के उदाहरण में: अब, माना इस लॉन रोलर को एक व्यक्ति द्वारा बाह्य बल $\vec{F}$ से क्षैतिज दिशा के साथ θ कोण बनाते हुए खींचा जाता है। इस बल $\vec{F}$ को बिंदु O पर फिर से दो सामान्य घटकों में विभक्त किया जा सकता है। यहाँ, इस बल $\vec{F}$ का क्षैतिज घटक $F\cos\theta$ के बराबर है जो OC की दिशा में लगता है। लेकिन इस बल का ऊर्ध्वाधर घटक $F\sin\theta$ के बराबर है और यह OD की दिशा में कार्य करता है। यदि अभिलम्ब प्रतिक्रिया N' है, तो $N' = W - F\sin\theta$ होगा।

इस प्रकार, रोलर का आभासी भार कम हो जाता है, जिससे रोलर को खींचना आसान हो जाता है।

2.1.5 दो सदिशों के अदिश और सदिश गुणनफल

जब एक सदिश $\vec{A}$ को एक संख्या K से गुणा किया जाता है, तो हमें $K\vec{A}$ प्राप्त होता है, जो उसी दिशा में एक सदिश है, लेकिन इसका परिमाण, सदिश $\vec{A}$ के परिमाण का K गुना है। यदि सदिश $\vec{A}$ को –K से गुणा किया जाए तो हमें विपरीत दिशा में एक सदिश $(-K\vec{A})$ मिलता है जिसका परिमाण सदिश $\vec{A}$ के परिमाण का K गुना होता है।

A. अदिश या डॉट गुणनफल

दो सदिशों $\vec{A}$ और $\vec{B}$ का डॉट गुणनफल इस प्रकार लिखा जाता है:

$$\vec{A}.\vec{B} = AB\cos\theta = |\vec{A}||\vec{B}|\cos\theta$$

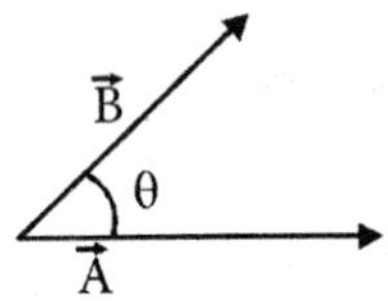

चित्र 2.9: दो सदिशों का डॉट गुणनफल

यहाँ, A और B क्रमशः सदिश $\vec{A}$ और $\vec{B}$ के परिमाण हैं और θ उनके बीच का कोण है।

यदि सदिश $\vec{A}$ और $\vec{B}$ के बीच का कोण 90° है या $\vec{A}$ और $\vec{B}$ परस्पर लंबवत हैं तो डॉट गुणनफल $\vec{A}.\vec{B} = AB\cos\theta = 0$ (क्योंकि $\cos 90° = 0$ होता है)

डॉट गुणनफल सदिशों के क्रम पर निर्भर नहीं करता है, इसलिए यह क्रम विनिमय नियम और वितरण नियम का भी पालन करता है।

$$\vec{A}.\vec{B} = \vec{B}.\vec{A} \qquad \text{(क्रम विनिमय नियम)}$$

$$\vec{A}.(\vec{B}+\vec{C}) = \vec{A}.\vec{B} + \vec{A}.\vec{C} \qquad \text{(वितरण नियम)}$$

उदाहरण: दो सदिश जिनके परिमाण A = 10 तथा B = 20 है तथा उनके बीच का कोण 120° है। तो इन दो सदिशों के डॉट गुणनफल का मान ज्ञात करें।

हल: $\vec{A}.\vec{B} = AB\cos\theta = 10 \times 20 \times \cos 120° = -100$ इकाइयां

दो सदिशों का डॉट गुणनफल एक अदिश राशि होता है।

यदि सदिश, निर्देशांक अक्षों के साथ घटकों के रूप में दिए गए हो, तो दो सदिशों का डॉट गुणनफल ज्ञात किया जा सकता है। माना कि दो सदिश $\vec{A}$ और $\vec{B}$ इकाई सदिश $\vec{i}$, $\vec{j}$ और $\vec{k}$ के पदों में दिए गए हैं, तब

$$\vec{A} = A_x\vec{i} + A_y\vec{j} + A_z\vec{k},\ \vec{B} = B_x\vec{i} + B_y\vec{j} + B_z\vec{k}$$

तब, $$\vec{A}.\vec{B} = (A_x\vec{i} + A_y\vec{j} + A_z\vec{k}).(B_x\vec{i} + B_y\vec{j} + B_z\vec{k}) = A_xB_x(\vec{i}.\vec{i}) + A_xB_y(\vec{i}.\vec{j}) + A_xB_z(\vec{i}.\vec{k})$$
$$+ A_yB_x(\vec{j}.\vec{i}) + A_yB_y(\vec{j}.\vec{j}) + A_yB_z(\vec{j}.\vec{k}) + A_zB_x(\vec{k}.\vec{i}) + A_zB_y(\vec{k}.\vec{j}) + A_zB_z(\vec{k}.\vec{k})$$

या $$\vec{A}.\vec{B} = A_xB_x + A_yB_y + A_zB_z$$

हम X, Y और Z अक्षों के अनुदिश इकाई सदिशों का अदिश गुणनफल निम्नानुसार लिख सकते हैं:

$$(\vec{i}.\vec{i}) = (\vec{j}.\vec{j}) = (\vec{k}.\vec{k}) = 1.1\ \cos 0^\circ = 1 \text{ तथा } (\vec{i}.\vec{j}) = (\vec{j}.\vec{k}) = (\vec{k}.\vec{i}) = 1.1\ \cos 90^\circ = 0$$

B. सदिश गुणनफल या दो सदिशों का क्रॉस गुणनफल

सदिश गुणनफल या दो सदिशों $\vec{A}$ और $\vec{B}$ के क्रॉस गुणनफल को $\vec{A} \times \vec{B}$ द्वारा दर्शाया जाता है और यह स्वयं भी एक सदिश होता है। अतः, इस सदिश का परिमाण होगा:

$$|\vec{A} \times \vec{B}| = AB\sin\theta$$

यहाँ A और B क्रमशः सदिश $\vec{A}$ और $\vec{B}$ के परिमाण हैं और θ इन दोनों सदिशों के बीच का कोण है।

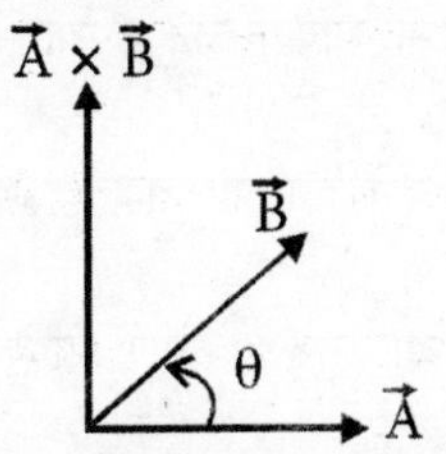

चित्र 2.10: दो सदिशों का क्रॉस गुणनफल

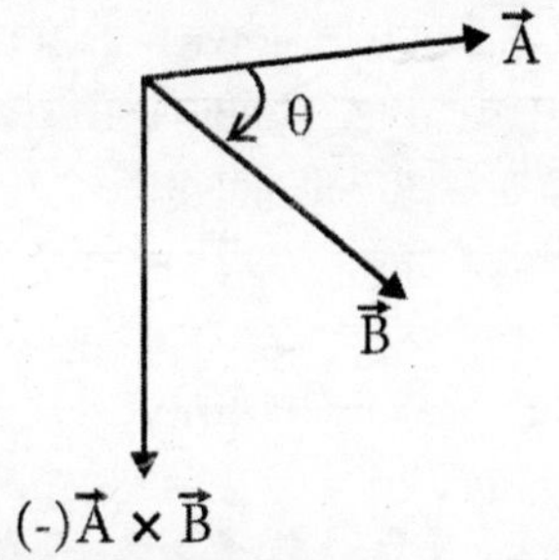

चित्र 2.11: दो सदिशों का क्रॉस गुणनफल

सदिश $\vec{A} \times \vec{B}$ की दिशा, सदिश $\vec{A}$ और $\vec{B}$ दोनों के लंबवत होती है। इस प्रकार $\vec{A} \times \vec{B}$, सदिश $\vec{A}$ और B वाले तल पर लंबवत होते है। $\vec{A} \times \vec{B}$ की दिशा, दाहिने हाथ के नियम की सहायता से ज्ञात की जा सकती है। इस नियम के अनुसार अपनी फैली हुई दाहिनी हथेली को सदिश $\vec{A}$ और $\vec{B}$ के तल के लंबवत इस प्रकार रखें ताकि उँगलियाँ सदिश $\vec{A}$ की दिशा में हों, और यदि उंगलियों को सदिश $\vec{A}$ से $\vec{B}$ तक कर्ल करें; तो आपका अंगूठा $\vec{A} \times \vec{B}$ की दिशा को प्रदर्शित करेगा।

नोट: $\vec{A} \times \vec{B} \neq \vec{B} \times \vec{A}$, इसलिए, क्रॉस गुणनफल, क्रम विनिमेय नियम का पालन नहीं करता है। क्योंकि यहाँ $\vec{A} \times \vec{B} = -\vec{B} \times \vec{A}$ होता है।

क्रॉस गुणनफल में वितरण नियम लागू किया जा सकता है

$$\therefore\ \vec{A} \times (\vec{B} + \vec{C}) = \vec{A} \times \vec{B} + \vec{A} \times \vec{C}$$

क्रॉस गुणनफल में साहचर्य नियम लागू नहीं किया जा सकता है

$$\therefore\ \vec{A} \times (\vec{B} \times \vec{C}) \neq (\vec{A} \times \vec{B}) \times \vec{C}$$

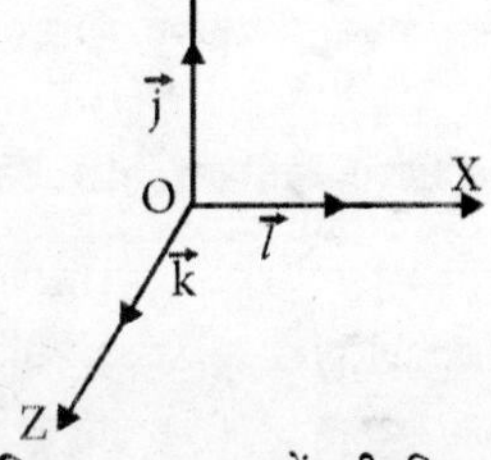

चित्र 2.12: अक्षों की दिशा में एकांक सदिश

इकाई सदिशों का क्रॉस गुणनफल नीचे दिया गया है

$$\vec{\iota} \times \vec{j} = (1.1 \ \sin 90°)\vec{k} = \vec{k} = -\vec{j} \times \vec{\iota}$$

$$\vec{j} \times \vec{k} = -\vec{k} \times \vec{j} = \vec{\iota}, \vec{k} \times \vec{\iota} = -\vec{\iota} \times \vec{k} = \vec{j}$$

और $\vec{\iota} \times \vec{\iota} = (1.1. \ \sin 0°) = 0$

इसी प्रकार, $\vec{j} \times \vec{j} = \vec{k} \times \vec{k} = 0$

यदि दो सदिश $\vec{A}$ और $\vec{B}$, घटकों के रूप में दिए गये हो तो,

दो सदिशों के क्रॉस गुणनफल को इस प्रकार सारणिक के रूप में भी व्यक्त किया जा सकता है:

$$\vec{A} \times \vec{B} = \begin{vmatrix} \vec{\iota} & \vec{j} & \vec{k} \\ A_x & A_y & A_z \\ B_x & B_y & B_z \end{vmatrix} = \vec{\iota}\begin{vmatrix} A_y & A_z \\ B_y & B_z \end{vmatrix} - \vec{j}\begin{vmatrix} A_x & A_z \\ B_x & B_z \end{vmatrix} + \vec{k}\begin{vmatrix} A_x & A_y \\ B_x & B_y \end{vmatrix}$$

$$= (A_y B_z - A_z B_y)\vec{\iota} + (A_z B_x - A_x B_z)\vec{j} + (A_x B_y - A_y B_x)\vec{k}$$

अनुप्रयोग (वास्तविक जीवन/औद्योगिक)

1. जब कोई कार चलती है, तो टायर में प्रारंभिक वेग, त्वरण, और टायर व सड़क के बीच घर्षण बल होता है। गुरुत्वाकर्षण प्रतिक्रिया भी टायर पर लागू होती है। अतः इन सभी सदिशों का उपयोग कार की गति के विवरण में किया जाता है।
2. जब एक नाविक, नदी के दूसरे किनारे पर सीधे पहुँचने के लिए नदी को पार करता है तो उसे नदी और नाव दोनों के वेग को ध्यान में रखना चाहिए।
3. भौतिकी और इंजीनियरिंग में सदिशों का उपयोग विद्युत चुम्बकीय और गुरुत्वाकर्षण सदिश क्षेत्र के विवरण में किया जाता है।

केस-स्टडी (पर्यावरण/ स्थिरता/ सामाजिक/ नैतिक मुद्दे)

बल आघूर्ण को बल भुजा और लागू बाह्य बल के सदिश गुणनफल द्वारा प्रदर्शित किया जाता है। एक दरवाजे के उदाहरण में, दरवाजे के अंत के पास हैंडल लगाया जाता है ताकि बल भुजा की लंबाई बढ़ जाए और दरवाजे को बंद करने या खोलने में कम बल की आवश्यकता हो। दो सदिशों का क्रॉस-गुणनफल भी एक सदिश राशि होता है। इस प्रकार, बल आघूर्ण एक निश्चित दिशा में लगता है।

$\therefore$ बल आघूर्ण = बल भुजा × बाह्य बल = $\vec{r} \times \vec{F}$

दरवाजे को बल आघूर्ण की दिशा और $\vec{r}$ और $\vec{F}$ के लम्बवत दिशा में एक ऊर्ध्वाधर रेखा के सापेक्ष कब्जे की मदद से घूर्णन कराया जाता है।

अन्वेषण शीलता और जिज्ञासा पैदा करें

उन राशियों के दो उदाहरणों पर चर्चा करें जिनमें परिमाण और दिशा दोनों हैं लेकिन वे राशियाँ सदिश नहीं हैं। समझाइए कि शक्ति एक अदिश राशि है, सदिश नहीं। चर्चा कीजिए कि, एक अदिश राशि को एक सदिश राशि में नहीं जोड़ा जा सकता है । समझाइए कि किसी सदिश का परिमाण ऋणात्मक नहीं हो सकता है। यदि तीन सदिशों का योग शून्य है, तो उनकी ज्यामितीय स्थिति की व्याख्या कीजिए।

हल किये गए प्रश्न

प्रश्न 1. किसी बल F = 20N को क्षैतिज और ऊर्ध्वाधर घटकों में वियोजित करें जो क्षैतिज के साथ कोण 60° बनाता है।

हल: क्षैतिज घटक $F_x = F\cos 60° = 20 \times \frac{1}{2} = 10N$,

ऊर्ध्वाधर घटक $F_y = F\cos 30° = 20 \times \frac{\sqrt{3}}{2} = 10\sqrt{3}$ N

प्रश्न 2. यदि $\vec{A} = 2\hat{i} - \hat{j} + 2\hat{k}$ और $\vec{B} = 3\hat{i} + \hat{j} + 4\hat{k}$ हो, तो $\vec{A} - 2\vec{B}$ का परिमाण ज्ञात कीजिए।

हल: $\vec{A} - 2\vec{B} = (2\hat{i} - \hat{j} + 2\hat{k}) - 2(3\hat{i} + \hat{j} + 4\hat{k}) = -4\hat{i} - 3\hat{j} - 6\hat{k}$

तो $|\vec{A} - 2\vec{B}|$ का परिमाण $= \sqrt{(-4)^2 + (-3)^2 + (-6)^2} = \sqrt{16 + 9 + 36} = \sqrt{61}$

प्रश्न 3. यदि $\vec{A} = 4\hat{i} - 6\hat{j} + 8\hat{k}$ और $\vec{B} = 2\hat{i} + 4\hat{j} - 6\hat{k}$ दो सदिश हैं, तो $\vec{A} \times \vec{B}$ का मान ज्ञात कीजिए।

हल: $\vec{A} \times \vec{B} = (4\hat{i} - 6\hat{i} + 8\hat{k}) \times (2\hat{i} + 4\hat{j} - 6\hat{k}) = 4 \times 2(\hat{i} \times \hat{i}) + 4 \times 4(\hat{i} \times \hat{j}) + 4 \times (-6)(\hat{i} \times \hat{k}) +$

$(-6) \times (2)(\hat{j} \times \hat{i}) + (-6) \times 4(\hat{j} \times \hat{j}) + (-6)(-6)(\hat{j} \times \hat{k}) + 8 \times 2(\hat{k} \times \hat{i}) + 8 \times 4(\hat{k} \times \hat{i}) + 8 \times (-6)$

$(\hat{k} \times \hat{k}) = 0 + 16\hat{k} - 24(-\hat{j}) - 12(-\hat{k}) - 0 + 36\hat{i} + 16\hat{j} + 32(-\hat{i}) - 0$

या $\vec{A} \times \vec{B} = 4\hat{i} + 40\hat{j} + 28\hat{k}$

प्रश्न 4. यदि $\vec{A} = 2\hat{i} + 5\hat{j}$ और $\vec{B} = 10\hat{i} - 4\hat{j}$ हो, तो

(1) $\vec{A}.\vec{B}$ का परिमाण और (2) दोनों सदिशों के बीच का कोण ज्ञात कीजिये।

हल: $\vec{A}.\vec{B} = (2\hat{i} + 5\hat{j}).(10\hat{i} - 4\hat{j}) = 2 \times 10(\hat{i}.\hat{i}) + 5 \times (-4)(\hat{j}.\hat{j}) = 20 - 20 = 0$

$\vec{A}.\vec{B} = AB\cos\theta = 0$ इस प्रकार, $\cos\theta = \frac{\vec{A}.\vec{B}}{AB} = 0$ या $\theta = 90°$

2.2 बल और संवेग

रोचक तथ्य

जब कोई व्यक्ति फुटबॉल को किक मारता है तो उस पर बल लगता है, और गति की विपरीत दिशा में लगाए गए बल के कारण वह कुछ समय बाद स्थिर अवस्था मे आ जाती है। किसी पिंड की कुल गति को रेखीय संवेग द्वारा परिभाषित किया जाता है। यदि परिणामी बल शून्य हो तो निकाय का कुल रैखिक संवेग स्थिर रहता है। इन तथ्यों का अध्ययन यहाँ किया जाएगा।

2.2.1 बल

बल एक धक्का या खिंचाव है जो किसी वस्तु पर आरोपित करने पर उसकी विराम अवस्था या एकसमान गति को बदल सकता है या बदलने का प्रयास करता है। बल किसी पिंड की गति, गति की दिशा, माप और आकार को बदल सकता है। बल का S.I. मात्रक न्यूटन (N) होता है। बल एक सदिश राशि है और किसी पिंड पर कुल परिणामी

बल सदिश योग के नियमों द्वारा प्राप्त किया जा सकता है। चार प्राकृतिक बल होते हैं (1) गुरुत्वाकर्षण (2) विद्युत चुम्बकीय (3) परमाणु (4) कमजोर बल । बल को दो श्रेणियों में वर्गीकृत किया जाता है **(a) संपर्क बल:** जब बल का स्रोत किसी वस्तु के संपर्क में रहता है तो इसे सम्पर्क बल कहते है, जैसे मांसपेशीय बल, तनाव **(b) सुदूर बल:** इस प्रकार के बल में, बल के स्रोत को किसी वस्तु के सम्पर्क में आने की आवश्यकता नही है, जैसे, गुरुत्वाकर्षण और स्थिर वैद्युत बल।

रैखिक संवेग: यह किसी पिंड की सम्पूर्ण गति होती है। किसी पिंड का रैखिक संवेग, द्रव्यमान m और उसके वेग $\vec{v}$ के गुणनफल के बराबर होता है। रैखिक संवेग को $\vec{p} = m\vec{v}$ के रूप में लिखा जाता है, $\vec{p}$ एक सदिश राशि है और इसकी दिशा पिंड के वेग $\vec{v}$ की दिशा में होती है।

न्यूटन की गति का द्वितीय नियम: किसी पिंड के संवेग में परिवर्तन की दर उस पिंड पर लगाए गए कुल बाह्य बल के समानुपाती होती है।

यदि बाह्य आरोपित बल $\vec{F}$ हो, तो

$$\vec{F} \propto \left(\frac{\vec{p_2} - \vec{p_1}}{\Delta t}\right)$$

या $$\vec{F} = k\frac{m(\vec{v_2} - \vec{v_1})}{\Delta t} \quad \text{या} \quad \vec{F} = m\vec{a},$$

यहाँ k एक नियतांक है और इसका मान $k = 1$ होता है।

(यहाँ त्वरण $\vec{a} = \dfrac{\vec{v}_2 - \vec{v}_1}{t_2 - t_1}$)

$p_1 = mv_1$ और $= mv_2$ पिंड के प्रारंभिक और अंतिम रैखिक संवेग हैं।

न्यूटन की गति का तृतीय नियम: जब कोई पिंड A, पिंड B पर बल आरोपित करता है, तब उसी क्षण पिंड B द्वारा भी पिंड A पर समान बल विपरीत दिशा में लगाया जाता है। इसे क्रिया और प्रतिक्रिया का नियम भी कहते हैं। यहाँ एक बल क्रिया हो सकता है और दूसरा बल प्रतिक्रिया। क्रिया और प्रतिक्रिया दो अलग-अलग निकायों पर लागू होती हैं।

$$\vec{F}_{AB} = -\vec{F}_{BA}$$

2.2.2 रैखिक संवेग संरक्षण का नियम

यदि किसी पिंड (या प्रणाली) पर लगाया गया कुल बल शून्य हो तो,

$$\vec{F} = \frac{\vec{p_2} - \vec{p_1}}{\Delta t} = 0 \text{ (न्यूटन के गति के दूसरे नियम के अनुसार)}$$

या $$\vec{p_1} = \vec{p_2}$$

अत: $\vec{p}$ एक नियत राशि है।

इस प्रकार, यदि निकाय पर कोई बल नहीं लगाया जाता है, तो निकाय का कुल रैखिक संवेग स्थिर या संरक्षित रहता है, जिसे रैखिक संवेग संरक्षण का नियम कहा जाता हैं।

2.2.3 रैखिक संवेग संरक्षण के अनुप्रयोग

A. बंदूक का प्रतिक्षिप्त वेग

माना कि m द्रव्यमान की एक गोली, M द्रव्यमान की एक बंदूक से चलाई जाती है। यदि बंदूक द्वारा गोली पर लगाया गया बल $\vec{F}$ हो, तो न्यूटन के तीसरे नियम के अनुसार गोली द्वारा बंदूक पर समान और विपरीत बल ($-\vec{F}$) लगाया जाता है। इस प्रकार, कुल आंतरिक बलों (बंदूक + गोली) का योग शून्य होता है। चूंकि कोई बाह्य बल नहीं लगाया जाता है, इसलिए निकाय पर कुल बल (बंदूक + गोली) शून्य होता है।

इस प्रकार, गोली चलाने से पहले (बंदूक + गोली) का प्रारंभिक कुल संवेग = गोली चलाने के बाद (बंदूक + गोली) का अंतिम कुल संवेग

$$0 = m\vec{v} + M\vec{V}$$

चूंकि प्रारंभ में गोली और बन्दूक दोनों विरामावस्था में हैं, इसलिए कुल रैखिक संवेग शून्य होता है। यहाँ, $\vec{v}$ और $\vec{V}$, गोली चलाने के ठीक बाद, क्रमशः गोली और बंदूक के वेग हैं।

$$M\vec{V} = -m\vec{v}$$

या बंदूक का प्रतिक्षिप्त वेग $\quad \vec{V} = -m\vec{v}/M$

बंदूक जिस वेग से पीछे की ओर गति करती है उसे प्रतिक्षिप्त वेग कहते हैं और ऋणात्मक चिन्ह गोली की विपरीत दिशा को प्रदर्शित करता है।

B. रॉकेट

रॉकेट प्रणोदन रैखिक संवेग संरक्षण का एक उदाहरण है। रॉकेट में तरल ईंधन से भरा एक दहन कक्ष होता है जिसमें ईंधन जलाया जाता है, जिससे कक्ष के अंदर ऊष्मा बढ़ने से दाब बढ़ जाता है। जिससे गर्म गैसे, रॉकेट की गति की विपरीत दिशा में बहुत तेजी से जेट के रूप में नोजल के माध्यम से निकलती हैं। यहाँ निकाय (रॉकेट + गैसों) पर कोई बाह्य बल नहीं लगाया जाता है, (गुरुत्वाकर्षण बल की उपेक्षा करें), अतः (रॉकेट + गैसों) का रैखिक संवेग संरक्षित रहता है। गर्म गैसें पीछे की दिशा में निकलती हैं और रॉकेट समान रैखिक संवेग के साथ आगे की दिशा में गति करता है।

माना समय 't' पर, रॉकेट का ईंधन के साथ द्रव्यमान m है और रॉकेट का प्रारंभिक वेग $\vec{v}$ है, तो (रॉकेट + ईंधन) का प्रारंभिक संवेग $\vec{p} = m\vec{v}$ ....(1)

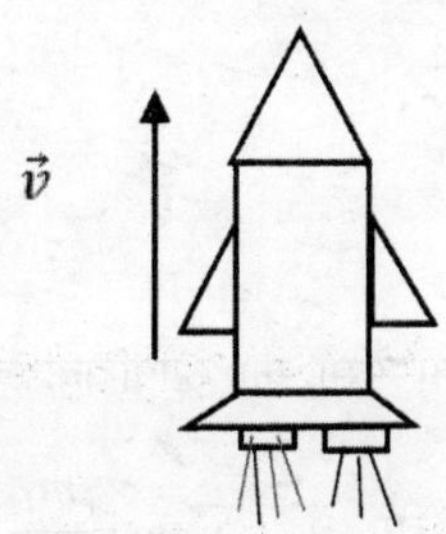

चित्र 2.13: रॉकेट

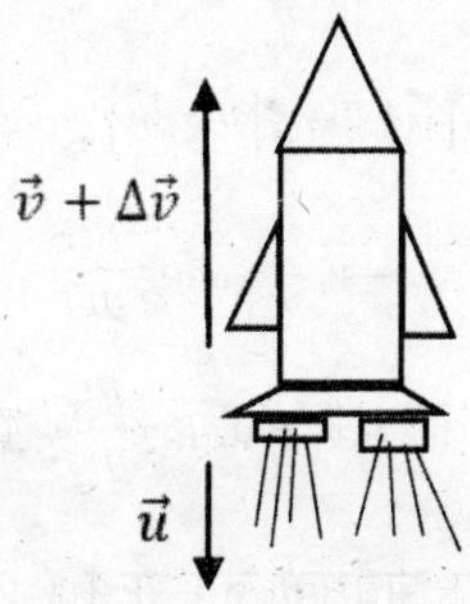

चित्र 2.14: रॉकेट प्रणोदन

समय अंतराल Δt के बाद रॉकेट का वेग $\Delta\vec{v}$ बढ़ जाता है और द्रव्यमान Δm घट जाता है। जहाँ, Δm उन गैसों का द्रव्यमान है जो ईंधन के जलने के बाद समाप्त हो जाती है। माना, रॉकेट के सापेक्ष गैसों का वेग $\vec{u}$ है। तब रॉकेट के सापेक्ष गैस का वेग $\overrightarrow{v_{GR}} = \overrightarrow{v_G} - \overrightarrow{v_R}$ होगा।

इसलिए गैस का वेग $\overrightarrow{v_G} = \overrightarrow{v_R} + \overrightarrow{v_{GR}} = (\vec{v} + \Delta\vec{v} - \vec{u})$

(यहाँ $\overrightarrow{v_{GR}} = -\vec{u}$ क्योंकि गैसें रॉकेट की विपरीत दिशा में निकलती हैं)

अत: (रॉकेट + गैसों) का अंतिम संवेग = रॉकेट का संवेग + गैसों का संवेग

$$\vec{p'} = (m - \Delta m)(\vec{v} + \Delta\vec{v}) + \Delta m(\vec{v} + \Delta\vec{v} - \vec{u})$$

$$= m\vec{v} + m(\Delta\vec{v}) - (\Delta m)\vec{v} - (\Delta m)(\Delta\vec{v}) + (\Delta m)\vec{v} + (\Delta m)(\Delta\vec{v}) - (\Delta m)\vec{u}$$

$$\vec{p'} = m\vec{v} + m(\Delta\vec{v}) - (\Delta m)\vec{u} \qquad .....(2)$$

किन्तु, रैखिक संवेग संरक्षण के नियम के अनुसार, $\vec{p} = \vec{p'}$

$\therefore \qquad m\vec{v} = m\vec{v} + m(\Delta\vec{v}) - (\Delta m)\vec{u}$

या $\qquad m(\Delta\vec{v}) = (\Delta m)\vec{u} \qquad .....(3)$

समीकरण के दोनों पक्षों को समय अंतराल Δt, से विभाजित करने पर,

$$m\frac{(\Delta\vec{v})}{\Delta t} = \frac{\Delta m}{\Delta t}\vec{u}$$

अत: $\qquad \vec{F} = m\dfrac{(\Delta\vec{v})}{\Delta t} = \dfrac{\Delta m}{\Delta t}\vec{u}$

रॉकेट का थ्रस्ट = द्रव्यमान × रॉकेट का त्वरण = गैसों का वेग × द्रव्यमान के घटने की दर

$\therefore$ रॉकेट का त्वरण $\vec{a} = \dfrac{\vec{F}}{m} = \dfrac{\vec{u}}{m}\left(\dfrac{\Delta m}{\Delta t}\right)$

या $\qquad \Delta\vec{v} = \vec{u}\left(\dfrac{\Delta m}{m}\right) \qquad$ समीकरण (3) से

$\therefore$ रॉकेट के वेग का **समीकरण:**

$$d\vec{v} = \vec{u}\left(\frac{dm}{m}\right) \text{ (छोटे मानों के लिए } \Delta\vec{v} \to d\vec{v}, \Delta m \to dm \text{ और } \Delta t \to dt\text{)}$$

यदि $t = 0$ पर रॉकेट का द्रव्यमान m_i और वेग $\vec{v_i}$, है, और अंतिम द्रव्यमान m_f और अंतिम वेग $\vec{v_f}$ है। तो, अवकलन करने पर

$$\int_{v_i}^{v_f} d\vec{v} = \vec{u}\int_{m_i}^{m_f}\frac{dm}{m}$$

$$[\vec{v}]_{v_i}^{v_f} = \vec{u}[\log m]_{m_i}^{m_f} = \vec{u}[\log m_f - \log m_i] = -\vec{u}\log\frac{m_i}{m_f}$$

$$\vec{v_f} - \vec{v_i} = -\vec{u}\log\frac{m_i}{m_f}$$

$$\vec{v_f} = \vec{v_i} + \vec{v_r}\log\frac{m_i}{m_f} \text{ (जहाँ } \vec{v_r} = -\vec{u} \text{ रॉकेट के सापेक्ष गैसों का आपेक्षिक वेग है)}$$

यदि रॉकेट का प्रारंभिक वेग शून्य ($\vec{v_i} = 0$) है, तो रॉकेट का अंतिम वेग $\vec{v_f} = \vec{v_r}\log\dfrac{m_i}{m_f}$

2.2.4 आवेग और उसके अनुप्रयोग

आवेग, किसी पिंड के रैखिक संवेग में परिवर्तन के बराबर होता है। दूसरे रूप में, आवेग को बल और वह समयांतराल जिसमे बल लगाया जाता है, के गुणनफल के रूप में भी परिभाषित किया जाता है। न्यूटन के गति के द्वितीय नियम से,

$$\vec{F} = \frac{\vec{p_2} - \vec{p_1}}{\Delta t} \quad \text{या} \quad \vec{F}\Delta t = \vec{p_2} - \vec{p_1}$$

आवेग $\vec{I} = \vec{F}\Delta t = \vec{p_2} - \vec{p_1}$ यहाँ $\Delta t = (t_2 - t_1)$ वह समय अंतराल है जिसमें बल कार्य करता है।

आवेग-संवेग प्रमेय: किसी पिंड पर लगाए गए बल का आवेग, उस पिंड के रैखिक संवेग में परिवर्तन के बराबर होता है। आवेग एक सदिश राशि होता है; इसकी S.I इकाई (N-s) और विमायें MLT^{-1} होती हैं।

आवेग के अनुप्रयोग

(1) जब कोई क्रिकेटर गेंद को केच करता है, तो वह अपने हाथों को थोड़ा पीछे की ओर खींचता है। ऐसा करने में कुछ समय और लगता है जो गेंद के संवेग को और कम कर देता है। जितना समय अंतराल t बढ़ता है, गेंद द्वारा अपेक्षाकृत कम बल F लगाया जाता है, इसलिए हाथ सुरक्षित रहते हैं या चोट नहीं लगती है।

(2) एक क्रिकेट बॉल की तुलना में टेनिस बॉल को पकड़ना आसान होता है। क्रिकेट बॉल का द्रव्यमान टेनिस बॉल से ज्यादा होता है। यदि दोनों गेंदें समान गति से गति कर रही हो, तो क्रिकेट बॉल के संवेग में अधिक परिवर्तन होता है इसलिए क्रिकेट बॉल द्वारा ज्यादा बल लगाया जाता है।

अनुप्रयोग (वास्तविक जीवन/औद्योगिक)

1. जब कोई बस अचानक चलती है तो यात्रियों को पीछे की ओर झटका लगता है।
2. जब बस में अचानक ब्रेक लगाया जाता है, तो यात्रियों को आगे की दिशा में झटका लगता है।
3. जब कोई व्यक्ति जमीन पर चलता है तो वह जमीन को पीछे की ओर धकेलता है और जमीन व्यक्ति को आगे की ओर धकेलती है। न्यूटन के गति के तीसरे नियम के अनुसार ही कोई मनुष्य चल सकता है।
4. इंजीनियरिंग में रॉकेट प्रणोदन, संवेग संरक्षण और न्यूटन के तीसरे नियम के संयुक्त प्रभावों का एक उदाहरण है।

केस-स्टडी (पर्यावरण/स्थिरता/सामाजिक-नैतिक मुद्दे)

आवेग, बल और लगने वाले बल के समय अंतराल का गुणनफल होता है। आवेग $I = \vec{F} \times \Delta t = \vec{p_f} - \vec{p_i}$

यदि $m_1 = 20$ ग्राम और $m_2 = 50$ ग्राम द्रव्यमान की दो गेंदे समान ऊंचाई से गिरती हैं और 50 ग्राम द्रव्यमान की गेंद जमीन से टकराकर वापस आती है, लेकिन 20 ग्राम की गेंद टकराकर वापस नही आती है। तो इस उदाहरण में दूसरी गेंद का आवेग $= nv_f - (-mv_i)$, पहली गेंद के आवेग $= [0 - (-mv_i)]$, से अधिक होगा।

अन्वेषणशीलता और जिज्ञासा पैदा करें

1. चर्चा करें कि, यदि एक अजड़त्वीय फ्रेम में किसी पिंड पर कोई बाह्य बल नही लगाया जाता है तब भी उस पिंड का त्वरण शून्य नहीं होता है।
2. स्पष्ट करें कि, रैखिक संवेग संरक्षण के नियम में, यदि निकाय का कुल संवेग $\vec{p_1} + \vec{p_2} + \vec{p_3} + \ldots$ स्थिर या समान रहता है तो भी विभिन्न पिंडों का रैखिक संवेग $\vec{p_1}, \vec{p_2}, \vec{p_3}$ अलग अलग हो सकता है।

हल किये गए प्रश्न

प्रश्न 1. यदि 20 किग्रा द्रव्यमान के एक गुटके को चित्र 2.15 के अनुसार एक रस्सी से लटकाया जाता है। तो उस रस्सी में तनाव ज्ञात कीजिये। ($g = 10$ मीटर /सेकंड^2)

हल: चूंकि गुटका विरामावस्था में है, इसलिये उस पर कुल बल शून्य होगा, इस प्रकार,

$$T - mg = 0$$

या
$$T = mg$$
$$= 20 \times 10$$
$$= 200 \text{ N}$$

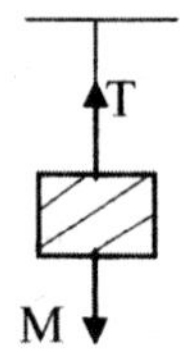

चित्र 2.15: किसी दृढ़ आकार से लटका हुआ वजन

प्रश्न 2. यदि 40 ग्राम द्रव्यमान की एक गोली, बंदूक से 200 m/s के प्रारंभिक वेग से दागी जाती है और बंदूक का द्रव्यमान 5 kg है तो बंदूक के प्रतिक्षिप्त वेग का मान ज्ञात कीजिये।

हल: यहाँ, गोली का द्रव्यमान $m = 40$ ग्राम $= 40 \times 10^{-3}$ किग्रा, गोली का वेग $v = 200$ मीटर/सेकंड और बंदूक का द्रव्यमान $M = 5$ किग्रा है ।

$\therefore$ बंदूक का प्रतिक्षिप्त वेग $\vec{V} = -m\vec{v}/M$

या बंदूक का प्रतिक्षिप्त वेग $\vec{V} = -\dfrac{40 \times 10^{-3} \times 200}{5} = -\dfrac{8}{5} = -1.6$ मीटर/सेकंड

और बंदूक का प्रतिक्षिप्त वेग, चलाई गई गोली के विपरीत दिशा में होता है।

प्रश्न 3. यदि रॉकेट के ईंधन के जलने की दर 2 किग्रा/सेकेंड है और जेट के रूप में गैसों का निकास वेग 3×10^3 मीटर/सेकेंड है, तो रॉकेट का थ्रस्ट ज्ञात कीजिए।

हल: यहाँ, गैसों का निकास वेग $v = 3 \times 10^3$ और दहन में प्रति सेकंड द्रव्यमान की हानि $\dfrac{\Delta m}{\Delta t} = 2 \times 10^4$ kg/s है,

तो रॉकेट का थ्रस्ट $F = v_r \dfrac{\Delta m}{\Delta t} = 3 \times 10^3 \times 2 \times 10^4 = 6 \times 10^7 \text{N}$

प्रश्न 4. एक इमारत की खिड़की से 300 ग्राम द्रव्यमान की रबर की गेंद को गिराया जाता है। यह नीचे फुटपाथ पर 40 मीटर/सेकेंड के वेग से गिरती है, और 30 मीटर/सेकेंड के साथ वापस ऊपर की ओर रिबाउंड होती है। तो फुटपाथ से टकराने के कारण उसका आवेग ज्ञात कीजिये।

हल: चूंकि आवेग, संवेग में परिवर्तन के बराबर होता है,

अत: आवेग $\vec{I} = \vec{p_f} - \vec{p_i} = m\vec{p_f} - m\vec{v_i} = m[\vec{v_f} - \vec{v_i}]$

यहाँ $m = 300$ ग्राम $= 0.3$ किग्रा, $\vec{v_f} = 30$ मीटर/सेकंड, $\vec{v_i} = 40$ मीटर/ सेकंड

चूंकि, प्रारंभिक वेग अंतिम वेग के विपरीत दिशा में है,

$\therefore$ $\vec{v_i} = -40$ मीटर/सेकंड

$\therefore$ $I = 0.3 \times [30 - (-40)] = 0.3 \times 70 = 21$ किग्रा मीटर /सेकंड

अत:, फुटपाथ पर आवेग 21 किग्रा मीटर /सेकंड होगा।

2.3 वृत्तीय गति

रोचक तथ्य

जब कोई पिंड किसी वृत्तीय पथ में गति करता है, तो वृत्तीय गति बनाए रखने के लिए वृत्त के केंद्र की ओर एक बल की आवश्यकता होती है। उदाहरण के लिए, पृथ्वी सूर्य के चारों ओर घूमती है तो पृथ्वी और सूर्य के बीच गुरुत्वाकर्षण बल द्वारा अभिकेन्द्रीय बल प्रदान किया जाता है। केंद्र की ओर कार्य करने वाले बल को अभिकेन्द्रीय बल कहा जाता है और बाहर की ओर कार्य करने वाले समान और विपरीत बल को अपकेंद्रीय बल के रूप में जाना जाता है।

2.3.1 कोणीय राशियों की परिभाषा

जब कोई कण वृत्तीय पथ पर गति करता है तो उसकी गति वृत्तीय गति कहलाती है।

(a) कोणीय स्थिति

माना कोई कण A, त्रिज्या r के वृत्तीय पथ पर गति करता है। यदि वृत्तीय पथ का केंद्र मूल बिंदु O है और OX, X-अक्ष के अनुदिश है। तो कण A की प्रारंभिक स्थिति, $\angle AOX = \theta$ से दी जाती है, यहाँ कोण θ उस कण की कोणीय स्थिति कहलाती है।

(b) कोणीय विस्थापन

जैसे-जैसे कण A समय अंतराल Δt में बिंदु A से B की ओर बढ़ता है, तो कोण में $\Delta\theta = (\theta + \Delta\theta - \theta)$ की वृद्धि होती है। अत: कोणीय विस्थापन, कोण $\angle AOB = \angle BOX - \angle AOX = \Delta\theta$ के बराबर होता है, जिससे किसी गतिमान कण का स्थिति सदिश एक दिए गए समय अंतराल में अनुरेखण या घूर्णन करता है। कोणीय विस्थापन एक सदिश राशि होती है, जब इसे घड़ी की विपरीत दिशा में (वामावर्त) मापा जाता है तो यह धनात्मक और जब इसे घड़ी की दिशा (दक्षिणावर्त) में मापा जाता है तो यह ऋणात्मक होता है।

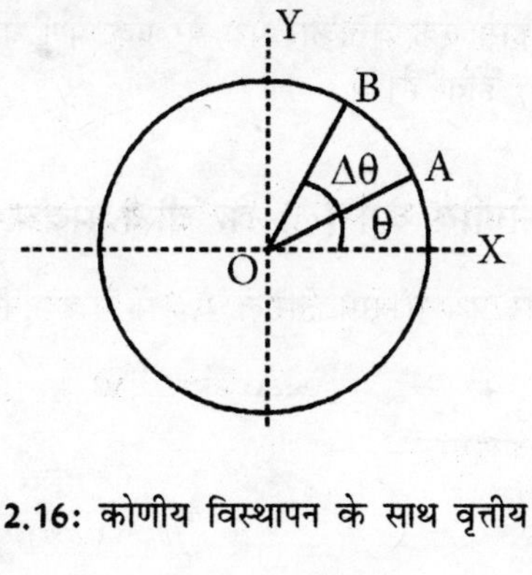

चित्र 2.16: कोणीय विस्थापन के साथ वृत्तीय गति

(c) कोणीय वेग (ω)

कोणीय स्थिति में परिवर्तन की दर को कोणीय वेग के रूप में जाना जाता है।

$$\text{इस प्रकार, औसत कोणीय वेग } \omega \text{ औसत} = \frac{\text{कुल कोणीय विस्थापन}}{\text{कुल लिया गया समय}} = \frac{\theta_2 - \theta_1}{t_2 - t_1} = \frac{\Delta\theta}{\Delta t}$$

तात्क्षणिक कोणीय वेग $\omega = \lim_{\Delta t \to 0} \frac{\Delta\theta}{\Delta t} = \frac{d\theta}{dt}$

α एक सदिश राशि है, जो वृत्तीय गति के तल के लम्बवत होता है और इसकी दिशा दाहिने हाथ के अंगूठे के नियम द्वारा दी जाती है। इसकी इकाई तंक s^{-1} होती है।

(d) कोणीय त्वरण (α)

कोणीय वेग के परिवर्तन की दर को कोणीय त्वरण के रूप में जाना जाता है।

औसत कोणीय त्वरण $\alpha_{\text{औसत}} = \frac{\omega_2 - \omega_1}{t_2 - t_1} = \frac{\Delta\omega}{\Delta t}$

तात्क्षणिक कोणीय त्वरण $\alpha = \lim_{\Delta t - 0} \frac{\Delta\omega}{\Delta t} = \frac{d\omega}{dt}$

α एक सदिश राशि है, जो वृत्तीय गति के तल के लम्बवत होता है और इसकी दिशा दाहिने हाथ के अंगूठे के नियम द्वारा दी जाती है। α की इकाई rad s^{-2} होती है।

नियत कोणीय त्वरण α के लिए समीकरण नीचे दिए गए हैं:

(1) $\omega = \omega_0 + \alpha t$ (2) $\theta = \omega_0 + \frac{1}{2}\alpha t^2$ (3) $\omega^2 = \omega^0{}_2 + 2\alpha\theta$

यहाँ ω_0, समय $t = 0$ पर प्रारंभिक कोणीय वेग है, ω किसी भी समय t पर अंतिम कोणीय वेग है, और θ कोणीय विस्थापन है।

(e) आवृत्ति (f) और आवर्तकाल (T)

आवृत्ति (f): वृत्तीय गति में प्रति सेकंड किये गए घूर्णनों या चक्करों की संख्या को आवृत्ति कहा जाता है। आवृत्ति की इकाई चक्कर प्रति सेकंड या हर्ट्ज (Hz) होती है।

आवर्त काल (T) : किसी कण द्वारा एक वृत्ताकार पथ पर एक पूर्ण घूर्णन करने में लिया गया कुल समय आवर्त काल कहलाता है। आवर्तकाल $T = 1/f$ होता है।

2.3.2 रैखिक वेग (v) और कोणीय वेग (ω) के बीच संबंध

माना कि एक कण द्वारा किसी वृत्ताकार पथ में समयांतराल Δt में रैखिक विस्थापन AB तय किया गया है, तब

$$\Delta s = r\Delta\theta$$

फिर दोनों पक्षों को Δt से भाग देने पर

$$\frac{\Delta s}{\Delta t} = r\frac{\Delta\theta}{\Delta t} \text{ या } v = r\omega \quad ...(4)$$

यहाँ $v = \frac{\Delta s}{\Delta t}$ कण का रैखिक वेग, और r वृत्त की त्रिज्या है, और कोण = चाप/त्रिज्या से $\Delta\theta = \frac{\Delta s}{r}$

और $\frac{\Delta\theta}{\Delta t} = \omega$ कण का कोणीय वेग है।

सदिश रूप में, इस संबंध को $\vec{v} = \vec{\omega} \times \vec{R}$ के रूप में लिख सकते है जहाँ, $\vec{R}$ कण का स्थिति सदिश है।

B. रैखिक त्वरण (a) और कोणीय त्वरण (α) के बीच संबंध

किसी कण के रैखिक त्वरण को, वेग के परिवर्तन की दर से प्रदर्शित किया जाता है। एक वृत्तीय गति में, इसे स्पर्शरेखीय त्वरण भी कहा जाता है जो वृत्ताकार पथ की स्पर्श रेखा के अनुदिश कार्य करता है और इसे

$a_t = \frac{dv}{dt} = \frac{d(r\omega)}{dt} = r\frac{d\omega}{dt} = r\alpha$ $(v = r\omega)$ के रूप में लिखा जाता है।

यहाँ $\frac{d\omega}{dt} = \alpha$ वृत्तीय गति में किसी बिंदु कण का कोणीय त्वरण है, और $\vec{a_t}$ वृत्तीय गति के किसी बिंदु पर स्पर्शरेखीय दिशा में कुल त्वरण का एक घटक है। इस संबंध को सदिश रूप में, $\vec{a_t} = \vec{\alpha} \times \vec{R}$ के रूप में लिखा जा सकता है, यहाँ, $\vec{R}$ कण का स्थिति सदिश है।

उदाहरण: यदि कोई कण 40 सेमी त्रिज्या के एक वृत्ताकार पथ में 5 मी./सेकंड के रैखिक वेग से गति करता है, तो उस गतिमान कण का कोणीय वेग ज्ञात कीजिए।

हल: कोणीय वेग $\omega = \frac{\text{रैखिक वेग}}{\text{त्रिज्या}} = \frac{v}{r} = \frac{5}{40 \times 10^{-2}} = 12.5 \text{ rad/s}$

उदाहरण: एक कण का कोणीय त्वरण ज्ञात कीजिए जो 40 सेमी त्रिज्या के वृत्ताकार पथ पर गति कर रहा है और कण की गति 5.0 सेकंड में 10 मीटर/सेकेंड से 20 मीटर/सेकेंड में बदल जाती है।

हल: कण का स्पर्शरेखीय त्वरण

$$a_t = \frac{v_2 - v_1}{t_2 - t_1} = \frac{20 - 10}{5} = 2 \text{ मी./सेकंड}^2$$

और कोणीय त्वरण $\alpha = \frac{a_t}{r} = \frac{2}{40 \times 10^{-2}} = \frac{200}{40} = 5 \text{ rad/s}^2$

वृत्तीय गति के प्रकार

1. एकसमान वृत्तीय गति: जब किसी कण की गति वृत्ताकार पथ पर स्थिर रहती है तब उस कण की गति को एकसमान वृत्तीय गति कहते हैं। इस स्थिति में, कण का स्पर्शरेखीय त्वरण $a_t = \frac{v_2 - v_1}{t_2 - t_1} = 0$ यहाँ $|\vec{v_1}| = |\vec{v_2}|$ = नियतांक है।

   इस प्रकार, एक कण का त्वरण केवल केंद्र की ओर लगता है जिसे अभिकेन्द्रीय त्वरण कहा जाता है और अभिकेन्द्रीय त्वरण का परिमाण निम्नानुसार दिया जाता है:

   $a_r = \omega^2 r = \frac{v^2}{r^2} r = \frac{v^2}{r}$ (क्योंकि $\omega = \frac{v}{r}$)

   एकसमान वृत्तीय गति में कण की गति समान रहती है लेकिन वृत्ताकार पथ के प्रत्येक बिंदु पर उसके वेग में परिवर्तन के कारण दिशा बदल जाती है और इसी कारण त्वरण उत्पन्न होता है।

2. असमान वृत्तीय गतिः जब कोई कण परिवर्ती गति के साथ वृत्तीय गति करता है, तो त्वरण के त्रिज्जीय और स्पर्शरेखीय दोनों भाग लिए जाते है।

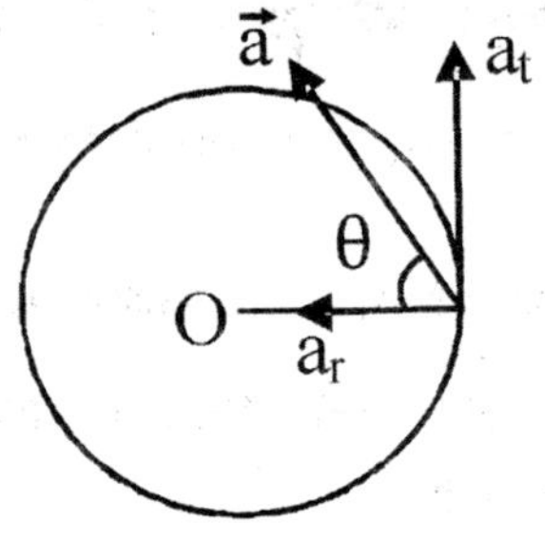

चित्र 2.17: असमान वृत्तीय गति में त्वरण

स्पर्शरेखीय त्वरण $a_t = \dfrac{v_2 - v_1}{t_2 - t_1}$

त्रिज्जीय या अभिकेन्द्रीय त्वरण $a_r = -\omega_r^2 = -\dfrac{v_2}{r^2} r = -v^2/r$

कुल त्वरण का परिमाण $|\vec{a}| = \sqrt{a_r^2 + a_t^2} = \sqrt{\left(\dfrac{v^2}{r}\right) + \left(\dfrac{dv}{dt}\right)^2}$

यदि कुल त्वरण $\vec{a}$, a_r के साथ θ कोण बनाता है, तो $\tan\theta = a_t/a_r$

2.3.3 अभिकेन्द्रीय और अपकेन्द्रीय बल

A. अभिकेन्द्रीय बल

जब कोई कण एक वृत्त के अनुदिश स्थिर चाल से गति करता है, तब कण के केंद्र की ओर लगने वाला बल किसी अन्य प्रकार के बाह्य बल (जैसे तनाव, घर्षण बल आदि) के द्वारा प्रदान किया जाता है। केंद्र की ओर कण का त्वरण v^2/r के रूप में लिखा जाता है। अतः, कण पर केंद्र की ओर लगने वाला बल $F = ma = mv^2/r = m\omega^2 r$ होता है। (यहाँ $v = r\omega$ है।)

केंद्र की ओर लगने वाले इस प्रकार के बल को अभिकेन्द्रीय बल कहते हैं।

B. अपकेंद्रीय बल

एक अजड़त्वीय (घूर्णन या त्वरित) फ्रेम में, न्यूटन के गति के नियमों का पालन नहीं किया जाता है। इस प्रकार के फ्रेम में, m द्रव्यमान के कण द्वारा, एक छद्म बल ($-m\vec{a}$) का अनुभव किया जाता है, जहाँ $\vec{a}$ फ्रेम का त्वरण है। यदि एक संदर्भ फ्रेम एक नियत कोणीय वेग ω के साथ r त्रिज्या के वृत्ताकार पथ में घूर्णन करता है, तो उस घूर्णन में, फ्रेम त्वरण जिसका परिमाण $\omega^2 r = v^2/r$ है, वृत्त के केंद्र की ओर कार्य करता है। यदि m द्रव्यमान के एक कण को इस अजड़त्वीय फ्रेम में रखा जाए तो इस कण पर केंद्र से दूर एक छद्म बल ($-m\omega^2 r$) कार्य करता है। उस छद्म बल को अपकेंद्रीय बल के रूप में जाना जाता है जो अभिकेन्द्रीय बल के विपरीत और बराबर होता है।

2.3.4 अभिकेन्द्रीय और अपकेन्द्रीय बल के अनुप्रयोग

A. सड़कों का बंकन

सड़क के वृत्ताकार भाग पर, उच्च गति और तीक्ष्ण मोड़ होने के कारण घर्षण हमेशा विश्वसनीय नहीं होता है। घर्षण निर्भरता से बचने के लिए, सड़कों के मोड़ ऐसे बंकित किये जाते हैं जिसमें सड़क के बाहरी किनारे को आंतरिक किनारे की तुलना में कुछ ऊंचाई पर उठाया जाता है। इस तथ्य को सड़क के बंकन के रूप में जाना जाता है। सड़कों के बंकन द्वारा वाहनों को किसी मोड़ से सुरक्षित गुजारने के लिए अभिकेंद्रीय बल प्रदान किया जाता है। माना बंकन कोण (जिस कोण पर सड़क के बाहरी किनारे को आंतरिक किनारे की तुलना में ऊपर उठाया जाता है) θ है और वाहन का भार $W = mg$ है, और वाहन पर बल की अभिलम्ब प्रतिक्रिया (झुकाव वाले विमान पर लंबवत बल) N है।

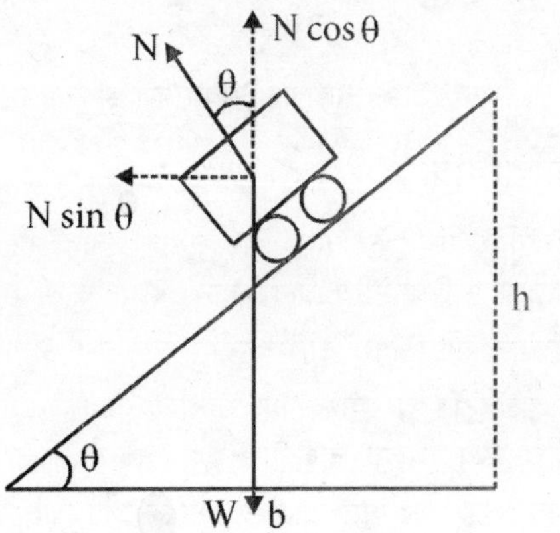

चित्र 2.18: सड़कों का बंकन

तब N का क्षैतिज घटक N $\sin\theta$ होता है, जोकि वाहन को अभिकेन्द्रीय बल प्रदान करता, जबकि ऊर्ध्वाधर घटक N $\cos\theta$ वाहन के भार को संतुलित करता है। अत: $N \sin\theta = mv^2/r$ और $N \cos\theta = mg$

$$\therefore \tan\theta = \frac{v^2}{rg} \text{ या } v = \sqrt{rg \tan\theta}$$

v उस वाहन (कार या बस) की गति है, जिसके साथ यह सपाट किनारे वाली सड़क पर भी फिसलता नहीं है। $\tan\theta = h/b$ (h आंतरिक किनारे की तुलना में सड़क के बाहरी किनारे की ऊंचाई, और b सड़क की चौड़ाई है)

B. साइकिल चालक का झुकना

एक साइकिल चालक जब सड़क के किसी मोड़ पर मुड़ता है, तो उसे अपनी ऊर्ध्वाधर स्थिति से एक छोटे कोण θ से झुकना पड़ता है। माना साइकिल के टायर पर अभिलम्ब प्रतिक्रिया N है, तो N का क्षैतिज घटक $N\sin\theta$ अभिकेन्द्रीय बल प्रदान करता है, और ऊर्ध्वाधर घटक $N\cos\theta$ साइकिल चालक के भार को संतुलित करता है।

$$\therefore N\sin\theta = mv^2/r \text{ और } N\cos\theta = mg$$

इस प्रकार, $\tan\theta = \dfrac{v^2}{rg}$

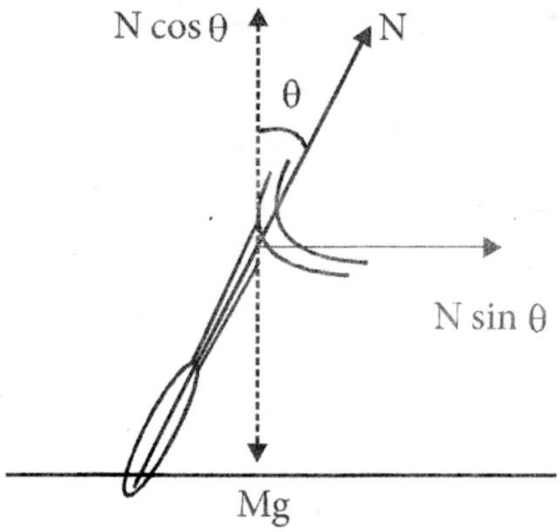

चित्र 2.19: साइकिल सवार का झुकना

अनुप्रयोग (वास्तविक जीवन/औद्योगिक)

1. एक कार को जब एक वृत्ताकार पथ के चारों ओर घुमाया जाता है, तो सड़क में बंकन और टायर और सड़क के बीच घर्षण बल द्वारा अभिकेन्द्रीय बल प्रदान किया जाता है।
2. वाशिंग मशीन का ड्रायर, विद्युत मोटर द्वारा अभिकेन्द्रीय बल का अनुभव करता है।
3. नाभिक के चारों ओर एक इलेक्ट्रॉन के परिक्रमण के लिए आवश्यक अभिकेन्द्रीय बल, नाभिक में स्थित इलेक्ट्रॉन और प्रोटॉन के बीच स्थिर वैद्युत बल द्वारा प्रदान किया जाता है।
4. जब एक चलती बस अचानक बाईं ओर मुड़ जाती है, तो बस में यात्रियों को अपकेंद्रीय बल के कारण दायीं ओर एक बाहरी धक्के का अनुभव होता है।
5. मिक्सर या जूसर में मिक्स करते समय बाहर की ओर अपकेंद्रीय बल का अनुभव होता है।

केस-स्टडी (पर्यावरण/स्थिरता/सामाजिक-नैतिक मुद्दे)

एक कृत्रिम उपग्रह पृथ्वी के चारों ओर चक्कर लगाता है, तो पृथ्वी और उपग्रह के बीच गुरुत्वाकर्षण बल द्वारा आवश्यक अभिकेन्द्रीय बल प्रदान किया जाता है।

$$\therefore \quad \frac{mv^2}{r} = \frac{GMm}{r^2}$$

उपग्रह का वेग $v = \sqrt{\frac{Gm}{r}}$ के रूप में दिया जाता है, जहाँ, G = सार्वत्रिक गुरुत्वाकर्षण नियतांक, M पृथ्वी का द्रव्यमान, और r उपग्रह की वृत्ताकार कक्षा की त्रिज्या है।

और, कोणीय वेग $\omega = \frac{v}{r}$

अन्वेषणशीलता और जिज्ञासा पैदा करें

जब एक रस्सी के सिरे पर एक पत्थर को बांधकर किसी व्यक्ति द्वारा क्षैतिज वृत्त में घुमाया जाता है, तो रस्सी दूसरे सिरे से अभिकेंद्रीय बल प्रदान किया जाता है। यदि डोरी अचानक टूट जाये तो पत्थर की गति की विवेचना कीजिए।

हल किये गए प्रश्न

प्रश्न 1. एक कण एकसमान गति से 40 सेमी त्रिज्या के एक वृत्ताकार पथ में गति कर रहा है और यह 10 सेकंड में एक चक्कर पूरा करता है। तो कण के त्वरण का परिमाण ज्ञात कीजिए।

हल: कोणीय वेग $\omega = \frac{2\pi}{T} = \frac{2\pi}{10}$ (आवर्तकाल = 10 सेकंड, $r = 40$ सेमी = 0.40 मीटर)

अभिकेंद्रीय त्वरण $a_r = \omega^2 r = \left(\frac{2\pi}{10}\right)^2 \times 0.4 = 0.16$ मीटर/सेकंड^2

प्रश्न 2. 1.5 kg द्रव्यमान के एक गुटके को 50 सेमी लंबाई के एक तार से बांधा गया है, और तार का दूसरा सिरा स्थिर है। यदि गुटके को 4 मीटर/सेकंड की नियत चाल से वृत्ताकार पथ में एक सपाट क्षैतिज मेज पर घुमाया जाता है तो डोरी में तनाव ज्ञात कीजिए।

हल: इस उदाहरण में अभिकेन्द्रीय बल, तार में तनाव के कारण प्राप्त होता है

$$\therefore \quad T = \frac{mv^2}{r} = \frac{1.5 \times 4 \times 4}{0.5} = 48 \text{ N}$$

प्रश्न 3. एक पंखा 20 चक्कर/सेकंड की आवृत्ति से घूम रहा है। यदि पंखा बंद कर दिया जाता है, और इसे रुकने में 2 मिनट का समय लगता है तो (1) कोणीय मंदन का मान ज्ञात कीजिए (2) विरामावस्था में आने से पहले किए गए कुल चक्करों की संख्या ज्ञात कीजिए।

हल: (1) $\omega = \omega_0 + \alpha t$ और प्रारंभिक कोणीय वेग $\omega_0 = 2\pi n = 2 \times 3.14 \times 20 = 125.6$ rad/s

$$0 = 125.6 + \alpha(2 \times 60)$$

इस प्रकार, $\alpha = \frac{-125.6}{120} = -1.05 \text{ rad/s}^2$

(2) $\theta = \omega_0 t + \frac{1}{2}\alpha t^2$

$$= \left(\frac{\omega_0 + \omega}{2}\right)t = \left(\frac{125.6 + 0}{2}\right) \times 2 \times 60 = 125.6 \times 60 = 7536 \text{ rad}$$

$$\theta = 7536/2\pi$$

$$= 7537/6.28 = 1200 \text{ चक्कर}$$

प्रश्न 4. एक कार किसी बंकित सड़क (या वृत्ताकार ट्रैक) पर 90 किमी/घंटा की औसत वेग से चल रही है और वृत्ताकार ट्रैक की त्रिज्या 250 मीटर है। तो बंकन कोण ज्ञात कीजिये (मान ले कि सड़क पर कोई घर्षण नहीं है)।

हल: $\tan\theta = \frac{v^2}{rg} = \frac{25 \times 25}{250 \times 10} = \frac{1}{4}$ (औसत वेग $v = 90 \times 1000/60 \times 60 = 25$ मीटर/सेकंड)

$$\theta = \tan^{-1}(0.25) = 14^\circ$$

यूनिट सारांश

- अदिश राशियों के लिए केवल परिमाण की आवश्यकता होती है, और सदिश राशियों को परिमाण और दिशा दोनों द्वारा दर्शाया जाता है। त्रिभुज के नियम द्वारा सदिशों को जोड़ा जाता है।
- सदिश बीजगणित में सदिशों के योग, अंतर, गुणनफल और वियोजन शामिल हैं।
- किसी पिंड की विरामावस्था और गति की अवस्था में परिवर्तन के लिए बल उत्तरदायी होता है।
- संवेग को पिंड के द्रव्यमान और वेग के गुणनफल के रूप में प्रदर्शित किया जाता है।
- आवेग को बल और समय अंतराल जिसके लिए बल कार्य करता है, के गुणनफल के रूप में प्रदर्शित किया जाता है। इसे रैखिक संवेग में परिवर्तन द्वारा भी मापा जाता है।
- यदि कोई पिंड किसी वृत्ताकार पथ में गति करता है तब कोणीय विस्थापन, कोणीय वेग और कोणीय त्वरण को परिभाषित किया जाता है। $v = r\omega$ और $a = r\alpha$, रेखीय एवं कोणीय राशियों के बीच संबंध हैं।
- अभिकेंद्रीय बल केंद्र की ओर कार्य करता है और अपकेंद्रीय बल केंद्र से दूर कार्य करता है। दोनों बलों का परिमाण mv^2/r के बराबर होता है।

अभ्यास

(A) वस्तुनिष्ठ प्रश्न

2.1. एक सदिश $\vec{A}$ क्षैतिज से 30° का कोण बनाता है और इसका परिमाण 6 है। तो इस सदिश का आयताकार ऊर्ध्वाधर घटक है: [LOD1]

(a) 3 (b) $3\sqrt{3}$

(c) 6 (d) ½

2.2. यदि $\vec{A} = 2\vec{i} + 5\vec{j} - 4\vec{k}$, और $\vec{B} = 3\vec{i} + p\vec{j} + 4\vec{k}$ दो सदिश हैं और सदिश $\vec{A}$, सदिश $\vec{B}$ के लंबवत है, तब p का मान है: [LOD2]

(a) 4 (b) 2

(c) 10 (d) 5

2.3. सदिश $\vec{A} = 2\vec{i} + 2\vec{j} - \vec{k}$ और $\vec{B} = 8\vec{i} - 6\vec{j}$ के बीच का कोण है: [LOD3]

(a) $\cos^{-1}\frac{2}{15}$ (b) $\cos^{-1}\frac{3}{5}$

(c) $\cos^{-1}\frac{1}{15}$ (d) $\cos^{-1}\frac{1}{5}$

2.4. एक m द्रव्यमान का पिंड किसी अवनत तल पर रखा है जो क्षैतिज के साथ कोण θ बनाता है, तो उस पिंड पर अभिलंब बल होगा: [LOD2]

(a) $mg\sin\theta$ (b) $mg\cos\theta$

(c) mg (d) $mg\tan\theta$

2.5. एक 160 ग्राम द्रव्यमान की गेंद, एक क्रिकेटर के हाथों पर 5 N का बल आरोपित करती है और यह बल 20 सेकंड की अवधि के लिए कार्य करता है। तब आवेग (kg ms^{-1} में) है: [LOD2]

(a) 200 (b) 300

(c) 500 (d) 100

2.6. कोई 4 kg द्रव्यमान की वस्तु 240 मीटर/सेकंड के वेग से गतिमान है और 2 मिनट में विरामावस्था में आ जाती है। तो उस पर लगाए गए बल का परिमाण है: [LOD2]

(a) 4 N (b) 240 N

(c) 10 N (d) 8 N

2.7. एक बंदूक से 300 मीटर/सेकंड वेग से एक गोली निकलती है । बंदूक और गोली का द्रव्यमान क्रमशः 10 किग्रा और 8 ग्राम है, तो बंदूक के प्रतिक्षिप्त वेग (मीटर/सेकंड में) का परिमाण है: [LOD1]

(a) 0.24 (b) 0.30

(c) 0.48 (d) 0.20

2.8. एक पंखा जो 150 rad/sec कोणीय वेग से गति कर रहा है, उसे बंद कर दिया जाता है। अगर 10 सेकंड के बाद इसका कोणीय वेग 50 rad/sec हो जाता है, तो उसका कोणीय मंदन (rad/s^2 में) है: [LOD2]

(a) 20 (b) 40

(c) 10 (d) 5

2.9. किसी सड़क के एक वृत्ताकार हिस्से की वक्रता त्रिज्या 40 मीटर है और एक कार 36 किमी/घंटा की औसत गति से उसके ऊपर से गुजरती है, और बंकन कोण $\tan^{-1}x$ है, तो x का मान है [LOD2]

(a) 1/2 (b) 1/4

(c) 1/8 (d) 1/10

2.10. सत्य/असत्य [LOD3]

1. एक अजड़त्वीय फ्रेम में F = 0, किन्तु $a \neq 0$ होता है।
2. दो सदिशों का क्रॉस गुणनफल भी एक सदिश होता है।
3. यदि किसी पिंड पर कोई बाहरी बल नहीं लगाया जाता है, तो उसका रैखिक संवेग स्थिर नहीं रहता है।
4. रैखिक वेग और कोणीय वेग का संबंध $v = \omega^2 r$ के रूप में दिया जाता है।

2.11. रिक्त स्थान भरें [LOD3]

विरामावस्था में 4 ग्राम का एक कण तीन टुकड़ों में फट जाता है, जिनमे से 1 ग्राम के दो टुकड़े परस्पर लंबवत दिशाओं में 10 मी./सेकंड वेग के साथ गति करते हैं, तो तीसरे टुकड़े का वेग होगा (मी./सेकंड^2 में)

(a) $5\sqrt{2}$ (b) 5

(c) 10 (d) $3\sqrt{2}$

(A) वस्तुनिष्ठ प्रश्नों के उत्तर

प्रश्न संख्या	2.1	2.2	2-3	2.4	2.5	2.6	2.7	2.8	2.9	2.10(1)	2.10(2)	2.10(3)	2.10(4)	2.11
विकल्प	a	b	a	b	d	d	a	c	b	T	T	F	F	a

2.1. $6 \sin 30° = 6 \times ½ = 3$

2.2. $\vec{A}.\vec{B} = 0$ तो $p = 2$

2.3. $\cos\theta = \dfrac{\vec{A}.\vec{B}}{AB} = \dfrac{2}{15}$

2.4. $N = mg\cos\theta$

2.5. $I = Ft$

2.6. $F = mv/t$

2.7. $V = mv/M$

2.8. $\omega = \omega_0 + \alpha t$

2.9. $\tan\theta = v^2/rg$

2.11. $2v_3 = \sqrt{v^2 + v^2} = (\sqrt{2})v$

(B) विषयात्मक प्रश्न

2.1. दो सदिशों के योग के त्रिभुज और समांतर चतुर्भुज नियम को लिखिए। [LOD1]

2.2. यदि $\vec{A} = 2\vec{i} + 3\vec{j}$ और $\vec{B} = 3\vec{i} + 4\vec{j}$, [LOD2]
तो, (*a*) $\vec{A} + \vec{B}$ (*b*) $\vec{A} - \vec{B}$, और (*c*) $\vec{A} \times \vec{B}$ का परिमाण ज्ञात कीजिये।

2.3. यदि एक रॉकेट लॉन्च करने के तुरंत बाद 1 सेकंड में 2×10^3 मीटर/सेकंड की सापेक्ष गति के साथ अपने प्रारंभिक द्रव्यमान का 1/100 भाग गैसों के रूप में बाहर निकालता है। तो रॉकेट का प्रारंभिक त्वरण ज्ञात कीजिए। [LOD3]

2.4. रैखिक संवेग के संरक्षण का नियम लिखिए और इसे व्युत्पन्न कीजिए। [LOD1]

2.5. एक बंकन वाली सड़क पर अधिकतम वेग के लिए व्यंजक ज्ञात कीजिए। [LOD1]

2.6. यदि दो सदिश $\vec{A} = 2\vec{i} + \vec{j} - \vec{k}$ और $\vec{B} = \vec{j} - 4\vec{k}$ है, तो दर्शाइए कि $\vec{A}$ और $\vec{B}$ का डॉट गुणनफल $\vec{A}.\vec{B}$ शून्य होता है और डॉट गुणनफल के परिणाम का निष्कर्ष लिखें। [LOD3]

2.7. एक पिंड 10 मीटर त्रिज्या के एक वृत्ताकार पथ में वृत्तीय गति करता है। यदि पिंड का द्रव्यमान 200 ग्राम है और घूर्णन की आवृत्ति 10 Hz है, तो आवश्यक अभिकेंद्रीय बल का मान ज्ञात कीजिए। [LOD2]

2.8. संक्षिप्त उत्तर प्रश्न [LOD1]
1. अभिकेन्द्रीय बल को परिभाषित कीजिए।
2. बंदूक के प्रतिक्षिप्त वेग को परिभाषित करें।
3. आवेग का सूत्र और उसका मात्रक लिखिए।

(B) विषयात्मक प्रश्नों के उत्तर

2.2. (*a*) $\sqrt{74}$, (*b*) $\sqrt{2}$, (*c*) 1

2.3. $a = 20$ मीटर/सेकंड^2 (संकेत $a = \dfrac{v_{\text{आपेक्षिक}}}{m} \times \dfrac{dm}{dt} = \dfrac{2 \times 10^3 m_0}{m_0.100} = 20$ मीटर/सेकंड^2) जहाँ m_0 रॉकेट का प्रारंभिक द्रव्यमान है ($t = 1$ सेकंड)

2.6. $\vec{A} \times \vec{B}, \vec{A}$ और $\vec{B}$ दोनों के लंबवत है, (क्योंकि $(\vec{A} \times \vec{B}).\vec{A} = (\vec{A} \times \vec{B}).\vec{B} = 0$ सिद्ध हो गया है)

2.7. $F = 7888N$ $F = m\omega^2 r$, $\omega = 2\pi f$

प्रायोगिक कार्य

प्रयोग 1. बलों के त्रिभुज और समांतर चतुर्भुज नियम को सत्यापित करना।

प्रायोगिक महत्व

विद्यार्थी दो सदिश राशियों के योग के लिए त्रिभुज और समांतर चतुर्भुज के नियम का उपयोग कर सकते हैं। वे सदिश योग के क्रम विनिमेय नियम को भी सत्यापित कर सकते हैं।

प्रासंगिक सिद्धांत

त्रिभुज का नियमः जब दो बलों को परिमाण और दिशा दोनों में, किसी त्रिभुज की समान क्रम में दो भुजाओं द्वारा दर्शाया जाता है तो त्रिभुज की तीसरी भुजा, उनके परिमाण और दिशा दोनों के विपरीत क्रम में उनके सदिश योग को दर्शाती है।

समांतर चतुर्भुज का नियमः यदि दो बलों P और Q को परिमाण और दिशा दोनों में, एक समांतर चतुर्भुज की दो आसन्न भुजाओं द्वारा निरूपित किया जाता है, तो उनके सदिश योग R को परिमाण और दिशा दोनों में उसके विकर्ण द्वारा दर्शाया जाता है जो दो बलों के प्रतिच्छेद बिंदु से होकर गुजरता है।

प्रयुक्त सूत्रः लैमी के प्रमेय को $\frac{P}{\sin\alpha}=\frac{Q}{\sin\beta}=\frac{R_1}{\sin\gamma}$ के रूप में लिखा जाता है। (त्रिभुज नियम के अनुसार),

यदि $\vec{P}, \vec{Q}$ और $\vec{R}$ एक ही क्रम में किसी त्रिभुज की भुजाओं की दिशाओं में लगाये गए बल हैं,

तो, $\vec{P}+\vec{Q}+\vec{R}=0$

परिणामी बल का परिमाण $R_1 = \sqrt{P^2+Q^2+2PQ\cos\theta}$ (समांतर चतुर्भुज नियम के अनुसार)

प्रैक्टिकल आउटकम्स (PrO)

PrO1: सदिश योग के त्रिभुज नियम और समांतर चतुर्भुज नियम को समझना।

PrO2: सदिश योग के त्रिभुज नियम को सत्यापित करना।

PrO3: सदिश योग के समांतर चतुर्भुज नियम को सत्यापित करना।

प्रायोगिक व्यवस्था (चित्रांकन/रेखा-चित्र/रैखिक परिपथ/कार्य स्थिति)

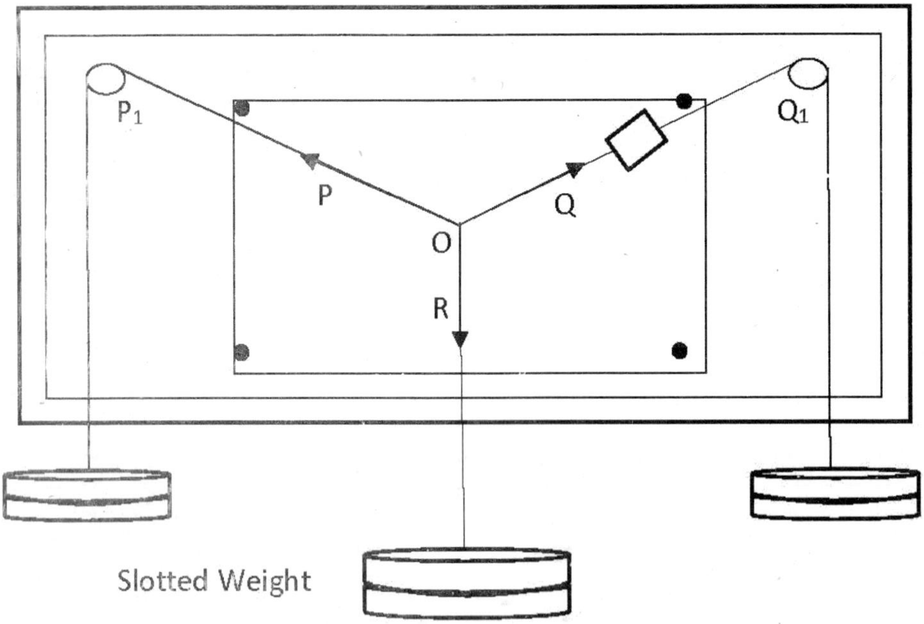

चित्र 2.20: ग्रेव्सेंड का उपकरण

आवश्यक संसाधन

क्रमांक	सुझाए गए आवश्यक संसाधन मशीनें/यंत्र /महत्वपूर्ण विशिष्टताओं वाले उपकरण	मात्रा	वास्तविक आवश्यक संसाधन मशीनें/यंत्र /महत्वपूर्ण विशिष्टताओं वाले उपकरण (छात्र द्वारा भरे जाने के लिए)		टिप्पणियाँ (यदि कोई हो, तो)
			मॉडल	विवरण	
1.	समांतर चतुर्भुज नियम उपकरण	1			
2.	दर्पण पट्टी	1			
3.	हैंगर के साथ खांचेदार बाट	2			
4.	सूती धागे के टुकड़े	3			
5.	ड्राइंग पिन	4			

सावधानियाँ

1. हैंगर और बाट, ऊर्ध्वाधर बोर्ड और दीवार को नहीं छूने चाहिए।
2. धागे पर केवल एक ही छोटी गाँठ होनी चाहिए।
3. प्रत्येक स्थिति में कुल बल की गणना करते समय हैंगर के वजन को खांचेदार बाट के वजन में जोड़ा जाना चाहिए।
4. सुनिश्चित करें कि बलों की क्रिया रेखाएं चिह्नित करते समय सभी हैंगर विराम अवस्था में हों।
5. सभी चरखियों का घर्षण शून्य या न्यूनतम होना चाहिए ताकि घर्षण की उपेक्षा की जा सके।

प्रयोग विधि

1. समांतर चतुर्भुज उपकरण का बोर्ड (या ग्रेव्सैंड का उपकरण) जोकि (चित्र 2.20) में दिखाया गया है, को लंबवत रखने के लिए प्लंबलाइन को समायोजित करें। चरखी P_1 और Q_1 घर्षण रहित होनी चाहिए, यदि आवश्यक हो तो तेल का उपयोग करना चाहिए।
2. ड्राइंग पिन की सहायता से बोर्ड पर एक सफेद ड्राइंग पेपर शीट लगाएं।
3. धागों के तीन टुकड़ों का जंक्शन बिंदु O बनाने के लिए उनमें से प्रत्येक के एक सिरे को गाँठ के रूप में बाँध लें।
4. दो धागों के दूसरे सिरों पर दो वेट हैंगर बाँधते हैं ताकि चरखी P_1 और Q_1 पर समान खांचेदार बाट लगाया जा सके। मान लें कि P और Q पर (हैंगर + खांचेदार बाट) का भार निलंबित हैं।
5. वजन (हैंगर + खांचेदार बाट) को मध्य में निलंबित तीसरे धागे के अंतिम सिरे पर लंबवत रूप से लटकाया जाता है और इसे R से दर्शाया जाता है।
6. संतुलन की स्थिति में, जंक्शन O पर तीन धागों के साथ तीन भार P, Q और R, तीन बलों के रूप में कार्य करते हैं।
7. इस तरह समायोजन करें कि तीनों बाट स्वतंत्र रूप से लटके रहें और उनमें से कोई भी बोर्ड को न छुए।
8. वजन P और Q को थोड़ा हिलाए और विरामावस्था में आने के लिए छोड़ दें। वजनों के विरामावस्था में आने के बाद जंक्शन बिंदु O की स्थिति को नोट कर लें।
9. अब प्रत्येक धागे के नीचे दर्पण की पट्टी को लंबाई में रखें, ताकि दर्पण में धागों के सिरों की नई स्थितियों के प्रतिबिम्ब दिख सके। वजन P के साथ धागे के लिए ये नई स्थितियां P_1, P_2, और वजन Q वाले धागे के लिए Q_1, Q_2 और वजन R के साथ धागे के लिए R_1, R_2 हैं।
10. कागज को बोर्ड से हटाएँ और आधे मीटर पैमाने की सहायता से P के लिए, बिंदुओं P_1, P_2 से होकर, Q के लिए, बिन्दुओं Q_1, Q_2 से होकर, और R के लिए बिंदुओं R_1, R_2 से होकर रेखाएँ खींचिए। ये रेखाएँ संतुलन बलों को प्रदर्शित करती हैं, जो बिंदु O पर मिलती हैं।
11. P = 200 g और Q = 250 g को निरुपित करने के लिए, 1cm = 50 g, OA = 4 cm और OC = 5 cm का पैमाना लें।
12. सेट स्क्वेयर का उपयोग करके और OB को मिलाकर, समांतर चतुर्भुज OABC को पूरा करें। यहाँ OB, वजन R के लिए P और Q (बलों) के सदिश योग को प्रदर्शित करता है।
13. OB को मापें और इसे स्केल (1cm = 50g) से गुणा करें ताकि वजन का परिणामी मान R_1 ज्ञात हो। यह पहले से ज्ञात वजन R के बराबर होना चाहिए, तभी समांतर चतुर्भुज नियम सत्यापित होता है।
14. प्रेक्षणों के विभिन्न सेट लेने के लिए P और Q को उपयुक्त रूप से बदलें।

बलों का त्रिभुज नियम

ग्राफिकल विधि

बलों P, Q, R को A'B', B'C', और C'A' नाम देने के लिए 'बो' के संकेतन का प्रयोग करें। एक उपयुक्त पैमाने का चयन करें और बल P के समांतर रेखा A'B' खींचिए और उसे A' से P के परिमाण के बराबर काटिए, बल Q के समांतर रेखा B'C' खींचिए और इसे Q के परिमाण के बराबर काटिए (चित्र 2.22)। C'A' के परिमाण की गणना करें, अर्थात R_1 जो तीसरे बल R के बराबर होगा, इस प्रकार बलों का त्रिभुज नियम सत्यापित होता है।

यदि R_1, R के मूल परिमाण से भिन्न है, तो प्रतिशत त्रुटि निम्नानुसार होगी:

प्रतिशत त्रुटि = $\frac{(R - R_1)}{R} \times 100\ \%$

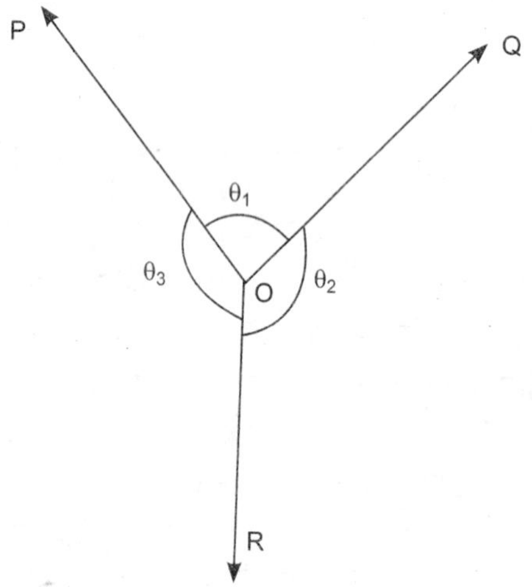

चित्र 2.21: ग्राफिकल विधि

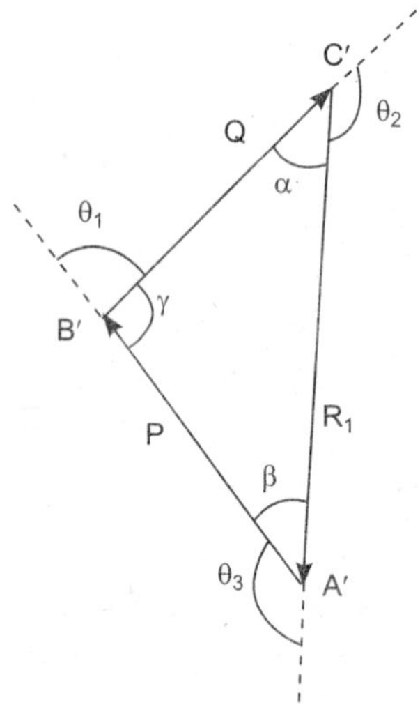

चित्र 2.22: ग्राफिकल विधि

विश्लेषणात्मक विधि

कोण α, β and γ और मापें और लैमी प्रमेय का उपयोग करके निम्नलिखित संबंध की जांच करें:

$\frac{p}{\sin\alpha} = \frac{Q}{\sin\beta} = \frac{R_1}{\sin\gamma}$ और R_1 को ज्ञात करें, तब प्रतिशत त्रुटि = $\frac{(R - R_1)}{R} \times 100\%$ होगी।

बलों का समांतर चतुर्भुज नियम

ग्राफिकल विधि

चित्र 2.23 में, OA = P और OC = Q को उपयुक्त पैमाने में काटें। A से OC के समांतर AB, और OA के समांतर BC खींचिए। यहाँ, R_1 बल P और Q के परिणामी को प्रदर्शित करता है। चूंकि निकाय संतुलन में है, इसलिए यह R के बराबर होना चाहिए। ध्यान दें कि R और R_1 विपरीत दिशाओं में हैं।

प्रतिशत त्रुटि = $\frac{(R - R_1)}{R} \times 100\%$ ज्ञात कीजिये ।

विश्लेषणात्मक विधि

बल P और Q के बीच कोण θ मापें, फिर $R_1 = \sqrt{P^2 + Q^2 + 2P\cos\theta}$ के रूप में दिए गए परिणामी सूत्र का उपयोग करके R_1 की गणना करें, यहाँ θ बल P और Q के बीच का कोण है।

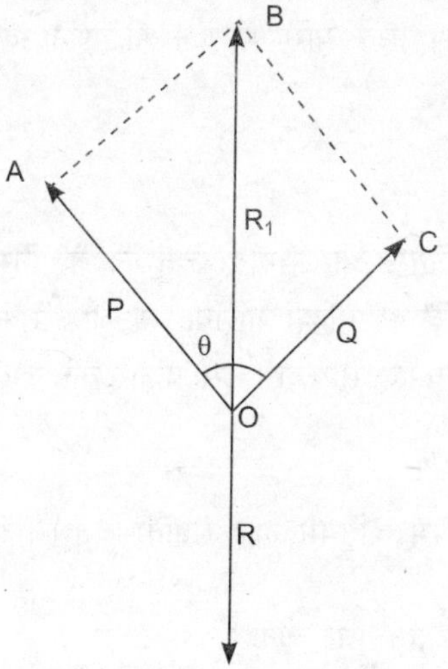

चित्र 2.23: विश्लेषण विधि

प्रेक्षण और गणना

प्रेक्षण तालिका

नियम	क्रमांक	कुल वजन P	कुल वजन Q	कुल वजन R	गणकीय वजन R_1	ग्राफिकल % त्रुटि	विश्लेषणात्मक % त्रुटि
त्रिभुज नियम	(i)						
	(ii)						
	(iii)						
समांतर चतुर्भुज नियम	(i)						
	(ii)						
	(iii)						

गणना

लैमी के प्रमेय द्वारा, परिणामी बल R_1 की गणना इस प्रकार की जाती है

$$R_1 = \left(\frac{P}{\sin\alpha}\right)\times\sin\gamma \quad \text{या } R_1 = \left(\frac{Q}{\sin\beta}\right)\times\sin\gamma$$

और समांतर चतुर्भुज नियम का उपयोग करके परिणामी बल की गणना दिए गए सूत्र $R_1 = \sqrt{P^2 + Q^2 + 2PQ\cos\theta}$ द्वारा की जाती है।

परिणाम और/या व्याख्या

इस प्रयोग की सहायता से, त्रिभुज के नियम और समांतर चतुर्भुज के नियम दोनों का सत्यापन किया जाता है और हम इन दोनों नियमों का उपयोग करके किन्हीं सदिश राशियों को जोड़ सकते हैं। विश्लेषणात्मक और ग्राफिकल दोनों विधियों में प्रतिशत त्रुटियों की गणना दिए गए सूत्र द्वारा इस प्रकार की जाती है:

$$\text{प्रतिशत त्रुटि} = \frac{(R - R_1)}{R} \times 100\%$$

यह त्रुटि नगण्य होती है, इसलिए त्रिभुज नियम और समांतर चतुर्भुज नियम सिद्ध होते हैं।

निष्कर्ष और/या सत्यापन (विद्यार्थी द्वारा भरा जाना है)

....

....

प्रयोग संबंधित प्रश्न

1. सदिश योग के त्रिभुज नियम और समांतर चतुर्भुज नियम को समझाइये ।
2. किसी सदिश के आयताकार घटकों के माध्य को समझाइए।
3. ग्रेव्सैंड के उपकरण के प्रयोग में त्रुटि के मुख्य स्रोतों की चर्चा करें।
4. अदिश और सदिश राशि के बीच अंतर स्पष्ट करें।

समांतर चतुर्भुज नियम का सिमुलेशन

सुझाई गई मूल्यांकन योजना (शिक्षक द्वारा भरा जाना है)

दिए गए कार्य निष्पादन संकेतक, प्रक्रिया और परिणाम सहसंबंध के मूल्यांकन के लिए दिशा निर्देश के रूप में उपयोग करने चाहिए।

कार्य निष्पादन संकेतक		भारिता	प्राप्तांक
प्रक्रिया सूचक : .... अंक' (............%)		60%	
1.	धागों के टुकड़ों को बांधना और खांचेदार वजनों के साथ समायोजित करना	15%	
2.	त्रिभुज नियम के लिए उचित मापन पाठ्यांक लेना	15%	
3.	समांतरचतुर्भुज नियम के लिए उचित मापन पाठ्यांक लेना	15%	
4.	गणना करना और परिणाम प्राप्त करना	15%	

कार्य निष्पादन संकेतक		भारिता	प्राप्तांक
परिणाम प्रक्रिया सूचक : .... अंक' (............%)		40%	
5.	त्रुटि का अनुमान	10%	
6.	परिणाम और व्याख्या	10%	
7.	निष्कर्ष और सत्यापन	10%	
8.	प्रायोगिक प्रश्नों या मौखिक प्रश्नों के उत्तर देने की तैयारी	10%	
	कुल	**100%**	

*** प्रक्रिया और परिणाम मूल्यांकन के लिए अंक और प्रतिशत भार शिक्षक द्वारा तय किये जायें।**

विद्यार्थी का नामः .... प्राप्तांक			शिक्षक के हस्ताक्षर (दिनांक के साथ)
प्रक्रिया संबंधित	परिणाम संबंधित	कुल	

अधिक जानिए

न्यूटन की गति का पहला नियमः जब किसी पिंड पर कुल बलों का मान शून्य होता है, तो उस पिंड का त्वरण शून्य हो जाता है, या उसका वेग स्थिर या शून्य होता है। इस नियम को कभी-कभी जड़त्व का नियम भी कहा जाता है।

जड़त्वीय संदर्भ फ्रेमः संदर्भ फ्रेम वह फ्रेम है, जिसमें किसी पिंड की गति का वर्णन किया जाता है। यदि किसी फ्रेम में न्यूटन की गति के पहले नियम का पालन होता है, (अर्थात, यदि $F = 0$ तो, त्वरण $a = 0$), तो उसे जड़त्वीय सन्दर्भ फ्रेम कहा जाता है।

अजड़त्वीय संदर्भ फ्रेमः यदि किसी संदर्भ फ्रेम में जड़त्व के नियम का पालन नहीं होता है (अर्थात, यदि $F = 0$, तो भी $a \neq 0$), तो उसे अजड़त्वीय सन्दर्भ फ्रेम कहा जाता है।

अभिनव व्यावहारिक/परियोजनाएं/गतिविधियां डिजाइन करे

1. सदिशों के समांतर चतुर्भुज नियम का उपयोग करके किसी गुटके का भार ज्ञात कीजिये।
2. बलों के बहुभुज नियम को सत्यापित कीजिये।
3. लैमी के प्रमेय को सत्यापित कीजिये।

संदर्भ एवं अध्ययन हेतु सुझाव

संदर्भ

1. H. C. Verma, *Concepts of Physics Vol. I & II*, Bharti Bhawan Ltd. New Delhi, 2017.
2. J. Walker, *Principles of Physics, 9th Edition*, Hoboken, New Jersey: Wiley, 2011.
3. M. E. Browne, *Schaum's Outline of Physics For Engineering And Science*, 4th Edition, McGraw-Hill, 2019.
4. E. Hecht, *Schaum's Outline of College Physics*, 12th Edition, McGraw-Hill, 2017.
5. A. Halpern, *Schaum's 3,000 Solved Problems In Physics*, McGraw-Hill, 2011.
6. A. Beiser, *Schaum's Outline Of Applied Physics*, 4th Edition, Mc-Graw-Hill, 2009.
7. G. Mase, *Schaum's Outline Of Continuum Mechanics*, McGraw-Hill, 1969.
8. M. R. Spiegel, S. Lipschutz, Schaum's Outline Of Vector Analysis, 2ed, McGraw-Hill, 2009.
9. PhET Interactive Simulations, University of Colorado Boulder, https://phet.colorado.edu
10. OLabs, Developed by Amrita Vishwa Vidyapeetham & CDAC Mumbai and funded by MeitY (Ministry of Electronics & Information Technology, India), http://www.olabs.edu.in/
11. Swayam Prabha, INFLIBNET, India, https://www.swayamprabha.gov.in/index.php/
12. https://www.khanacademy.org/

प्रैक्टिकल हेतु सुझाए गये संसाधन

1. C. L. Arora, *B.Sc. Practical Physics*, S. Chand Limited, 2001.
2. G. L. Squires, *Practical Physics*, Cambridge University Press, 2001.
3. https://ophysics.com/k2.html
4. https://www.physicsclassroom.com/Physics-Interactives/Momentum-and Collisions Collision-Carts/Collision-Carts-Interactive.

3 कार्य, शक्ति एवं ऊर्जा

यूनिट विशिष्ट

यह यूनिट आधारभूत भौतिकी के निम्नलिखित विषयों पर केंद्रित है:

- कार्य की अवधारणा एवं उसके प्रकारों के उदाहरण
- घर्षण, सीमांत घर्षण के नियम, घर्षण गुणांक, घर्षण कम करने की अवधारणा
- खुरदुरी और समतल सतहों के लिए किसी वस्तु को क्षैतिज एवं अवनत तल पर गति करना में किया गया कार्य
- ऊर्जा की अवधारणा एवं उसके मात्रक
- स्वतन्त्र रूप से गिरने वाले किसी पिंड के लिए यांत्रिक ऊर्जा संरक्षण एवं ऊर्जा रूपांतरण के उदाहरण
- शक्ति एवं उसके मात्रक, कार्य-शक्ति संबंध, शक्ति की गणना

भूमिका

कई इंजीनियरिंग समस्याओं को हल करने के लिए कार्य, घर्षण, ऊर्जा और शक्ति महत्वपूर्ण मापदंड हैं। यहाँ, आप इन राशियों की अवधारणाओं को समझेंगे और उनके प्रकारों के बीच अंतर करने में भी सक्षम होंगे। आप अवनत या क्षैतिज सतहों पर घर्षण के विरुद्ध किए जाने वाले कार्य की मात्रा का मूल्यांकन करने और उन्हें इंजीनियरिंग समस्याओं के लिए संबंधित करने में सक्षम होंगे। आप कुछ उदाहरणों का उपयोग करके स्थितिज और गतिज ऊर्जा और यांत्रिक ऊर्जा के संरक्षण की अवधारणाओं को भी समझेंगे। अंत में, आप कार्य और शक्ति के संबंधों के बारे में अध्ययन करेंगे और इन अवधारणाओं के आधार पर संख्यात्मक उदाहरणों को हल करने में सक्षम होंगे।

पूर्व अपेक्षित ज्ञान

भौतिकी – हाई स्कूल स्तर की भौतिकी
गणित – मूल बीजगणित
अन्य – कम्प्यूटर का बुनियादी ज्ञान

यूनिट आउटकम्स (UOs)

U3-O1: भौतिक राशियों जैसे कार्य, ऊर्जा, घर्षण बल, शक्ति की इनके मात्रकों एवं विमाओं के साथ पहचान करना।

U3-O2: इंजीनियरिंग अनुप्रयोगों के लिए कार्य पर आधारित उदाहरणों को हल करना।

U3-O3: संबंधित अनुप्रयोगों में क्षैतिज और अवनत सतहों के लिए घर्षण गुणांक निर्धारित करना।

U3-O4: ऊर्जा और शक्ति के विभिन्न रूपों का उपयुक्त उदाहरणों सहित वर्णन करना। इसके अलावा, इंजीनियरिंग समस्याओं को हल करने के लिए कार्य-शक्ति संबंध ज्ञात करना।

कोर्स आउटकम्स (COs) के साथ यूनिट आउटकम्स (UOs) की मैपिंग (परस्पर संबंध) है:

यूनिट-3 आउटकम्स (UOs)	कोर्स आउटकम्स (COs) के साथ अपेक्षित संबंध *(1-कमजोर सहसंबंध, 2-मध्यम सहसंबंध, 3-मजबूत सहसंबंध)*					
	CO-1	**CO-2**	**CO-3**	**CO-4**	**CO-5**	**CO-6**
U3-O1	3	1	3	3	3	3
U3-O2	2	1	3	2	1	2
U3-O3	2	2	3	2	2	2
U3-O4	1	1	3	1	2	2

3.1 कार्य

रोचक तथ्य

जब हम एक जगह पर बैठकर पहेलियों को हल करते हैं या ई-लर्निंग के लिए अपने स्मार्टफोन का उपयोग करते हैं, तब हमारे शरीर में जैव-रासायनिक प्रक्रियाओं से उत्पन्न आंतरिक रासायनिक ऊर्जा को मस्तिष्क में विद्युत संकेतों के रूप में आदान प्रदान करने के अलावा, कोई अतिरिक्त कार्य शारीरिक रूप से नहीं किया जाता है।

3.1.1 कार्य-परिचय और परिभाषा

हमारे दैनिक जीवन में कार्य और ऊर्जा का परस्पर उपयोग किया जाता है। हालांकि, भौतिकी में कार्य को सटीक और वैज्ञानिक रूप से परिभाषित किया गया है, जिसे ऊर्जा कहते है। जब किसी वस्तु या पदार्थ पर धक्के या खिंचाव के रूप में बल लगाया जाता है, तो बल का प्रभाव आरोपित बल की दिशा में उसके विस्थापन में देखा जा सकता है। उदाहरण के लिए, एक चिकनी क्षैतिज सपाट सतह पर रखे बक्से के धक्के या खिंचाव की दिशा में विस्थापन। बल और विस्थापन के बीच के संबंध से हमें एक भौतिक राशि प्राप्त होती है, जिसे कार्य (W) के रूप में जाना जाता है।

$$\text{कार्य } (W) = \text{बल } (\mathbf{F}) \bullet \text{विस्थापन } (\boldsymbol{r})$$

जहां, **F** (या $\vec{F}$) और $\boldsymbol{r}$ (या $\vec{r}$) बल और विस्थापन के लिए सदिश राशियाँ प्रदर्शित करते हैं, और इन सदिश राशियों के डॉट गुणनफल (या अदिश गुणन) से हमें एक अदिश राशि अर्थात कार्य (W) प्राप्त होता है ।

परिभाषा: किसी वस्तु या पिंड पर बल द्वारा किए गए कार्य (W) को विस्थापन की दिशा में किसी पिंड पर कार्य करने वाले बल (**F**) और विस्थापन ($\boldsymbol{r}$) के अदिश गुणनफल के रूप में या किसी पिंड पर उसके विस्थापन की दिशा में लगने वाले बल के घटक और विस्थापन के परिमाण के गुणनफल के रूप में परिभाषित किया जाता है।

$$\therefore \quad \text{कार्य } (W) = \mathbf{F} \bullet \boldsymbol{r} = F\cos(\theta).\, r$$

जहाँ $F\cos\theta$, विस्थापन (r) की दिशा में अचर बल का घटक है। ध्यान दें कि भौतिक राशियों में मोटे अक्षर सदिश राशियों को इंगित करते हैं। अब, यदि बल (**F**) अथवा समय के साथ विस्थापन ($\boldsymbol{r}$) में कोई परिवर्तन होता है, तो कार्य काल अनाश्रित राशि बन जाता है और इसे $W = \int \mathbf{F}.dr$ के रूप में लिखा जाता है।

यहाँ, आरोपित बल को न्यूटन में और विस्थापन को मीटर में मापा जाता है। कार्य की S.I. इकाई जूल (J) है,

जिसका नाम ब्रिटिश वैज्ञानिक जेम्स प्रेस्कॉट जूल के नाम पर रखा गया है। एक जूल, वह कार्य है जो 1 न्यूटन बल के, 1 मीटर (m) विस्थापन के लिए आवश्यक होता है (अर्थात, 1 J = 1 **N - m**)। कार्य या ऊर्जा के अन्य वैकल्पिक मात्रक भी होते है, जैसे कि अर्ग (CGS में) और कैलोरी (CGS में), इलेक्ट्रॉन वोल्ट, किलोवाट-घंटा।

3.1.1 कार्य - उदाहरण

किए गए कार्य के उदाहरण:

(*a*) शून्य कार्य (*b*) ऋणात्मक कार्य (*c*) धनात्मक कार्य

(a) शून्य कार्य: जब आरोपित बल ($\mathbf{F_A}$) विस्थापन (r) के लंबवत ($\perp$) होता है, तब θ का मान 90° होता है और किया गया कार्य (W) शून्य हो जाता है या जब आरोपित बल, $\mathbf{F_A} = 0$ या कुल विस्थापन, $\boldsymbol{r} = 0$, होता है तब भी किया गया कार्य (W) शून्य होता है। उदाहरण के लिए, (1) किसी वस्तु को उठाकर आगे बढ़ने में किया गया कार्य (2) केवल हाथों से कंक्रीट की दीवार को धक्का देने में किया गया कार्य (3) चलती कार को ब्रेक लगाकर रोकने में किया गया कार्य (4) पृथ्वी के सूर्य के चारों ओर चक्कर लगाने में किया गया कार्य।

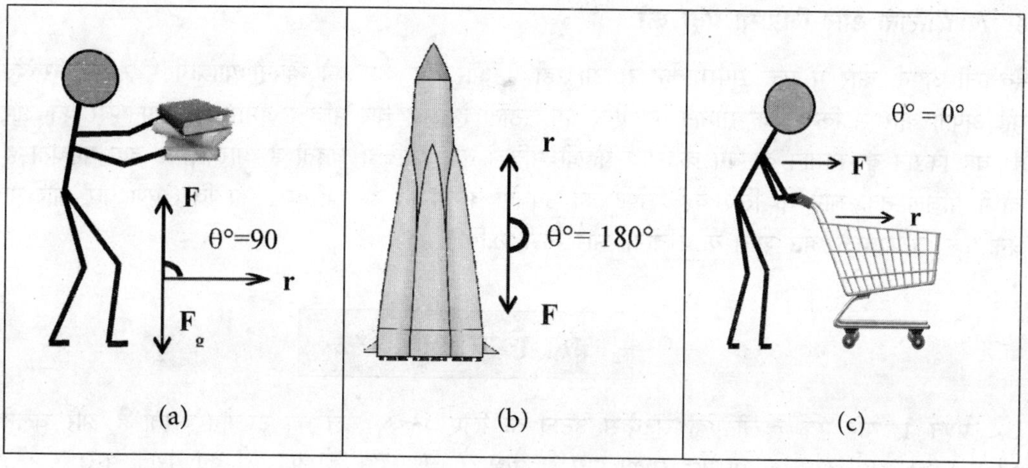

चित्र 3.1: (a) शून्य कार्य (b) ऋणात्मक कार्य और (c) धनात्मक कार्य के उदाहरण

(b) ऋणात्मक कार्य: जब आरोपित बल ($\mathbf{F_A}$) विस्थापन (r) के विपरीत दिशा में समांतर होता है, तब θ का मान 180° होता है और कार्य (W) ऋणात्मक होता है। उदाहरण के लिए (1) एक लुढ़कती हुई गेंद पर लगने वाले घर्षण बल या अवमंदक बल द्वारा उसकी गति की विपरीत दिशा में किया गया कार्य (2) ऊर्ध्वाधर दिशा में ऊपर की ओर फेंकी गई गेंद पर लगने वाले गुरुत्वाकर्षण बल के कारण किया गया कार्य (3) नौका विहार के दौरान पानी पर पतवार के द्वारा लगाया गए बल द्वारा किया गया कार्य।

(c) धनात्मक कार्य: जब आरोपित बल ($\mathbf{F_A}$) विस्थापन (r) के समांतर (||) होता है, तब θ का मान 0° होता है और किया गया कार्य (W) धनात्मक होता है। उदाहरण के लिए, (1) जमीन की ओर एक स्वतंत्र रूप से गिरती हुई गेंद पर गुरुत्वाकर्षण बल के द्वारा किया गया कार्य (2) भूमि की जुताई के दौरान हल के द्वारा मिट्टी पर लगाए गए बल द्वारा किया गया कार्य (3) जमीन से भारी वस्तुओं को उठाने के लिए क्रेन या हेलीकॉप्टर द्वारा लगाये गए बल द्वारा किया गया कार्य।

अनुप्रयोग

एक भी गतिविधि या अनुप्रयोग ऐसा नहीं है जिसमें कार्य शामिल न हो, यह मानव जीवन का एक अभिन्न अंग है। जब हम कुछ ऐसी शारीरिक गतिविधियाँ करते हैं जिनमें शून्येतर बल या विस्थापन शामिल होता है, तो इसे किया गया कार्य (या तो धनात्मक या ऋणात्मक) कहा जाता है। जब इलेक्ट्रॉन एक इलेक्ट्रॉनिक अवस्था से दूसरी अवस्था में कूदते हैं, तो कार्य किया जाता है और उत्सर्जित अवशोषित ऊर्जा को इलेक्ट्रॉन वोल्ट (eV) में मापा जाता है। हम विभवान्तर के कारण किलोवाट-घंटे या यूनिट में मापे गए कार्य के लिए बिजली बिल का भुगतान करते हैं।

केस स्टडी

जब कोई बास्केटबॉल खिलाड़ी गेंद को टोकरी में फेंकता है, तो वह गेंद पर धनात्मक कार्य करता है और जब वह नीचे गिरती है, तो गेंद पर गुरुत्वाकर्षण बल द्वारा फिर से धनात्मक कार्य किया जाता है। एक फील्ड हॉकी में, जब विरोधी खिलाड़ी अपनी हॉकी स्टिक के साथ गेंद को एक दिशा में आगे बढ़ने से रोकता है, तो गेंद पर किया गया कार्य ऋणात्मक होता है जिससे उसकी गति अस्थायी रूप से मंद हो जाती है।

अन्वेषणशीलता और जिज्ञासा पैदा करें

देवयानी अपनी कार में एक सुपरमार्केट से आ रही है और वह कार को अपनी पार्किंग में खड़ी कर देती है। फिर वह अपनी कार से किराने के सामान का एक बैग उठाती है और चार मंजिला इमारत में अपने घर की ओर चल देती है। वह किराने के सामान के बैग के साथ पहली मंजिल तक सीढ़ियां चढ़ती है और लिफ्ट तक पहुंचती है और फिर चौथी मंजिल तक जाने के लिए वह लिफ्ट का उपयोग करती है। इस परिदृश्य का विश्लेषण करें और पता करें कि धनात्मक, ऋणात्मक और शून्य कार्य कहां और कैसे शामिल है।

हल किये गए प्रश्न

प्रश्न 1. यदि एक कुली एक सूटकेस उठाने के लिए 45 N बल का उपयोग करता है और चलने के दौरान 1250 J का कार्य करता है, तो एक कुली द्वारा सूटकेस के साथ तय की गई दूरी की गणना करें।

हल: यहाँ, F = 45 N; W = 1250 J और कुली के बल और विस्थापन के बीच कोण $\theta = 0°$ है। चूंकि कुली सूटकेस उठाकर चलता है, इसलिए बल और विस्थापन सदिश दोनों एक ही दिशा में होते हैं, अर्थात, $\cos 0° = 1$, और तब किया गया कार्य धनात्मक होगा। कार्य की परिभाषा के अनुसार,

$$W = \mathbf{F}\cos(\theta).r = \mathbf{F}\cos(0°).r = \mathbf{F}.\boldsymbol{r}$$

इसलिए,
$$r = \frac{W}{F} = \frac{1250}{45} = 27.78 \text{ मीटर}$$

3.2 घर्षण

रोचक तथ्य

लियोनार्डो दा विंची ने पहली बार सन 1493 में स्लाइडिंग घर्षण के नियमों की शुरुआत की, लेकिन गुमनाम रहे क्योंकि उन्होंने इसे दस्तावेज के रूप में नहीं लिखा था। इन नियमों को बाद में गिलाउम अमोंटों ने सन 1699 में फिर से खोजा जिन्हें अमोन्टन के शुष्क घर्षण के 3 नियमों के रूप में जाना जाता है।

3.2.1 घर्षण–अवधारणाएं एवं प्रकार

घर्षण बल या घर्षण एक मंदक बल है जो एक वस्तु की दूसरी ठोस वस्तु या सतह पर सापेक्षिक गति का विरोध करता है। घर्षण ऋणात्मक कार्य करता है और संपर्क बिंदु पर उष्मा उत्पन्न करता है। घर्षण बल का मात्रक न्यूटन या $kgms^{-2}$ होता है और इसकी विमायें $[M^1L^1T^{-2}]$ होती हैं। घर्षण बल के प्रकार होते हैं: (i) स्थैतिक घर्षण (ii) गतिशील या गतिज घर्षण। किसी द्रव की दो लगातार परतों के बीच सापेक्षिक गति के कारण एक तरल घर्षण भी होता है और इसे श्यानता द्वारा समझाया जा सकता है।

(1) स्थैतिक घर्षण:

स्थैतिक घर्षण अपने आप उत्पन्न नही होता है। जब कोई वस्तु किसी सतह के संपर्क में होती है, और उस वस्तु पर बल लगाया जाता है, तो स्थैतिक घर्षण उत्पन्न होता है। यह वह बल (f_s) है जो एक निश्चित सीमा तक लगाए गए बल (**F**) के कारण किसी वस्तु की गति का विरोध करता है और वस्तु को स्थिर रखने की कोशिश करता है। इसलिए इसे स्थैतिक घर्षण बल कहते हैं। आरोपित बल (**F**) के प्रारंभिक सूक्ष्म मानों के लिए, स्थैतिक घर्षण बल (f_s) तब तक बढ़ता है जब तक कि आरोपित बल अपने विपरीत दिशा में अधिकतम मान तक नहीं पहुंच जाता है। इसलिए, किसी वस्तु और सतह के बीच के घर्षण को दूर करने के लिए, लगाये गए बल (**F**) का मान स्थैतिक घर्षण से ज्यादा होना चाहिए। यदि कोई घर्षण नहीं है (आदर्श रूप से चिकनी सतह के मामले में), तब बल लगाने पर वस्तु गति करना प्रारम्भ कर देती है। स्थैतिक घर्षण के उदाहरण हैं: (1) घर्षण के कारण कोई व्यक्ति जमीन पर चलते, दौड़ते या कूदते समय फिसलता नहीं है (2) लकड़ी की एक भारी अलमारी कम बल आरोपित करने पर हिलती नही है।

(2) गतिज या गतिशील घर्षण:

गतिज या गतिशील घर्षण तब उत्पन्न होता है जब आरोपित बल के कारण किसी सतह के संपर्क में किसी वस्तु की सापेक्षिक गति होती है, हालांकि यह गतिमान वस्तु के वेग पर निर्भर नहीं करता है। गतिज घर्षण को स्लाइडिंग और रोलिंग घर्षण में वर्गीकृत किया जाता है, जो इस बात पर निर्भर करता है कि वस्तु सतह पर किस प्रकार की गति करती है: (a) **स्लाइडिंग घर्षण:** यदि वस्तु किसी सतह पर फिसलती है, जैसे ब्रेक लगाने के बाद सड़क पर कार फिसलती है या एक आइस-स्केटर बर्फ के मैदान पर फिसलता है, तब स्लाइडिंग घर्षण उत्पन्न होता है। (b) **रोलिंग घर्षण:** यदि कोई वस्तु किसी सतह पर लुढ़कती है, जैसे स्केटिंग रिंक में रोलर स्केटर रुक जाता है या गोल्फ-बॉल घास पर रुकने के पहले लुढ़कती है, तो लुढ़कने वाली वस्तु और सतह के बीच लगने वाले बल को रोलिंग घर्षण कहते हैं।

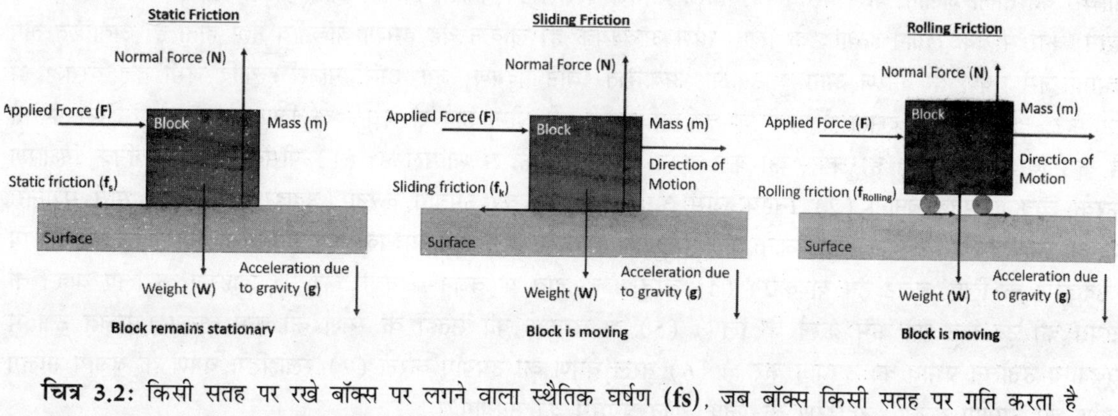

चित्र 3.2: किसी सतह पर रखे बॉक्स पर लगने वाला स्थैतिक घर्षण (**fs**), जब बॉक्स किसी सतह पर गति करता है तब स्लाइडिंग घर्षण ($f_{sliding}$) और रोलिंग घर्षण ($f_{Rolling}$)

3.2.2 सीमांत घर्षण के नियम और घर्षण गुणांक

सीमांत घर्षण, स्थैतिक घर्षण का वह अधिकतम मान है, जब कोई वस्तु स्थिर अवस्था से गति में आने वाली होती है। किसी भी समय, अभिलम्ब बल और सीमांत घर्षण एक दूसरे के अनुक्रमानुपाती होते है। इसका गणितीय व्यंजक है: $\mathbf{f_{limiting}} = \mu_{\mathbf{limiting}}$ **N** (अर्थात, सीमांत घर्षण = $\mu_{\mathbf{limiting}}$ **X** अभिलम्ब बल (या अभिलम्ब प्रतिक्रिया बल)। यहाँ, $\mu_{\mathbf{limiting}}$ = सीमांत घर्षण गुणांक है। सीमांत घर्षण हमेशा वस्तु की गति के विपरीत दिशा में लगता है और यह वस्तु के द्रव्यमान और सतह के खुरदुरेपन के अनुक्रमानुपाती होता है।

स्थैतिक घर्षण बल (*fs*) और अभिलम्ब बल (**N**) के बीच संबंध को इस प्रकार लिखा जा सकता है, $f_s < \mu_s \mathbf{N}$ जहाँ μ_s स्थैतिक घर्षण गुणांक है। अधिकतम या सीमांत स्थैतिक घर्षण के लिये $f_s = \mu_S \mathbf{N}$ होता है। गतिज घर्षण और अभिलम्ब बल (**N**) के बीच का संबंध द्वारा दिया जाता है। जहाँ, $f_k < \mu_k \mathbf{N}$ गतिज घर्षण गुणांक है जो इकाई रहित राशि है। गतिज घर्षण गुणांक का मान स्थैतिक घर्षण गुणांक से कम होता है अर्थात $\mu_k < \mu_S$।

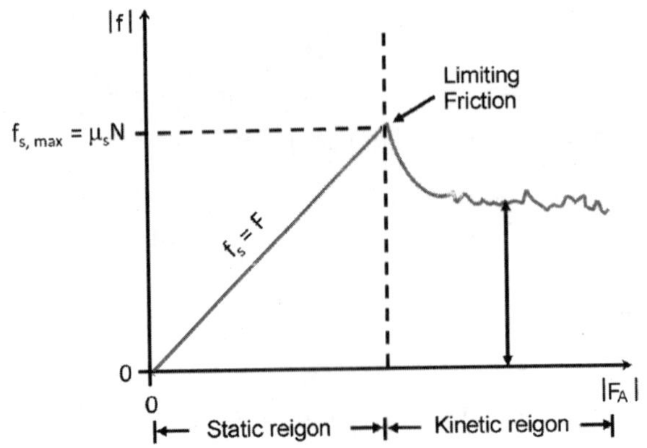

चित्र 3.3: घर्षण ($|f|$) की तुलना में अनुप्रयुक्त बल ($|\mathbf{F_A}|$) और सीमांत घर्षण

3.2.3 घर्षण को कम करना और उसके इंजीनियरिंग अनुप्रयोग

माचिस की तीली जलाने, फर्श पर चलने, किसी कागज पर लिखने, किसी किताब आदि जैसी वस्तुओं पर अच्छी पकड़ करने, कार में ब्रेक लगाने इत्यादि के लिए घर्षण आवश्यक है। लेकिन यह हमेशा वांछनीय नहीं होता है। अवांछित ताप प्रभावों जैसे घर्षण के कारण आग दुर्घटनाओं, अवांछित ध्वनि प्रदूषण, जूते, ऑटो पार्ट्स इत्यादि जैसी कई वस्तुओं में टूट-फूट, या मशीनों में दक्षता में कमी या कई प्रक्रियाओं को धीमा होने से बचाने के लिए घर्षण को विभिन्न प्रकारों से कम किया जा सकता है। घर्षण को कम करने के इन तरीकों में शामिल हैं: (1) पीसकर या रासायनिक निक्षारण करके चिकनी सतह बनाना (2) स्नेहक जैसे अर्ध ठोस पेस्ट का उपयोग करना (उदाहरण के लिए, भारी मशीनरी या ऑटोमोबाइल में उपयोग किए जाने वाले धातु भागों के लिए) (3) सुव्यवस्थित बनाना या वायुगतिकीय निकाय (उदाहरण के लिए, बुलेट ट्रेन या कार) (4) वस्तुओं के दाब या वजन में कमी करना (उदाहरण के लिए वाहन के टायरों की टूट-फूट को कम करने के लिए) (5) दो वस्तुओं की सतहों के स्पर्श को कम करना (मैग्लेव ट्रेनों में चुंबकीय उत्तोलन प्रभाव का उपयोग करना) (6) तरल घर्षण का उपयोग करना (7) स्लाइडिंग घर्षण के बजाय रोलिंग घर्षण का उपयोग करना (उदाहरण के लिए, बॉल बेयरिंग का उपयोग)।

3.2.4 संबंधित अनुप्रयोगों के साथ घर्षण के विरुद्ध किया गया कार्य

(a) क्षैतिज सतह पर घर्षण बल

माना 'm' द्रव्यमान का एक गुटका एक मेज या फर्श की क्षैतिज सतह पर रखा हुआ है, और हम उस गुटके के लिए घर्षण बल के विपरीत दिशा में किये गए कार्य को ज्ञात करना चाहते हैं। माना उस गुटके पर ($\mathbf{F_A}$) बल लगाया जाता है जो गुटके को गति में लाने का प्रयास करता है। परन्तु, स्थैतिक घर्षण बल के कारण गुटका अपनी स्थिति से हिलता नहीं है। स्थैतिक घर्षण बल (f_s) को $\boldsymbol{f_s} = \mu_S \mathbf{N}$ के रूप में लिखा जा सकता है, जहाँ, μ_S स्थैतिक घर्षण गुणांक है। यहाँ, N उस गुटके पर सतह द्वारा लगाया गया अभिलम्ब बल है जोकि न्यूटन के तीसरे नियम के अनुसार उस गुटके के भार के बराबर होता है। इसलिए, अभिलम्ब बल को N = mg के रूप में परिभाषित किया जा सकता है। इसलिये,

$$\boldsymbol{f_s} = \mu_S \mathbf{N} = \mu_S mg$$

यहाँ, हम केवल बलों के परिमाणों को लेते है।

अब, माना कि गुटके पर लगाया गया बाहरी बल ($\mathbf{F_A}$) स्थैतिक घर्षण को दूर करने और गुटके को अपनी जगह से विस्थापित करने के लिए पर्याप्त है। तब वह गुटका त्वरण a के साथ गति करना प्रारम्भ कर देता, और गतिज घर्षण के बल ($\mathbf{f_k}$) का अनुभव करता है। तब, न्यूटन के गति के तीसरे नियम के अनुसार, कुल बल जिसके कारण वह गुटका गति करता है, होगा

$$ma = \mathbf{F_A} - \boldsymbol{f_k}$$

और घर्षण के नियम के अनुसार हम लिख सकते हैं:

$$\mathbf{F_A} = \mu_k \mathbf{N} = \mu_k mg$$

यहाँ, गतिज घर्षण गुणांक μ_k है। तो, गुटके पर लगने वाला कुल बल होगा:

$$m\mathbf{a} = \mathbf{F_A} - \mathbf{f_k} = \mathbf{F_A} - \mu_k mg$$

इसलिए, गुटके का त्वरण होगा $\mathbf{a} = \frac{\mathbf{F_A}}{m} - \mu_k mg$

और कार्य की परिभाषा के अनुसार हम घर्षण बल द्वारा किए गए कार्य को इस प्रकार लिख सकते हैं:

$$W = \boldsymbol{f_K} \cdot \boldsymbol{r} = \boldsymbol{f_k r} \qquad (\because \cos 0° = 1 \text{ since } \boldsymbol{f_k} \parallel \boldsymbol{r})$$

(b) किसी अवनत तल पर घर्षण बल

माना एक गुटके को एक अवनत तल पर गतिहीन अवस्था में रखा जाता है जो क्षैतिज के साथ θ कोण बनाता है। यहाँ, गुटके के भार के दो घटक होते हैं - एक अवनत तल की सतह के समांतर और दूसरा अवनत तल की सतह के लंबवत।

भार का लंबवत घटक = $W_\perp = mg \cos\theta = N$ (न्यूटन के तीसरे नियम के अनुसार) और घर्षण के नियमों से, $\boldsymbol{f_s} = \mu_s \mathbf{N} = mg \cos\theta$, और भार का समांतर घटक = $W_{||} = mg \sin\theta$ ।

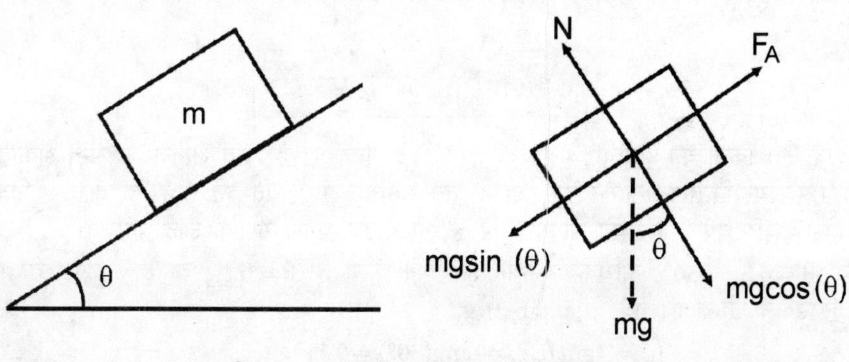

चित्र 3.4: अवनत तल का ब्लॉक डायग्राम

अब, माना गुटका त्वरण 'a' के साथ नीचे की ओर गति करता है, तब हम घर्षण के नियमों से, गतिज घर्षण बल (f_k) के लिए व्यंजक को इस प्रकार लिख सकते हैं

$$f_K = \mu_k \mathbf{N} = \mu_k \text{ mg} \cos\theta$$

न्यूटन के गति के दूसरे नियम से हम लिख सकते हैं

$$ma = \text{mg} \sin\theta - f_K \text{ या } ma = \text{mg} \sin\theta - \mu_k \text{ mg} \cos\theta \text{ या } \mu_k = \frac{(g \sin\theta - a)}{g \cos\theta}$$

शून्य त्वरण (अर्थात स्थिर वेग) के लिए गतिज घर्षण गुणांक = स्थैतिक घर्षण गुणांक होता है। इसलिए,

$$\mu_k = \mu_S \frac{(g \sin\theta - 0)}{g \cos\theta} = \frac{\sin\theta}{\cos\theta} = \tan\theta$$

इसका अर्थ यह है कि वस्तु के फिसलने से ठीक पहले झुकाव के कोण को मापने से स्थैतिक घर्षण गुणांक का परिमाण प्राप्त होता है। हल किये गए प्रश्नों में क्षैतिज और अवनत तल पर घर्षण के अनुप्रयोगों पर चर्चा की गई है।

अनुप्रयोग

हमारी गतिविधियाँ जैसे दाँत साफ करना, चलना, पानी में तैरना, फिसलना, कागज पर लिखना, किसी सतह पर कील ठोकना, सतह को पोंछना, दो लकड़ियों या पत्थरों को रगड़ कर स्थैतिक विद्युत उत्पन्न करना, टच स्क्रीन को स्क्रॉल करना, चलने की दिशा के विपरीत झुकना, वाहनों में ब्रेक लगाना या चरखी आदि का उपयोग करके कुओं से पानी निकलना, इत्यादि घर्षण की दिशा के कारण ही संभव है।

घर्षण का सिमुलेशन

केस स्टडी

घर्षण द्रवित वेल्डिंग, पदार्थों को ठोस अवस्था में जोड़ने की एक प्रक्रिया है और इसका उपयोग ट्रेन, एयरोस्पेस अनुप्रयोग और आधुनिक जहाज निर्माण में किया जाता है। इस विधि का उपयोग वर्कपीस को पिघलाए बिना जोड़ने के लिए किया जाता है क्योंकि सुपरफास्ट रोटेटिंग टूल और वर्कपीस के बीच घर्षण के कारण ऊष्मा उत्पन्न होती है। नासा ने इस प्रक्रिया का उपयोग सबसे सक्षम और शक्तिशाली रॉकेट, स्पेस लॉन्च सिस्टम (SLS) में किया है, जिसका पहला प्रक्षेपण 4 नवंबर, 2021 को सम्भावित है।

अन्वेषणशीलता और जिज्ञासा पैदा करें

आपकी उंगली और आपके सेलफोन की टच स्क्रीन के बीच किस प्रकार का घर्षण मौजूद होता है?

हल किये गए प्रश्न

प्रश्न 1. एक 60 किग्रा का स्कीयर, पर्वत की झुकी हुई सतह पर है। जब क्षैतिज के साथ झुकाव कोण θ, 30° का होता है, तभी स्कीयर फिसलना प्रारंभ कर देता है। तब स्कीयर और पर्वत की सतह के बीच स्थैतिक घर्षण गुणांक का मान क्या होगा? यदि घर्षण बल का मान 50 N है, तो गतिज घर्षण गुणांक ज्ञात कीजिए।

हल: यहाँ, $\theta = \theta_{max} = 30°$, अधिकतम स्थैतिक घर्षण कोण है। $\theta = \theta_{max}$ के ठीक ऊपर के मान पर स्कीयर नीचे की ओर खिसकने लगता है। तब, $\mu_s = \tan\,\theta_{max}$

$$\therefore \qquad \mu_s = \tan\,\theta_{max} = \tan\,(30°) = 0.51$$

गतिज घर्षण के लिए,

$$\therefore \quad \mu_k = \frac{f_k}{mg \sin\theta} = \frac{50}{60 \times 9.8 \times \sin(30°)} = 0.19.$$ यहाँ ध्यान दें कि $\mu_k < \mu_s$ है।

$$f_k = \mu_j \text{ N.}$$

इसलिए, $$\text{N} = \text{mg} \sin\theta = \frac{f_k}{\mu_k}$$

3.3 ऊर्जा और शक्ति

रोचक तथ्य

रिक्टर पैमाने पर 9.0 तीव्रता का भूकंप 2.0×10^{18} जूल = 556 टेरा वाट = 50 मिलियन TNTs के क्रम की भूकंपीय ऊर्जा उत्पन्न करता है। इसमे 1 इकाई के परिमाण की वृद्धि होने पर भूकंप के दौरान निकलने वाली भूकंपीय ऊर्जा में लगभग 30 गुना वृद्धि हो जाती है।

3.3.1 ऊर्जा - परिचय, गतिज ऊर्जा और स्थितिज ऊर्जा

कार्य करने की क्षमता को ऊर्जा कहते है। ऊर्जा एक मात्रात्मक भौतिक गुण है जो किसी वस्तु को कार्य करने के लिए स्थानांतरित की जाती है। ऊर्जा एक अदिश राशि है और इसका S.I. मात्रक जूल या N–m होता है जो कार्य के समान होता है। इसके अन्य मात्रक अर्ग (या dyne-cm), कैलोरी, किलोवाट–घंटा (kwh), इलेक्ट्रॉन वोल्ट (eV) या ब्रिटिश थर्मल यूनिट (BTU) होते हैं।

ऊर्जा अपने किसी भी रूप में या तो गतिज या स्थितिज ऊर्जा होती है।

गतिज ऊर्जा (KE): जब 'm' द्रव्यमान वाली कोई वस्तु, किसी वेग 'v' से गति करती है, तो यह कहा जाता है कि इसमें गतिज ऊर्जा = $\frac{1}{2}mv^2$ निहित है। यहाँ ध्यान दें कि गतिज ऊर्जा, द्रव्यमान (m) और वेग के वर्ग (v) के साथ परिवर्तित होती रहती है। यह एक अदिश राशि है और यह किसी गतिमान वस्तु के कार्य करने की क्षमता को मापती है। तेज गति वाले बॉलर द्वारा फेंकी गई तेज गेंद, बंदूक से चलाई गई गोली, 120 किमी प्रति घंटे की गति से दौड़ती कार, पर्वतीय क्षेत्रों में भूस्खलन या ग्लेशियर हिमस्खलन, उच्च वेग या भारी द्रव्यमान के कारण उच्च गतिज ऊर्जा वाले पिंडों के उदाहरण है।

स्थितिज ऊर्जा (PE): यह कार्य करने की वह क्षमता है, जोकि गतिज ऊर्जा में परिवर्तन से उत्पन्न होती है। यह किसी वस्तु या वस्तुओं की प्रणाली में संग्रहीत ऊर्जा का मान है। उदाहरण के लिए, घड़ियों में संपीडित स्प्रिंग, स्थितिज ऊर्जा के रूप में ऊर्जा संग्रहीत करती है। एक अदिश राशि होती है।

यहाँ, हम केवल गुरुत्वीय स्थितिज ऊर्जा पर विचार करेंगे।

3.3.2 गुरुत्वीय स्थितिज ऊर्जा

जब (m) द्रव्यमान की किसी वस्तु को किसी स्रोत द्रव्यमान (M) के गुरुत्वाकर्षण क्षेत्र के अंदर, अनंत से उस बिंदु तक एक नियत गति से लाया जाता है, तब उस वस्तु को स्रोत द्रव्यमान के गुरुत्वाकर्षण क्षेत्र में विस्थापित करने में किया गया कार्य उसकी स्थितिज ऊर्जा के रूप में संग्रहीत हो जाता है जिसे गुरुत्वीय स्थितिज ऊर्जा के रूप में जाना जाता है। इसे 'U' या PE द्वारा दर्शाया जाता है।

गुरुत्वीय स्थितिज ऊर्जा, $U = mg\ \Delta h$ होती है, जहाँ $m =$ वस्तु का द्रव्यमान (kg में), $g =$ गुरुत्वीय त्वरण $= 9.8\ m/s^2$ और $\Delta h =$ जमीन से उस वस्तु की ऊँचाई है। गुरुत्वीय स्थितिज ऊर्जा के उदाहरण हैं: (1) ऊंचाई 'h' पर बांध में एकत्रित पानी (2) स्विमिंग पूल में कूदने से पहले डाइविंग बोर्ड पर तैराक (3) गिरने के पहले नारियल या पेड़ पर कोई फल (4) हिमालय की चोटी पर बर्फ की मोटी परत (5) बुर्ज खलीफा आदि पर सफाई कर्मचारी।

गुरुत्वीय स्थितिज ऊर्जा की व्युत्पत्ति

माना एक स्रोत का द्रव्यमान 'M' है और इसे X-अक्ष के अनुदिश एक बिंदु पर रखा गया है। प्रारंभ में परीक्षण द्रव्यमान 'm' को अनंत (∞) पर रखा गया है। स्रोत द्रव्यमान (M) के निरंतर गुरुत्वाकर्षण क्षेत्र या बल (F) के प्रभाव में, परीक्षण द्रव्यमान (m), X-अक्ष की दिशा में बहुत कम विस्थापित (dx) होता है। अर्थात,परीक्षण द्रव्यमान (m) पर एक अल्प कार्य किया जाता है। जिसे इस प्रकार लिखा जा सकता है:

$$dw = F dx$$

यहाँ ध्यान दें कि गुरुत्वाकर्षण बल (F) आकर्षणात्मक होता है, और परीक्षण द्रव्यमान (m) का विस्थापन स्रोत द्रव्यमान (M) की ओर है, अर्थात ऋणात्मक X-अक्ष दिशा में है। इसका अर्थ यह है कि F और dx एक दूसरे के समांतर हैं

इसलिए,
$$dW = -G\frac{mM}{x^2}dx$$

यदि हम इस समीकरण के दोनों पक्षों का अवकलन करे तो हमें प्राप्त होगा

$$W = \int_{\infty}^{r} G\frac{mM}{x^2}dx = \left[G\frac{mM}{x}\right]_{\infty}^{r} = \left[G\frac{mM}{r}\right] - \left[G\frac{mM}{\infty}\right] = \left[G\frac{mM}{r}\right]$$

चूंकि परीक्षण द्रव्यमान (m) पर किया गया कार्य, उसकी स्थितिज ऊर्जा (U) के रूप में संचित हो जाता है, इसलिए उपरोक्त समीकरण को पुन: इस प्रकार लिख सकते है,

$$U = -\left[G\frac{mM}{r}\right]$$

यह स्रोत द्रव्यमान (M) से (r) दूरी पर एक बिंदु पर संग्रहीत परीक्षण द्रव्यमान (m) की गुरुत्वाकर्षण स्थितिज ऊर्जा है।

अब, यदि परीक्षण द्रव्यमान (m) स्रोत द्रव्यमान (M) के गुरुत्वीय क्षेत्र के अंदर एक बिंदु (A) से दूसरे बिंदु (B) की ओर गति करता है। और स्रोत द्रव्यमान (M) से किसी बिंदु (A) तक परीक्षण द्रव्यमान (m) की स्थिति r_i और दूसरे बिंदु (B) के लिए परीक्षण द्रव्यमान (m) की स्थिति r_f है, तब, इस परीक्षण द्रव्यमान (m) की गुरुत्वीय स्थितिज ऊर्जा में परिवर्तन को इस प्रकार दिया जाता है:

$$\Delta U = -\left[G\frac{mM}{r}\right]_{r_i}^{r_f} = -\left[G\frac{mM}{r_i}\right] + \left[G\frac{mM}{r_f}\right] = GmM\left[\frac{1}{r_i} - \frac{1}{r_f}\right]$$

यदि $r_i = R$ और $r_f = R + h$, जहाँ $h =$ समान गुरुत्वाकर्षण क्षेत्र में परीक्षण द्रव्यमान (m) का सूक्ष्म विस्थापन है, तब

$$\Delta U = GmM\left[\frac{1}{R}\ \frac{1}{R+h}\right] = GmM\left[\frac{h}{R(R+h)}\right]$$

चूँकि $h << R$, $(R+h) \sim R$ है, तब

$$\Delta U = GmM\frac{h}{R^2} = mgh \qquad \left(\because\ g = \frac{GM}{R^2}\right)$$

यहाँ g = गुरुत्वीय त्वरण है। $r_i > r_f$ के लिये ΔU ऋणात्मक होता है।

3.3.3 यांत्रिक ऊर्जा और यांत्रिक ऊर्जा का संरक्षण

किसी वस्तु की गतिज ऊर्जा और स्थितिज ऊर्जा सहित उसकी कुल यांत्रिक ऊर्जा को गतिज ऊर्जा और स्थितिज ऊर्जा के योग, अर्थात ($1/2\ mv^2 + mgh$) के रूप में लिखा जाता है। यह वह ऊर्जा है जो वस्तु की गति या स्थिति या दोनों का वर्णन करती है।

स्वतंत्र रूप से गिरने वाले पिंड के लिए यांत्रिक ऊर्जा का संरक्षण

किसी निकाय की कुल यांत्रिक ऊर्जा (TME) संरक्षित रहती है, अर्थात ऊर्जा को न तो उत्पन्न किया जा सकता है और न ही नष्ट किया जा सकता है; इसे केवल आंतरिक रूप से एक रूप से दूसरे रूप में परिवर्तित किया जा सकता है जबकि निकाय पर कार्य करने वाले बल संरक्षी बल हों।

आइए हम पृथ्वी के गुरुत्वाकर्षण बल के प्रभाव में स्वतंत्र रूप से गिरने वाले किसी पिंड के निम्न उदाहरण की सहायता से इस संरक्षण नियम को समझते हैं, जहाँ, 'g' गुरुत्वीय त्वरण है।

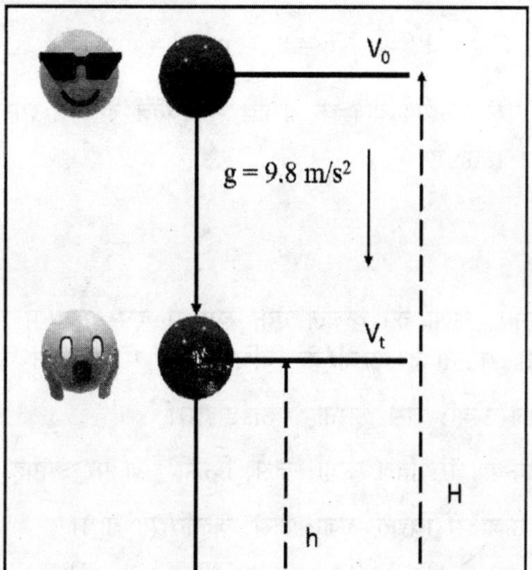

चित्र 3.5 स्वतन्त्र रूप से गिरती हुई एक बॉल का योजनाबद्ध आरेख

माना, द्रव्यमान 'm' की एक गेंद को ऊँचाई H से गिराया जाता है, जैसा कि चित्र में दिखाया गया है। अतः,

(a) **H ऊंचाई पर:** स्थितिज ऊर्जा (PE) = mgH और गतिज ऊर्जा (KE) = 0 ($\because V_0 = 0$) इसलिए, कुल यांत्रिक ऊर्जा = PE+ KE = mgH + 0 = mgH

(b) ***h* ऊंचाई पर:** स्थितिज ऊर्जा (PE) = mgH और गतिज ऊर्जा (KE) = $\frac{1}{2}mV^2_t$। गति के समीकरणों का उपयोग करते हुए, ऊंचाई 'h' से गिरने वाले द्रव्यमान 'm' की वस्तु के लिए ऊंचाई 'h' पर वेग V_t को $V_t = \sqrt{2g(H-h)}$ के रूप में लिखा जा सकता है। इसलिए, गतिज ऊर्जा इस प्रकार दी जा सकती है,

$$\frac{1}{2}mV_t^2 = \frac{1}{2}m\sqrt{2g(H-h)}^2 = mgH - mgh$$

$\therefore$ कुल यांत्रिक ऊर्जा = PE + KE = mgh + (mgH − mgh) = mgH

(c) **शून्य ऊंचाई पर:** स्थितिज ऊर्जा (PE) = 0 ($\because$ H = 0) और गतिज ऊर्जा (KE) = $\frac{1}{2}mV^2$ होती है। इसलिए, गति के समीकरणों का उपयोग करने पर, हमें स्वतंत्र रूप से गिरने वाले पिंड का वेग मिलता है, जोकि जमीन को छूने से ठीक पहले नीचे की ओर होता है। अतः गतिज ऊर्जा को इस प्रकार लिखा जा सकता है:

$$KE = \frac{1}{2}mV^2 = \frac{1}{2}m(\sqrt{2gH})^2 = \frac{1}{2}m(2gH) = mgH$$

स्थितिज ऊर्जा का सिमुलेशन

इसलिए, कुल यांत्रिक ऊर्जा = PE + KE = 0 + mgH = mgH

इस प्रकार, हमने देखा कि गुरुत्वाकर्षण बल के प्रभाव में स्वतंत्र रूप से गिरने वाले पिंड के लिए निकाय की कुल यांत्रिक ऊर्जा (TME) स्थिर रहती है।

3.3.4 ऊर्जा का परिवर्तन

ऊर्जा के संरक्षण नियम के अनुसार, ऊर्जा को केवल एक रूप से दूसरे रूप में परिवर्तित किया जा सकता है और इसे नष्ट या उत्पन्न नहीं किया जा सकता है। ऊर्जा के विभिन्न रूपों में परिवर्तन के कुछ उदाहरण निम्नलिखित हैं:

1. स्थितिज ऊर्जा से गतिज ऊर्जा: जैसे, झरना, स्काईडाइवर।
2. गतिज ऊर्जा से गुरुत्वाकर्षण स्थितिज ऊर्जा: जैसे, किसी क्षण पर उपग्रह।
3. गुरुत्वाकर्षण स्थितिज ऊर्जा से विद्युत ऊर्जा: जैसे, जलविद्युत बांध।
4. गतिज ऊर्जा/यांत्रिक ऊर्जा से तापीय/ऊष्मीय ऊर्जा: जैसे, दोनों हाथों को रगड़ना।
5. ऊष्मा ऊर्जा से यांत्रिक ऊर्जा: जैसे, भाप इंजन।
6. ऊष्मा ऊर्जा से विद्युत ऊर्जा: जैसे, थर्मोकपल, थर्मल पावर प्लांट।
7. विद्युत ऊर्जा से ऊष्मा ऊर्जा: जैसे, रूम हीटर, वॉटर हीटर, टोस्टर, ओवन।
8. यांत्रिक ऊर्जा से विद्युत ऊर्जा: जैसे, विद्युत जनरेटर।
9. विद्युत ऊर्जा से यांत्रिक ऊर्जा: जैसे, इलेक्ट्रिक मोटर, ब्लेंडर, जूसर-मिक्सर, पंखा।

10. विद्युत ऊर्जा से रासायनिक ऊर्जा: जैसे, इलेक्ट्रोप्लेटिंग, ली-आयन बैटरी को चार्ज करना।
11. रासायनिक ऊर्जा से विद्युत ऊर्जा: जैसे, बैटरी से चलने वाली टॉर्चलाइट, ईंधन सेल।
12. रासायनिक ऊर्जा से विद्युत और यांत्रिक ऊर्जा: जैसे, मानव शरीर की गति।
13. रासायनिक ऊर्जा से ऊष्मा ऊर्जा और विकिरणीय ऊर्जा: जैसे, लकड़ी या कोयले का जलना।
14. ध्वनि ऊर्जा से विद्युत ऊर्जा: जैसे, माइक्रोफोन।
15. विद्युत ऊर्जा से ध्वनि ऊर्जा: जैसे, लाउड स्पीकर, साउंड एम्पलीफायर।
16. विद्युत ऊर्जा से ऊष्मा ऊर्जा और विकिरणीय ऊर्जा: जैसे, बिजली का बल्ब ।
17. प्रत्यास्थ ऊर्जा से विद्युत ऊर्जा: जैसे, पीजोइलेक्ट्रिक (गैस लाइटर) में।
18. पवन ऊर्जा से यांत्रिक या विद्युत ऊर्जा: जैसे, पवन चक्कियां।
19. सौर ऊर्जा (अर्थात, विद्युत चुम्बकीय ऊर्जा) से रासायनिक ऊर्जा: जैसे, प्रकाश संश्लेषण।
20. सौर ऊर्जा से विद्युत ऊर्जा: जैसे, सौर सेल या फोटोवोल्टिक सेल।

3.3.5 शक्ति और उसके मात्रक

भौतिकी में, कार्य करने की दर शक्ति कहलाती है, जिसमें ऊर्जा स्थानांतरित होती है। इससे यह पता चलता है कि न सिर्फ कार्य किया जाता है बल्कि कितनी तेजी से किया जाता है। उदाहरण के लिए, एक पहाड़ पर चढ़ना आपकी शारीरिक फिटनेस को दर्शाता है लेकिन आप कितनी तेजी से चढ़ते हैं यह आपकी मांसपेशियों की शक्ति को इंगित करता है। प्रति मिनट आपके दिल की धड़कन से पता चलता है कि शरीर में रक्त को पंप क्रिया जा रहा है लेकिन यह कितनी तेज या धीमी गति से धड़कता है, यह निर्गत शक्ति के कारण मांसपेशियों पर पड़ने वाले दबाव के बारे में जानकारी देता है। शक्ति एक अदिश राशि होती है। इसकी विमायें $[ML^2T^{-3}]$ होती हैं। इसकी S.I. इकाई वाट (W) होती है जिसका नाम जेम्स वाट के नाम पर रखा गया है, जो भाप इंजन के नवप्रवर्तकों में से एक थे। 1 watt = 1 J/s = 1 Js^{-1}। शक्ति की एक अन्य इकाई हॉर्स पावर होती है, जो अभी भी ऑटोमोबाइल उद्योग में उपयोग की जाती है। 1hp = 746 W होता है । वर्तमान में सभी इलेक्ट्रिक 'टेस्ला एस' (2021) कार 1020 hp का पावर आउटपुट प्रदान करती है जो कि 761 kW के बराबर होता है। एक सामान्य ऑटोमोबाइल वाहन को 80 किमी प्रति घंटे की रफ्तार से चलने के लिए लगभग 20 hp या 15 किलोवाट शक्ति की आवश्यकता होती है। बिजली के सामान और उपकरण जैसे बल्ब, रेफ्रिजरेटर, ब्लेंडर, वॉटर हीटर आदि को वाट में मापा जाता है।

3.3.6 शक्ति और कार्य संबंध

हम कार्य और उस कार्य के लिए गए कुल समय 't' के अनुपात से औसत शक्ति प्राप्त कर सकते है, अर्थात $P_{avg} = \frac{w}{t}$ के अनुपात को लेकर औसत शक्ति (P_{avg}) पा सकते हैं। तात्क्षणिक शक्ति को निम्न प्रकार से परिभाषित कर सकते है,

$$P = \frac{dW}{dt} = \frac{\mathbf{F}.d\mathbf{r}}{dt} = \mathbf{F}.\boldsymbol{v}$$

$$\because \quad W = \mathbf{F}.\mathbf{r} \text{ और } \frac{dr}{dt} = \boldsymbol{v}$$

अनुप्रयोग

उद्योगों में प्लास्टिक फोम, फाइबर ग्लास या प्रिंटेड सर्किट बोर्ड, डायपर, चमड़ा आदि जैस नर्म वस्तुओं को काटने के लिए उच्च ऊर्जा वाले वॉटर-जेट कटिंग का उपयोग किया जाता है। इसके अलावा, जहाँ भी कार्य किया जाता है, वहां ऊर्जा के विभिन्न रूपों की मौलिक रूप से आवश्यकता होती है। बिजली के सभी उपकरणों और इलेक्ट्रॉनिक यंत्रों का मूल्यांकन उनके द्वारा खपत की गई बिजली के द्वारा किया जाता है। ऑटोमोबाइल इंजन पावर-रेटेड होते हैं जो यह दर्शाता है कि वाहन कितने सेकंड में गति प्राप्त करता है। किक बॉक्सिंग, भारोत्तोलन, टेनिस, क्रिकेट आदि जैसी अधिकांश खेल गतिविधियाँ शक्ति, सटीकता और टाइमिंग से संबद्ध होती हैं।

केस स्टडी

बिटकॉइन जैसी क्रिप्टोकरेंसी के लिए ऐसे कम्प्यूटरों की आवश्यकता होती है जिनमें बिटकॉइन माइनिंग के लिए गहन प्रसंस्करण शक्ति होती है। ये विशेष कम्प्यूटर प्रति वर्ष लगभग 22 TWh से 110 TWh ऊर्जा की खपत करते हैं, जो मलेशिया, स्वीडन या आयरलैंड जैसे देशों की वार्षिक ऊर्जा खपत के बराबर है।

अन्वेषणशीलता और जिज्ञासा पैदा करें

यदि एक औसत हृदय की धड़कन 75 प्रति मिनट हो, तो एक वयस्क हृदय को कितनी शक्ति की आवश्यकता होती है?

हल किये गए प्रश्न

प्रश्न 1. 24.5 GeV को जूल में बदलिए। जहाँ, $1\ eV = 1.6 \times 10^{-19}$ J होता है।

हलः $$1\ GeV = 1.6 \times 10^{-19} \times 10^{9}\ J = 1.6 \times 10^{-10}\ J$$

इसलिए, $$24.5\ GeV = 24.5 \times 1.6 \times 10^{-10}\ J = 39.2 \times 10^{-10}\ J$$

प्रश्न 2. दो धावक जिनके द्रव्यमान क्रमशः 55 किग्रा और 52 किग्रा है, 200 मीटर का एक ट्रैक क्रमशः 19.19 सेकेंड और 21.34 सेकेंड में दौड़ते हैं। किसकी माँसपेशीय शक्ति ज्यादा है? यहाँ $g = 9.8\ m/s^2$ है।

हलः यहाँ, $m_1 = 55$ kg, $m_2 = 52$ kg, $g = 9.8\ m/s^2$, $r = 200$ मीटर, $t_1 = 19.19$ सेकंड और $t_2 = 21.34$ सेकंड है।

चूँकि, शक्ति $$(P) = \frac{w}{t} = \frac{F.r}{t} = \frac{mgr}{t}$$

अतः हम दोनों धावकों एथलीटों के लिए मांसपेशियों की शक्ति की गणना कर सकते हैं।

$$P_1 = \frac{mg.r}{t} = \frac{55 \times 9.8 \times 200}{19.99} \quad 5617.51\ W = 5.618\ kW$$

$$P_2 = \frac{mg.r}{r} = \frac{52 \times 9.8 \times 200}{21.34} \quad 4776.00\ W = 4.776\ kW$$

अतः 55 किग्रा द्रव्यमान वाले धावक ने मांसपेशियों की अधिक शक्ति का उपयोग किया।

प्रश्न 3. यदि एक जल विद्युत संयंत्र, परमाणु ऊर्जा संयंत्र और ताप विद्युत संयंत्र क्रमशः 6 घंटे/दिन, 12 घंटे/दिन और 8 घंटे/दिन की पूर्ण क्षमता के साथ अधिकतम 4.3 GW, 850 MW और 2100 MW का पावर उत्पादन करते हैं, तो प्रत्येक संयंत्र के लिए प्रति घंटे उत्पादित ऊर्जा की गणना करे।

हल: यहाँ, शक्ति (P) = $\frac{w}{t}$, इसलिए W = P.t

(a) जल विद्युत संयंत्र के लिए: P = 4.3 GW = 4300 MW, 6 घंटे/दिन के लिए

तो, 1 घंटे के लिए बिजली उत्पादन होगा, $P = \frac{4300}{6} MW = 716.67 MW$

$\therefore$ प्रति घंटे उत्पादित ऊर्जा = W = P.t = 716.67 × 1 = 716.67 MWh

(b) परमाणु संयंत्र के लिए: P = 850 MW, 12 घंटे/दिन के लिए

तो, 1 घंटे के लिए बिजली उत्पादन होगा, $P = \frac{850}{12} MW = 70.83 MW$

$\therefore$ प्रति घंटे उत्पादित ऊर्जा = W = P.t = 70.83 × 1 = 70.83 MWh

(c) थर्मल पावर प्लांट के लिए: P = 2100 MW, 8 घंटे/दिन के लिए

तो, 1 घंटे के लिए बिजली उत्पादन होगा, P = 2100/8 MW = 262.5 MW

$\therefore$ प्रति घंटे उत्पादित ऊर्जा = W = P.t = 262.5 × 1 = 262.5 MWh

अतः, दिए गए उदाहरण में, जल विद्युत संयंत्र एक घंटे में अधिक ऊर्जा प्रदान करता है।

यूनिट सारांश

- कार्य और ऊर्जा दोनों की विमायें समान, अर्थात $[M^1L^2T^{-2}]$ होती है।
- दूरी के साथ, गतिज ऊर्जा और स्थितिज ऊर्जा दोनों के वक्र परावलयाकार होते हैं।
- घर्षण संपर्क सतह के खुरदरेपन पर निर्भर करता है न कि उसकी कठोरता पर।
- सम्पर्क में रखे वस्तुओं के दो अपेक्षाकृत स्थिर निकायों के लिए एक स्थैतिक घर्षण (f_s) होता है, जबकि संपर्क में रखे दो गतिमान निकायों के लिए, उनकी सापेक्ष गति के कारण गतिक घर्षण (f_k) होता है।
- घर्षण गुणांक का मान 1.0 से अधिक नहीं हो सकता है।
- गतिज घर्षण गुणांक का मान, स्थैतिक घर्षण गुणांक से कम या उसके बराबर होता है।
- किसी अवनत तल पर रखी किसी वस्तु के लिए, स्थैतिक घर्षण को झुकाव के कोण को मापकर परिभाषित किया जा सकता है।
- कार्य, आरोपित बल और बल की दिशा में विस्थापन के गुणनफल के बराबर होता है।
- शक्ति एकांक समय में किया गया कार्य होता है।
- ऊर्जा, कार्य करने की क्षमता मापती है और शक्ति यह मापती है कि कार्य कितनी तेजी से किया गया है।
- कार्य और ऊर्जा के लिए अन्य इकाइयाँ हैं, जैसे: (a) 1 erg =1 dyne/cm = 10^{-7} Joule (J) (b) 1 calorie (cal) = 4.186 J (c) 1 इलेक्ट्रॉन वोल्ट (eV) = 1.6×10^{-19} J (d) 1 किलोवाट-घंटा (kWh) = 3.6×10^6 J (वाणिज्यिक इकाई)।

अभ्यास

(A) वस्तुनिष्ठ प्रश्न

3.1 25kWh = ________ जूल। [LOD2]

(a) 25 (b) 90×10^6

(c) 40×10^{-19} (d) 25×10^7

3.2 किसी विलगित निकाय की ऊर्जा सदैव संरक्षित रहती है। [LOD1]

(a) सत्य (b) असत्य

3.3 एक स्वतंत्र रूप से गिरने वाला स्काईडाइवर ________ घर्षण के कारण हवा के खिंचाव का अनुभव करता है। [LOD2]

(a) स्थैतिक (b) स्लाइडिंग

(c) रोलिंग (d) तरल

3.4 निम्नलिखित में से किस स्थिति में न्यूनतम कार्य करने की आवश्यकता होती है? [LOD3]

(a) 20° के झुकाव वाले एक अवनत तल से पत्थर को नीचे की ओर रोलिंग कराना।

(b) टार-रोड की तरह क्षैतिज सतह पर एक पत्थर को रोलिंग कराना।

(c) 20° के झुकाव वाले अवनत तल पर पत्थर का ऊपर की ओर रोलिंग कराना।

(d) एक पॉलिश किये हुए संगमरमर की सतह पर एक पत्थर का रोलिंग कराना।

3.5 जमीन से 500 मीटर की ऊंचाई पर उठाए गए द्रव्यमान '*m*' की एक वस्तु में जमीन से 549 मीटर की ऊंचाई की तुलना में अधिक स्थितिज ऊर्जा होती है। [LOD2]

(a) सत्य (b) असत्य

3.6 पवन चक्कियां, पवन की __________ ऊर्जा को विद्युत ऊर्जा में परिवर्तित करती हैं। [LOD1]

(a) स्थितिज (b) रासायनिक

(c) गतिज ऊर्जा (d) सौर

(A) वस्तुनिष्ठ प्रश्नों के उत्तर

3.1 B ($\because$ 1 kWh = 3.6×10^6 J)

3.2 A (सत्य)

3.3 D (तरल घर्षण)

3.4 D (एक पॉलिश की हुई संगमरमर की सतह पर एक पत्थर लुढ़कना)

3.5 B (असत्य)

3.6 C (गतिज ऊर्जा)

(B) विषयात्मक प्रश्न

3.1 धनात्मक, ऋणात्मक, और शून्य कार्य के उदाहरणों की सूची बनाइये। [LOD1]

3.2 स्थैतिक घर्षण और गतिज घर्षण की तुलना कीजिये। [LOD1]

3.3 यदि कोई वॉलीबॉल खिलाड़ी क्षैतिज तल के साथ क्रमशः (i) 30° (ii) 45° and (iii) 60° का कोण बनाते हुए वॉलीबॉल पर 24 N का बल लगाता है, और उस बॉल पर सभी स्थितियों में किया गया कार्य 2500 J है। तो, प्रत्येक स्थिति में बॉल का विस्थापन ज्ञात कीजिए। [LOD2]

3.4 एनी प्रति दिन घरेलू उद्देश्य के लिए 2 यूनिट बिजली का उपयोग करती है और बिजली बोर्ड प्रति किलोवॉट के लिए 1.25 रुपये चार्ज करता है। तो, प्रति माह खर्च की गई कुल विद्युत ऊर्जा और संबंधित बिजली बिल राशि की गणना कीजिये। [LOD2]

3.5 10 किग्रा द्रव्यमान वाली एक सोने की छड़ क्षैतिज से 45° झुके हुए तल पर रखी हुई है। तो, सोने की छड़ के भार का वह घटक ज्ञात कीजिये जो झुके हुए तल के समांतर है। [LOD2]

3.6 दिए गए परिदृश्यों में किए गए कार्य से संबंधित परिणामों का विश्लेषण और चर्चा कीजिये: एक कलाई घड़ी की सुइयों का एक घंटे में चलना, बारिश की बूंदों का जमीन पर गिरना, जमीन से कुछ ऊंचाई पर एक तनी हुई रस्सी पर चलना। [LOD3]

(B) विषयात्मक प्रश्नों के उत्तर

3.3 120.28 मीटर, 147.31 मीटर, 208.33 मीटर [संकेत: किया गया कार्य, $W = F\cos\theta.\ r$]

3.4 एक महीने में खर्च की गई कुल ऊर्जा 60 यूनिट और बिजली बिल प्रति माह 75 रुपये होगा।

[$\because$ 2 यूनिट/दिन $\Rightarrow$ औसत 30 दिन $\times$ 2 यूनिट = एक महीने में 60 यूनिट = 60 kWh प्रति माह।

अब 1.25 रु. प्रति यूनिट खपत का शुल्क लिया जाता है। इसलिए 60 यूनिट का बिजली बिल 75 रुपए होगा।]

3.5 69.3N [संकेत: $W_{||} = m\,g \sin\theta$]

प्रायोगिक कार्य

प्रयोग 1. क्षैतिज बोर्ड का उपयोग करके लकड़ी और कांच के बीच का घर्षण गुणांक ज्ञात करना।

प्रायोगिक महत्व

दो सतहों के बीच सीमांत घर्षण गुणांक, स्थैतिक घर्षण का अधिकतम मान होता है जब वस्तु विराम अवस्था से गति करने वाली होती है। यदि इसका मान अधिक है, तो वस्तु को स्थानांतरित करने के लिए अधिक बल की आवश्यकता होती है। किन्हीं दो बिना पॉलिश वाली क्षैतिज सतहों के बीच घर्षण के इस गुणांक को इस सरल प्रयोगात्मक सेट अप का उपयोग करके ज्ञात किया जा सकता है।

प्रासंगिक सिद्धांत

सिद्धांत के लिए, यूनिट 3 देखें (अनुभाग: 3.2)

सूत्र: $f_{limiting} = -\mu_{limiting}\mathbf{N}$; जहाँ, $f_{limiting}$ = सीमांत घर्षण बल

$\mu_{limiting}$ = सीमान्त घर्षण गुणांक, और N = अभिलम्ब प्रतिक्रिया है।

प्रैक्टिकल आउटकम्स (PrO)

प्रसांगगिक आउटकम्स, पाठ्यक्रम की विषय वस्तु से लिये गये है–

PrO1: जब लकड़ी का गुटका, द्रव्यमान या द्रव्यमान के बिना गति करना प्रारम्भ करता है, तो प्रयोग और सटीक माप करने में कौशल प्राप्त करना ।

PrO2: सीमांत घर्षण बल का वर्णन करना और एक क्षैतिज बोर्ड का उपयोग करके कांच और लकड़ी के बीच सीमांत घर्षण गुणांक ज्ञात करना ।

PrO3: समूह में या व्यक्तिगत रूप से उचित सावधानी के साथ आवश्यक उपकरण संचालित करना।

प्रायोगिक व्यवस्था (चित्रांकन/ रेखा-चित्र/ रैखिक परिपथ/कार्य स्थिति)

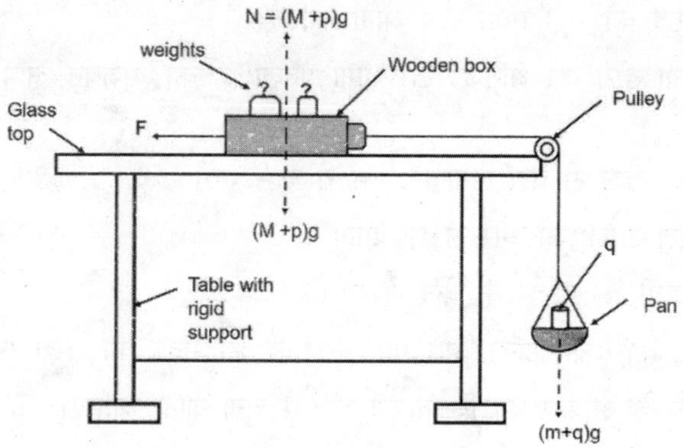

चित्र: 3.6 सीमांत घर्षण गुणांक ज्ञात करने के लिए प्रायोगिक सेट अप

आवश्यक संसाधन

क्रमांक	सुझाए गए आवश्यक संसाधन मशीनें/यंत्र /महत्वपूर्ण विशिष्टताओं वाले उपकरण	मात्रा	वास्तविक आवश्यक संसाधन मशीनें/यंत्र/महत्वपूर्ण विशिष्टताओं वाले उपकरण (छात्र द्वारा भरे जाने के लिए)		टिप्पणियाँ (यदि कोई हो, तो)
			मॉडल	विवरण	
1.	एक हुक के साथ लकड़ी का गुटका	1			
2.	कांच या लेमिनेटेड टेबल या चौड़े टॉप वाला क्षैतिज तल (अकेले टेबल टॉप को क्षैतिज तल माना जा सकता है)	1			
3.	एक घर्षण रहित चरखी जिसको क्षैतिज टेबल या तल पर फिक्स किया जा सके	5			
4.	स्पिरिट लेवल	1			
5.	एक स्केल	1			
6.	पलड़ा	1			
7.	धागा या डोरी	1			
8.	स्प्रिंग तुला	1			
9.	भार बॉक्स	1			
10.	100 gm भार के वजन	5			

सावधानियाँ

1. बोर्ड की क्षैतिज सतह को धूल मुक्त रखा जाना चाहिए।
2. जोड़ने वाले धागों या डोरी को क्षैतिज रखें। धागा पतला, हल्का, मजबूत, न खिचने वाला और बिना काता हुआ होना चाहिए।
3. चरखी के घर्षण को ठीक से तेल लगाकर कम से कम रखें।
4. कांच टॉप (या टेबल टॉप) को धीरे से थपथपाएं ।
5. भार को हमेशा लकड़ी के गुटके के केंद्र में रखें।
6. क्षैतिज तल (अर्थात् कांच का टॉप) और गतिमान पिंड की सतह को सूखा रखा जाना चाहिए।
7. गुटके और द्रव्यमान के आकार को विवेकपूर्ण ढंग से चुना जाना चाहिए।

प्रयोग विधि

1. एक कमानीदार तुला, का उपयोग करके दिए गए लकड़ी के गुटके जिसके किनारों पर हुक लगे हों और तुला पलड़ा (m) हो, का द्रव्यमान (M) मापें।
2. कांच को एक क्षैतिज बोर्ड पर रखें। स्पिरिट लेवल का उपयोग करके यह सुनिश्चित करें, कि बोर्ड की सतह क्षैतिज है या नहीं। बोर्ड की सतह साफ और सूखी होनी चाहिए।
3. अब, चित्रानुसार बोर्ड-टॉप के एक किनारे पर एक घर्षण रहित चरखी लगाएं।
4. डोरी के एक सिरे को तुला पलड़े से और दूसरे सिरे को लकड़ी के गुटके के हुक से बांधें।
5. फिर लकड़ी के गुटके को कांच के क्षैतिज तल पर रखें और रस्सी को चरखी के ऊपर से इस प्रकार गुजारें कि यह लकड़ी के गुटके और चरखी के बीच क्षैतिज रहे।
6. तुला पलड़े पर कुछ द्रव्यमान (q) रखें। कांच के शीर्ष को अपनी उँगली से धीरे से थपथपाएँ और जाँचें कि लकड़ी का गुटका हिलने लगा है या नहीं।
7. तुला पलड़ा पर द्रव्यमान (q) को धीरे-धीरे बढ़ाएं, कांच के टॉप को तब तक थपथपाए जब तक कि लकड़ी का गुटका गति करना प्रारम्भ न कर दे। तुला पलड़े पर रखे गए कुल द्रव्यमान को नोट कर लें।
8. लकड़ी के गुटके के केंद्र में कुछ ज्ञात द्रव्यमान (p) रखें और द्रव्यमान (q) को तुला पलड़े पर समायोजित करें ताकि लकड़ी का गुटका, द्रव्यमान p के साथ कांच के टॉप को धीरे से थपथपाने पर स्लाइड करना शुरू कर दे। p और q के मान नोट करें।
9. p के पाँच और मानों के लिए चरण 9 को दोहराएँ और q के संगत मानों को सारणीबद्ध करें।
10. सीमांत घर्षण बल को y-अक्ष पर और अभिक्रिया बल 'N' को x-अक्ष पर आलेखित करें और सीमांत घर्षण गुणांक की गणना करें।

प्रेक्षण और गणना

प्रेक्षणः

1. तुला पलड़े का द्रव्यमान, (m) = ...gm
2. लकड़ी के गुटके का द्रव्यमान (M) = ... gm
3. प्रयोग के स्थान पर गुरुत्वीय त्वरण (g) = ...m/s^2

प्रेक्षण तालिका :

क्रमांक	लकड़ी के गुटके पर द्रव्यमान (p) (kg)		द्रव्यमान के कारण अभिलम्ब बल 'N' = (M + *p*)		तुला पर द्रव्यमान (*q*)	सीमांत घर्षण बल $f_{limiting}$ = (*m* + *q*)	सीमांत घर्षण गुणांक $\mu_{limiting} = \frac{f_{limiting}}{N}$	माध्य $\mu_{limiting}$
	(gm)	(kg)	(Newton)	(g)	(kg)	(Newton)		
1								
2								

गणना :

सैद्धांतिक रूप से: (P और Q द्रव्यमान के विभिन्न संयोजनों के लिए कांच और लकड़ी की सतहों के बीच सीमांत घर्षण गुणांक की गणना करें और फिर उनका माध्य लें।)

$$f_{limiting} = \mu_{limiting} N$$

$$\therefore \quad \mu_{limiting} \quad \frac{f_{limiting}}{N} = \text{..............................}$$

सीमांत घर्षण बल ($f_{limiting}$) को *y*-अक्ष पर और अभिक्रिया बल (N) को *x*-**अक्ष पर लेकर ग्राफ खींचनें पर:**

$$\mu_{limiting} = \frac{\Delta f_{limiting}}{\Delta N}$$

परिणाम और/या व्याख्या

लकड़ी के गुटके की सतह और कांच के टॉप के बीच सीमांत घर्षण गुणांक का मान $\mu_{limiting}$ है:

1. सिद्धांत (या गणना) से = ...
2. ग्राफ से = ...

निष्कर्ष और/या सत्यापन (विद्यार्थी द्वारा भरा जाना है)

....

....

प्रयोग संबंधित या मौखिक प्रश्न (उत्तर के लिए अलग शीट का प्रयोग करें)

1. दो सतहों के बीच घर्षण कभी भी शून्य क्यों नहीं हो सकता?
2. इस प्रयोग में बिना पॉलिश वाली सतह का उपयोग करने का क्या उद्देश्य है?

3. उन अनुप्रयोगों की सूची बनाइए जिनमें घर्षण बल का प्रयोग किया जाता है।
4. स्थैतिक घर्षण और गतिज घर्षण में क्या अंतर है?
5. क्या होता है यदि हम दो सतहों के बीच सीमांत घर्षण का अध्ययन करने के लिए गोलाकार पिंड का चयन करते हैं?

अपशिष्ट का निपटान

इस प्रयोग में फेंके जाने वाले अपशिष्ट पदार्थों को निम्नलिखित बिन में वर्गीकृत करें:

अपशिष्ट के प्रकार	 बिन (Bin) का रंग	विवरण
बायोडिग्रेडेबल अपशिष्ट	हरा	कोई नहीं
ई-अपशिष्ट	काला	कोई नहीं
प्लास्टिक एवं धातु अपशिष्ट	नीला	कोई नहीं
अन्य		कोई नहीं

पर्यावरण के अनुकूल दृष्टिकोण: कम उपयोग (रिड्यूज), पुनः उपयोग (रियूज) एवं पुर्नचक्रण (रिसायकल)

इस प्रयोग के लिए उपकरण पर्याप्त रूप से लंबे समय के लिए पुनः उपयोग किये जा सकते हैं, यदि उन्हें देखभाल के साथ संचालित किया जाता है।

सुझाई गई मूल्यांकन योजना (शिक्षक द्वारा भरी जानी है)

दिए गए कार्य निष्पादन संकेतक, प्रक्रिया और परिणाम सहसंबंध के मूल्यांकन के लिए दिशा निर्देश के रूप में उपयोग करने चाहिए।

कार्य निष्पादन संकेतक		भारिता	प्राप्तांक
प्रक्रिया सूचक : .... अंक* (...........%)		60%	
1.	उपकरणों का संचालन	20%	
2.	जिस क्षण द्रव्यमान के साथ या द्रव्यमान के बिना गति करना प्रारंभ करता है, उस क्षण को रिकार्ड करना	20%	
3.	सीमांत घर्षण गुणांक ज्ञात करना	20%	

	कार्य निष्पादन संकेतक	भारिता	प्राप्तांक
परिणाम से सूचक: ....अंक' (.................... %)		40%	
4.	रिपोर्ट को सफाई से और समय पर जमा करना	10%	
5.	सूत्र और ग्राफ की सहायता से सीमांत घर्षण गुणांक की गणना करना	10%	
6.	गणना और परिणाम की व्याख्या	10%	
7.	प्रयोग से सम्बन्धित प्रश्न	10%	
	कुल	**100%**	

*** प्रक्रिया और परिणाम मूल्यांकन के लिए अंक और प्रतिशत भार शिक्षक द्वारा तय किये जायें।**

विद्यार्थी का नामः .... **प्राप्तांक**			**शिक्षक के हस्ताक्षर (दिनांक के साथ)**
प्रक्रिया सूचक	परिणाम सूचक	कुल	

प्रयोग 2. यांत्रिक ऊर्जा (P.E. से K.E.) के संरक्षण के नियम को सत्यापित करना।

प्रायोगिक महत्व

किसी निकाय की कुल यांत्रिक ऊर्जा हमेशा संरक्षित होती है, जिसका अर्थ यह है कि ऊर्जा को न तो उत्पन्न किया जा सकता है और न ही नष्ट किया जा सकता है। इसमें आंतरिक ऊर्जा एक रूप से दूसरे रूप में परिवर्तित होती है। यह सरल प्रयोग, यांत्रिक ऊर्जा के संरक्षण के नियम की पुष्टि करता है। स्टील की गेंद की स्थितिज ऊर्जा उसकी गतिज ऊर्जा में बदल जाती है।

प्रासंगिक सिद्धांत

सिद्धांत के लिए, यूनिट 3 का संदर्भ लें (अनुभाग: 3.31, 3.3.2, और 3.3.3)

प्रैक्टिकल आउटकम्स (PrO)

प्रायोगिक आउटकम्स पाठ्यक्रम की विषय वस्तु से लिये गये है।

PrO1: प्रयोग को सेट करने में कौशल प्राप्त करना और रोलिंग स्टील की गेंदों के स्थिति चिह्न का यथार्थ मापन करना।

PrO2: सम्पूर्ण यांत्रिक ऊर्जा के संरक्षण के नियम का वर्णन और सत्यापन करना।

PRO3: समूह में या व्यक्तिगत रूप से उचित सावधानी के साथ आवश्यक उपकरण संचालित करना।

प्रायोगिक व्यवस्था (चित्रांकन/रेखा-चित्र/रैखिक परिपथ/कार्य स्थिति)

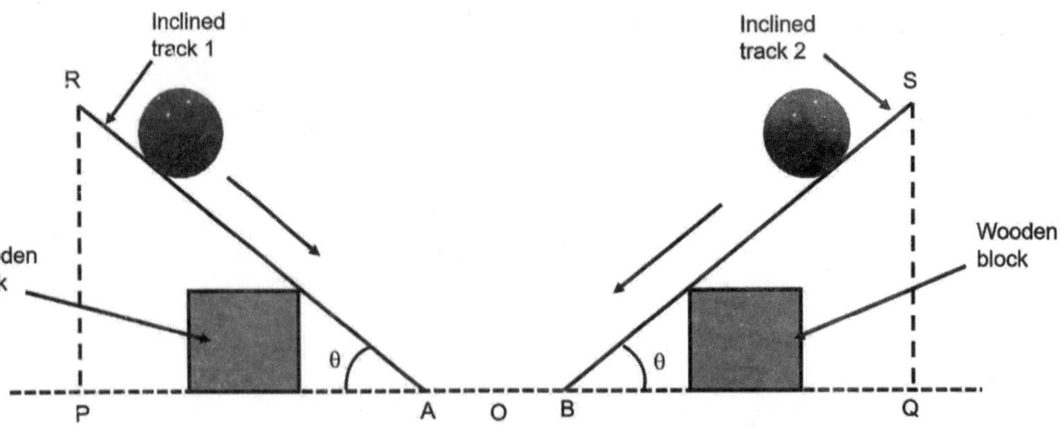

चित्र 3.7: दोहरे अवनत समतल और एक गोलाकार स्टील की गेंद का उपयोग करके यांत्रिक ऊर्जा के संरक्षण के नियम को सत्यापित करने के लिए प्रायोगिक सेटअप

आवश्यक संसाधन

क्रमांक	सुझाए गए आवश्यक संसाधन मशीनें/यंत्र /महत्वपूर्ण विशिष्टताओं वाले उपकरण	मात्रा	वास्तविक आवश्यक संसाधन मशीनें/यंत्र /महत्वपूर्ण विशिष्टताओं वाले उपकरण (छात्र द्वारा भरे जाने के लिए)		टिप्पणियाँ (यदि कोई हो, तो)
			मॉडल	विवरण	
1.	समान विन्यास के दो अवनत समतल (ट्रैक)	1			
2.	लगभग 10 cm त्रिज्या की स्टील की एक गेंद	1			
3.	लकड़ी के गुटके (2.5 cm लम्बाई के)	2			
4.	1 kg का भार	2			
5.	विराम घड़ी	1			
6.	प्लम्ब लाइन	1			
7.	मीटर पैमाना	1			

सावधानियाँ

1. स्टील की गेंद और अवनत समतल पूर्ण रूप से स्वच्छ होने चाहिए। अवनत समतल को साफ करने के लिए बेंजीन में सिक्त कपास का प्रयोग करें।
2. तलों को एक झुकाव कोण पर इस प्रकार जोड़ें कि जब स्टील की गेंद उन पर लुढ़कती है तो वे स्थिर रहें। दोनों ट्रैक एक ही उर्ध्वाधर तल में होने चाहिए।
3. दो अवनत समतलों के बीच की चौड़ाई, गेंद द्वारा ट्रैक पर चली गई दूरी की तुलना में नगण्य होनी चाहिए।
4. स्टील की गेंद को धीरे से ट्रैक पर छोड़ें।
5. अवनत समतलों पर गेंद की चरम स्थिति को तुरंत और सटीक रूप से नोट करें।

प्रयोग विधि

1. पर्याप्त रूप से बड़ी क्षैतिज सतह वाली एक टेबल लीजिये। यदि आवश्यक हो, तो स्पिरिट लेवल का उपयोग करके सतह के स्तर को मापें।
2. टेबल पर चित्रानुसार दोहरे अवनत समतल वाले ट्रैक को व्यवस्थित करें और सुनिश्चित करें कि वे स्थिर हैं। प्रयोग के दौरान इसके पंखों को स्थिर रखने के लिए बाटों का प्रयोग करें।
3. प्रत्येक ट्रैक के नीचे लकड़ी के ब्लॉक इस तरह रखें कि दोनों ट्रैक किसी न किसी कोण पर झुके हों।

4. प्रत्येक ट्रैक के नीचे लकड़ी के ब्लॉक को इस प्रकार डालें कि दोनों ट्रैक एक ही कोण पर झुके हों।
5. अब, स्टील की गेंद लें और इसे झुके हुए ट्रैक 1 पर 'R' के निशान पर रखें और इसे धीरे से छोड़ दें।
6. जब स्टील की गेंद झुके हुए ट्रैक 2 पर उच्चतम बिंदु 'S' पर पहुँचती है, तो स्केल की उस स्थिति को नोट कर लें।
7. एक प्लंब लाइन और एक मीटर पैमानें का उपयोग करके ऊर्ध्वाधर ऊंचाई 'PR' और 'QS' को मापें।
8. ट्रैक 1 के झुकाव कोणों को बदलकर 'R' की स्थिति बदलें और चरणों 5, 6, 7 को कुछ और बार दोहराएं।
9. प्रेक्षणों को सारणीबद्ध कीजिये।

प्रेक्षण और गणना

प्रेक्षण:

1. विराम घड़ी का अल्पतमांक = ... सेकंड
2. स्टील की गेंद का व्यास, D = ... cm

प्रेक्षण तालिका :

क्रमांक	ऊपरी किनारे से अवनत ट्रैक की स्थिति का निशान		उर्ध्वाधर ऊँचाई		अंतर
	ट्रैक 1 पर R (cm में)	ट्रैक 2 पर S (cm में)	PR (h_1) (cm)	QS (h_2) (cm)	(PR–QS) = (h_1-h_2) (cm)
1					
2					
3					

गणना:

प्रत्येक अवलोकन के लिए,

अंतर (h_1 - h_2) = ...

परिणाम और/या व्याख्या

अंतर (h_1 - h_2) = ...

निष्कर्ष और/या सत्यापन (विद्यार्थी द्वारा भरा जाना है)

....

....

प्रयोग संबंधित प्रश्न (उत्तर के लिए अलग शीट का प्रयोग करें)

1. इस प्रयोग के लिए आपके परिणामों की क्या व्याख्या है?
2. ऊर्जा संरक्षण के नियम को सत्यापित करने के लिए एक वैकल्पिक विधि सुझाइए।
3. अपने अध्ययन के क्षेत्र में ऊर्जा संरक्षण के उदाहरणों की सूची बनाइयें।
4. कथन की व्याख्या करें: ऊर्जा न तो उत्पन्न की जा सकती है और न ही नष्ट होती है।
5. ऊर्जा मापने की विभिन्न इकाइयाँ बताएँ।

अपशिष्ट का निपटान

इस प्रयोग में फेंके जाने वाले अपशिष्ट पदार्थों को निम्नलिखित बिन में वर्गीकृत करें:

अपशिष्ट के प्रकार	 **बिन (Bin) का रंग**	**विवरण**
बायोडिग्रेडेबल अपशिष्ट	हरा	कोई नहीं
ई-अपशिष्ट	काला	कोई नहीं
प्लास्टिक एवं धातु अपशिष्ट	नीला	कोई नहीं
अन्य		कोई नहीं

पर्यावरण के अनुकूल दृष्टिकोण: कम उपयोग (रिड्यूज), पुनः उपयोग (रियूज) एवं पुर्नचक्रण (रिसायकल)

इस प्रयोग के लिए उपकरण पर्याप्त रूप से लंबे समय के लिए पुनः उपयोग किये जा सकते हैं, यदि उन्हें देखभाल के साथ संचालित किया जाए।

सुझाई गई मूल्यांकन योजना (शिक्षक द्वारा भरी जानी है)

दिए गए कार्य निष्पादन संकेतक, प्रक्रिया और परिणाम सहसंबंध के मूल्यांकन के लिए दिशा निर्देश के रूप में उपयोग करने चाहिए ।

	कार्य निष्पादन संकेतक	भारिता	प्राप्तांक
प्रक्रिया सूचकः .... अंक* (...........%)		**60%**	
1.	उपकरणों का संचालन	20%	
2.	स्थिति चिह्न को सही तरीके से नोट करना	20%	
3.	ऊर्जा संरक्षण सिद्धांत को सत्यापित करना	20%	
परिणाम सूचकः ....अंक* (............. %)		**40%**	
4.	रिपोर्ट को सफाई से और समय पर जमा करना	10%	
5.	स्टील की गेंद के लिए उर्ध्वाधर ऊँचाई और उसके अंतर की गणना करना	10%	
6.	परिणाम और निष्कर्ष की व्याख्या करना	10%	
7.	प्रयोग सम्बन्धित प्रश्न	10%	
	कुल	**100%**	

*** प्रक्रिया और परिणाम मूल्यांकन के लिए अंक और प्रतिशत भार शिक्षक द्वारा तय किये जायें।**

विद्यार्थी का नामः .... **प्राप्तांक**			**शिक्षक के हस्ताक्षर (दिनांक के साथ)**
प्रक्रिया सूचक	परिणाम सूचक	कुल	

अधिक जानिए

कार्य-ऊर्जा प्रमेयः यह वह प्रमेय है, जो किए गए कार्य और व्यय ऊर्जा के बीच संबंध को दर्शाता है। इस प्रमेय के अनुसार किसी वस्तु पर किया गया कुल कार्य, उस वस्तु की गतिज ऊर्जा में परिवर्तन के बराबर होता है। गणितीय रूप में इसे इस प्रकार लिखा जा सकता है: $K_{final} - K_{init} = W$, जहाँ K_{final} अंतिम गतिज ऊर्जा, K_{init} = प्रारंभिक गतिज ऊर्जा और W = किया गया कुल कार्य है । कार्य- ऊर्जा प्रमेय, ऊर्जा के संरक्षण को इंगित करता है जिसके अनुसार हम केवल ऊर्जा को एक रूप से दूसरे रूप में परिवर्तित कर सकते हैं।

अभिनव प्रयोग/परियोजनाएं/गतिविधियां डिजाइन करें

1. अपनी 10 शारीरिक गतिविधियों की एक सूची बनाएं और पता करें कि किस गतिविधि में किया गया कार्य धनात्मक, ऋणात्मक या शून्य होता है।
2. घर्षण को मापने के लिए प्रयुक्त उपकरण का पता लगाइये और उसकी कार्यविधि ज्ञात कीजिये। अपने निष्कर्षों को रिपोर्ट या प्रस्तुति के रूप में प्रस्तुत कीजिये।
3. आपको एक प्रोटेक्टर, 5 रुपये के सिक्के और अपनी किताब की आवश्यकता होगी। सिक्के के सपाट हिस्से को किताब पर रखें और किताब को उस कोण पर झुकाएं जिस पर सिक्का खिसकना प्रारम्भ कर देता है । झुकाव के कोण को मापें और गतिक घर्षण गुणांक का पता लगाएं।

संदर्भ एवं अध्ययन हेतु सुझाव

संदर्भ

1. H. C. Verma, *Concepts of Physics Vol. I & II*, Bharti Bhawan Ltd. New Delhi, 2017.
2. J. Walker, *Principles of Physics*, 9th Edition, Hoboken, New Jersey: Wiley, 2011.
3. M. E. Browne, *Schaum's Outline of Physics For Engineering And Science*, 4th Edition, McGraw-Hill, 2019.
4. E. Hecht, *Schaum's Outline of College Physics,* 12th Edition, McGraw-Hill, 2017.
5. A. Halpern, *Schaum's 3,000 Solved Problems In Physics*, McGraw-Hill, 2011.
6. A. Beiser, *Schaum's Outline Of Applied Physics*, 4th Edition, Mc-Graw-Hill, 2009.
7. A. Beiser, *Schaum's Easy Outline Of Applied Physics*, Revised Edition, McGraw-Hill, 2011.
8. PhET Interactive Simulations, University of Colorado Boulder, https://phet.colorado.edu
9. OLabs, Developed by Amrita Vishwa Vidyapeetham & CDAC Mumbai and funded by MeitY (Ministry of Electronics & Information Technology, India), http://www.olabs.edu.in/
10. Swayam Prabha, INFLIBNET, India, https://www.swayamprabha.gov.in/index.php/
11. https://www.khanacademy.org/

प्रैक्टिकल हेतु सुझाए गये संसाधन

1. C. L. Arora, *B.Sc. Practical Physics*, S. Chand Limited, 2001.
2. G. L. Squires, *Practical Physics*, Cambridge University Press, 2001.
3. https://www.learncbse.in/to-study-the-conservation-of-energy-of-a-ball-rolling-down-on-an-inclined-plane/

4 घूर्णी गति

यूनिट विशिष्ट

भूमिका

गति को तीन श्रेणियों स्थानांतरीय, घूर्णन और काम्पनिक गति में वर्गीकृत किया गया है। स्थानांतरीय और घूर्णन गति का विवरण, उदाहरणों बल आघूर्ण, और कोणीय संवेग के साथ दिया गया है और उनके संबंध को समझाया गया है। कोणीय संवेग के संरक्षण की अवधारणा और इसके उपयोगों का वर्णन किया गया है। जड़त्व आघूर्ण और इसके महत्व पर चर्चा की गई है। इस पाठ में जड़त्व आघूर्ण के प्रमेयों का विवरण तथा कुछ वस्तुओं के जड़त्व आघूर्ण के सूत्र भी दिए गए हैं।

पूर्व अपेक्षित ज्ञान

भौतिकी – बल और गति की मूल जानकारियाँ
गणित – वेक्टर बीजगणित और रैखिक बीजगणित की मूल जानकारियाँ
अन्य – कम्प्यूटर का आधारभूत ज्ञान

यूनिट आउटकम्स (UOs)

U4-O1: स्थानांतरीय और घूर्णी गति को पहचानना। जड़त्व आघूर्ण को बल आघूर्ण एवं कोणीय संवेग के साथ सम्बद्ध करना। कोणीय संवेग के संरक्षण को लागू करना। विभिन्न निकायों के जड़त्व आघूर्ण का उपयोग करना और जड़त्व आघूर्ण के प्रमेयों का वर्णन करने में सक्षम होना।

कोर्स आउटकम्स (COs) के साथ यूनिट आउटकम्स (UOs) की मैपिंग (परस्पर संबंध)

यूनिट-4 आउटकम्स (UO)	कोर्स आउटकम्स (COs) के साथ अपेक्षित संबंध *(1-कमजोर सहसंबंध, 2-मध्यम सहसंबंध, 3-मजबूत सहसंबंध)*					
	CO-1	CO-2	CO-3	CO-4	CO-5	CO-6
U4-O1	2	2	-	3	-	-

4.1 घूर्णी गति

रोचक तथ्य

एक स्केटर जब अपने पैर फैलाता है या खींचता है, तो उसका घूर्णन आघूर्ण बदल जाता है, लेकिन स्थानांतरीय गति में कोई प्रभाव नहीं पड़ता है। स्पिनिंग टॉप या जाइरोस्कोप में आरोपित जड़त्व आघूर्ण के द्वारा कोणीय संवेग में परिवर्तन, कोणीय संवेग की दिशा में नहीं, बल्कि एक अन्य दिशा में होता है। घूर्णी गति में बल आघूर्ण वही कार्य करता है, जो स्थानांतरीय गति में बल करता है।

4.1.1 स्थानांतरीय और घूर्णी गतियाँ उदाहरणों के साथ

A. स्थानांतरीय गति

किसी पिंड की गति शुद्ध स्थानांतरीय होती है, यदि गति के दौरान किसी भी क्षण, पिंड के सभी कणों का वेग समान हो। इस तरह की गति के दौरान, सभी कणों का विस्थापन $\left(\vec{s}\right)$, वेग $\left(\vec{v}\right)$, और त्वरण $\left(\vec{a}\right)$ समान होता है।

उदाहरण: एक सीधी रेखा के साथ कार की गति, अपने ट्रैक पर किसी ट्रेन की गति, सड़क पर चलता हुआ व्यक्ति, आकाश में उड़ता हुआ पक्षी।

स्थानांतरीय गति तीन प्रकार की होती है:

(1) **रैखिक या एकविमीय गति (1D):** जब कोई पिंड एक सीधी रेखा में गति करता है, तो उसकी गति को रैखिक गति कहा जाता है। उदाहरण: स्वतंत्र रूप से गिरता हुआ कोई पिंड, सीधी सड़क पर बस का चलना।

(2) **द्विविमीय गति (2D):** जब कोई पिंड किसी समतल में गति करता है, तो दो निर्देशांक (x, y) या (y, z) या (z, x) बदल जाते हैं। उदाहरण: जिगजैग रोड पर कार की गति, प्रक्षेप्य गति।

(3) **त्रिविमीय गति (3D):** जब कोई पिंड आकाश में गति करता है तो तीनों निर्देशांक बदल जाते हैं, इस प्रकार की गति को 3D गति कहते हैं। उदाहरण: आकाश में उड़ते पक्षी, पतंग, हवाई जहाज।

माना किसी निकाय में $m_1, m_2, \ldots\; m_n$ द्रव्यमान के n-कण उपस्थित हैं। वह पिंड शुद्ध स्थानान्तरीय गति से चल रहा है। अत:,

$$\vec{a}_1 = \vec{a}_2 = \vec{a}_3 \ldots \vec{a}_n = \vec{a}$$

और

$$\vec{v}_1 = \vec{v}_2 = \vec{v}_3 \ldots \vec{v}_n = \vec{v}$$

न्यूटन के गति के नियम से,

$$\vec{F}_{net} = m_1\vec{a}_1 + m_2\vec{a}_2 + \ldots = M\vec{a} \qquad \text{(जहाँ, M पिंड का कुल द्रव्यमान है)}$$

रैखिक संवेग,

$$\vec{p} = m_1\vec{v}_1 + m_2\vec{v}_2 + m_3\vec{v}_3 + \ldots = M\vec{v}$$

पिंड की कुल ऊर्जा-

$$\text{K.E.} = \frac{1}{2} m_1 v_1^2 = m_2 v_2^2 + \ldots = Mv^2$$

B. शुद्ध घूर्णी गति

यदि एक दृढ़ पिंड एक निश्चित रेखा (या अक्ष) के चारों ओर घूर्णन गति करता है, तो उस रेखा को घूर्णन अक्ष कहा जाता है और यह चित्र (4.1) में दिखाया गया है । उस पिंड का प्रत्येक बिंदु वृत्ताकार पथ में घूर्णन करता है, जिसका

केंद्र घूर्णन अक्ष पर स्थित होता है और प्रत्येक बिंदु किसी समयांतराल में समान कोण बनाता है। ऐसी गति को शुद्ध घूर्णी गति के रूप में जाना जाता है। शुद्ध घूर्णन में, प्रत्येक कण समान कोणीय वेग से घूर्णन करता है। (क्योंकि पिंड दृढ़ होता है)। इस प्रकार, $v_1 = \omega r_1$, $v_2 = \omega r_2$..... $v_n = \omega r_n$

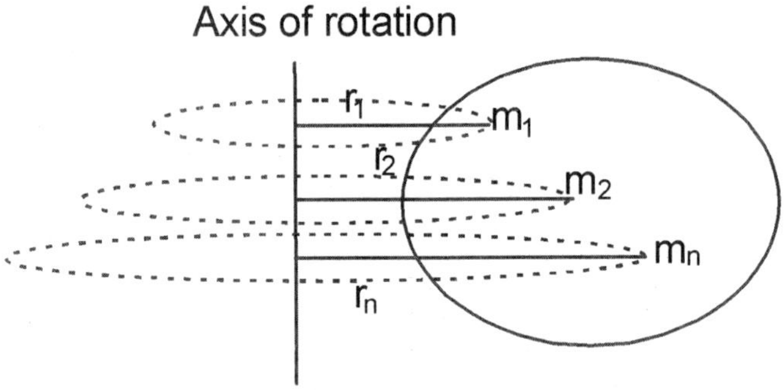

चित्र 4.1: घूर्णी गति

घूर्णी गति के उदाहरण:

1. एक छत के पंखे में, उसके ब्लेड और बॉडी कवरिंग मोटर का प्रत्येक भाग वृत्ताकार पथों में घूर्णन करता है, और इन सभी वृत्तों का केंद्र, पिंड के केंद्र से गुजरने वाली एक ऊर्ध्वाधर रेखा पर स्थित होता है जिसे घूर्णन अक्ष कहा जाता है।
2. जब हम दरवाजा खोलते या बंद करते हैं तो दरवाजे का प्रत्येक बिंदु एक वृत्ताकार पथ में गति करता है, और इन बिंदुओं का केंद्र दरवाजे के कब्जे से गुजरने वाली ऊर्ध्वाधर रेखा पर स्थित होता है। वह रेखा घूर्णन अक्ष होती है।
3. पृथ्वी का अपनी धुरी पर घूमना।
4. वाहनों में पहियों की गति।
5. एक घड़ी में मिनट और घंटे की सुई की गति।

घूर्णी गति का सिमुलेशन

कोणीय विस्थापन: किसी कण द्वारा अनुरेखित कोण को कोणीय विस्थापन कहते हैं।

$$\theta = \frac{\text{चाप } [s]}{\text{त्रिज्या } [r]} \text{ या } s = r\theta$$

कोणीय वेग: समय के साथ कोणीय स्थिति में परिवर्तन को कोणीय वेग कहते हैं।

$$\omega = \frac{d\theta}{dt}$$

कोणीय त्वरण: कोणीय वेग में परिवर्तन की दर को कोणीय त्वरण कहते हैं।

$$\alpha = \frac{d\omega}{dt} = \frac{d^2\theta}{dt^2}$$

4.1.2 बल आघूर्ण और कोणीय संवेग की परिभाषा

A. बल आघूर्ण

इसे बल और घूर्णन अक्ष से लम्बवत दूरी के गुणनफल के रूप में प्रदर्शित किया जाता है। माना एक बल $\vec{F}$, किसी दृढ़ पिंड के बिंदु P पर लगाया गया है और घूर्णन अक्ष मूल बिंदु P से होकर गुजरती है। यदि $\vec{r}$ बिंदु P का स्थिति सदिश है (चित्र 4.2 में दिखाया गया है) तो बल $\vec{F}$ के कारण लगने वाले बलयुग्म के कारण, पिंड के घूर्णन को इस प्रकार लिखा जा सकता है:

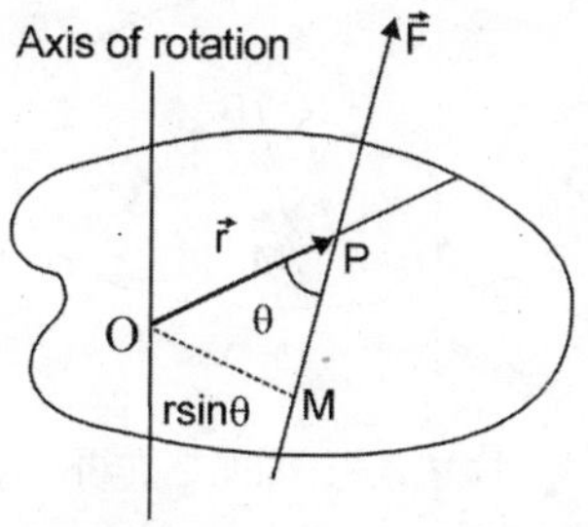

चित्र 4.2: बल आघूर्ण

बल आघूर्ण = F × (घूर्णन अक्ष से बल की क्रिया की रेखा की लंबवत दूरी)

चूंकि, OM मूल बिंदु O से बल की क्रिया रेखा पर खींचा गया लम्ब है।

$\therefore$ ΔOMP में $\sin\theta = \dfrac{OM}{OP}$ या $OM = OP\sin\theta$ या $OM = r\sin\theta$

$\tau = F(OM)$ (जहाँ, OM को उत्तोलक भुजा या आघूर्ण भुजा कहा जाता है)

अत: बल आघूर्ण का परिमाण $\tau = rF\sin\theta$

बल आघूर्ण का सदिश रूप $\vec{\tau} = \vec{r} \times \vec{F}$ है।

बल आघूर्ण की S.I. इकाई N-m है और विमायें ML^2T^{-2} होती हैं।

बल आघूर्ण को बलयुग्म आघूर्ण भी कहा जाता है। बल आघूर्ण की दिशा, दाएँ हाथ के अंगूठे के नियम द्वारा दी जाती है, क्योंकि यह $\vec{r}$ और $\vec{F}$ का सदिश गुणनफल होता है।

परिस्थिति (1) यदि $\theta = 0°$ या 180 तो, $\sin\theta = 0$

$\therefore$ $\tau = 0$, तब बल की क्रिया की रेखा मूल बिन्दु से होकर गुजरती है।

परिस्थिति (2) यदि $\theta = 90°$ तो, $\sin 90° = 1$ $\therefore$ $\tau = rF$

उदाहरण:

1. सी-सॉ झूला, बल आघूर्ण का एक उदाहरण है। उस झूले के एक सिरे पर एक भारी व्यक्ति बैठा है और दूसरे सिरे पर उससे हल्का व्यक्ति बैठा है। भारी व्यक्ति धुरी के करीब बैठता है जिससे बल आघूर्ण कम हो जाता हैं क्योंकि उसकी आघूर्ण भुजा की लंबाई हल्के व्यक्ति की तुलना में कम होती है। भारी व्यक्ति की छोटी लंबाई की आघूर्ण भुजा के कारण बल आघूर्ण कम हो जाता है जिससे एक हल्का व्यक्ति भी किसी भारी व्यक्ति को ऊपर उठा लेता है।
2. पानी के पंप के हैंडल को लम्बा करने पर, मनुष्य को काम करने के लिए कम बल लगाना पड़ता है । जब आघूर्ण भुजा की लंबाई अधिक होती है तो कम बल की आवश्यकता होती है क्योंकि $\vec{\tau} = \vec{r} \times \vec{F}$

B. कोणीय संवेग और उसके उदाहरण

इसे रैखिक संवेग और उसकी घूर्णन अक्ष से लम्बवत दूरी के गुणनफल के रूप में परिभाषित किया जाता है। माना किसी दृढ़ पिंड के बिंदु P पर रैखिक संवेग लगाया जाता है, और मूल बिंदु O से बिंदु P का स्थिति सदिश $\vec{r}$ है, जैसा कि चित्र (4.3) में दिखाया गया है। तब O के परितः कण का कोणीय संवेग होगाः दिया है $L = p(OM)$

(OM मूल बिंदु O से रैखिक संवेग की क्रिया रेखा पर लम्ब है)

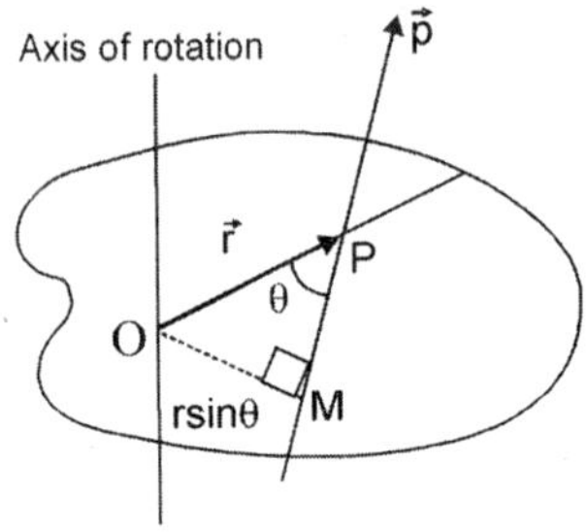

चित्र 4.3: कोणीय संवेग

ΔOMP में, $\sin\theta = \dfrac{OM}{OP}$ या $OM = OP\sin\theta$ या $OM = r\sin\theta$

$$L = p(r\sin\theta) = mvr\sin\theta \qquad \text{(रैखिक संवेग } p = mv)$$

कोणीय संवेग का सदिश रूप इस प्रकार प्रदर्शित किया जाता है

$$\vec{L} = \vec{r} \times \vec{p}$$

$\vec{L}$ की दिशा दाहिने हाथ के अंगूठे के नियम द्वारा दी जाती है।

कोणीय संवेग का S.I. मात्रक kg m^2s^{-1} या J-s और इसका विमीय सूत्र ML^2T^{-1} होता है।

परिस्थिति 1. यदि $\theta = 0°$ तब $\sin\theta = 0$ $\quad\therefore\ \vec{L} = 0$

परिस्थिति 2. यदि $\theta = 90°$ तब $\sin 90° = 1$ $\quad\therefore\ L = mvr$

उदाहरणः

1. सूर्य के परितः परिक्रमण के कारण पृथ्वी का कक्षीय कोणीय संवेग।
2. पृथ्वी के अपनी धुरी पर दैनिक घूर्णन के कारण स्पिन कोणीय संवेग।
3. घूर्णन कुर्सी का अपनी अक्ष के परितः स्पिन कोणीय संवेग।

4.1.3 जड़त्व आघूर्ण

(a) जड़त्व आघूर्ण

किसी कण के जड़त्व आघूर्ण को उस कण के द्रव्यमान और कण की घूर्णन अक्ष से दूरी के गुणनफल के रूप में परिभाषित किया जाता है।

$$I = mr^2$$

यदि किसी पिंड में n कण हैं जैसा कि चित्र (4.4) में दिखाया गया है। तो उस पिंड का जड़त्व आघूर्ण होगाः

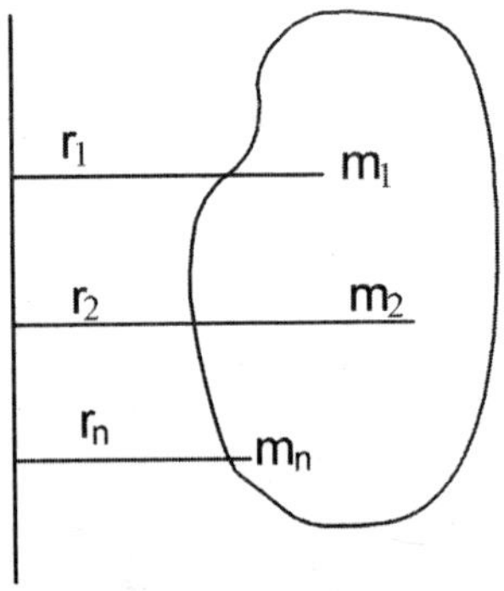

चित्र 4.4: जड़त्व आघूर्ण

$$I = m_1r_1^2 + m^2 r_2^2 + ... + m_nr_n^2 = \sum_{i=1}^{n} m_ir_i^2$$

यहाँ, m_1, m_2, m_3.... m_n द्रव्यमान हैं और r_1, r_2, r_3.... r_n क्रमशः घूर्णन अक्ष से कणों की दूरी हैं।

जड़त्व आघूर्ण का S.I. मात्रक kg m^2, और इसका विमीय सूत्र ML^2T^o होता है।

(b) जड़त्व आघूर्ण (M.I.) का भौतिक महत्व

जड़त्व आघूर्ण किसी पिंड का वह गुण है जिसके कारण वह अपनी घूर्णन गति में परिवर्तन का विरोध करता है। स्थानांतरीय गति में द्रव्यमान जो भूमिका निभाता है, घूर्णन गति में जड़त्व आघूर्ण वैसा ही कार्य करता हैं।

जड़त्व आघूर्ण इन बातों पर निर्भर करता है:

1. पिंड के द्रव्यमान पर
2. द्रव्यमान के वितरण (या घूर्णन अक्ष से कण की दूरी) पर

(c) बल आघूर्ण और जड़त्व आघूर्ण का संबंध

हम जानते हैं कि किसी पिंड पर कार्य करने वाला बल आघूर्ण इस प्रकार लिखा जाता है $\vec{\tau} = \vec{r} \times \vec{F}$

यदि पिंड की स्थिति सदिश $\vec{r}$, $\vec{F}$ पर लंबवत है, तब = 90° या sin 90° = 1

$$\therefore \quad \tau = rF \quad ...(1)$$

यदि, एक m द्रव्यमान का कण, त्रिज्या r के वृत्त में घूर्णन अक्ष के परितः घूर्णन करता है, तब कण पर स्पर्शरेखीय बल होता है:

$$\therefore \quad F = ma = ma\alpha \quad (\because \; a = r\alpha) \quad ...(2)$$

समीकरण (1) में स्पर्शरेखीय बल का मान $F = mr\alpha$ रखने पर

$$\tau = r(mr\alpha) = mr^2\alpha$$

यदि पिंड में n-कण हैं तब उस पिंड पर कुल बल आघूर्ण, उस पिंड के कणों पर लगने वाले सभी बलों के कारण उत्पन्न कुल बल आघूर्णो के योग के बराबर होता है।

$$\tau_{net} = \sum_{i=1}^{n} m_ir_i^2\alpha = I\alpha$$

यहाँ, $I = \sum_{i=1}^{n} m_ir_i^2$

घूर्णन अक्ष के परितः पिंड का जड़त्व आघूर्ण और पिंड पर कुल बल आघूर्ण $\vec{\tau}_{net} = \sum_{i=1}^{n} \vec{r}_1 + \vec{F}_1$ है।

(d) कोणीय संवेग और जड़त्व आघूर्ण का संबंध

हम जानते हैं कि किसी पिंड का कोणीय संवेग इस प्रकार दिया जाता है: $\vec{L} = \vec{r} \times \vec{p}$

यदि पिण्ड की स्थिति सदिश $\vec{r}$, $\vec{p}$ के लम्बवत है तब $\theta = 90°$ या $\sin 90° = 1$, इस प्रकार, $L = rp$

यदि m द्रव्यमान का एक कण, r त्रिज्या के एक वृत्त में घूर्णन अक्ष के परितः घूर्णन करता है, तो कोणीय संवेग

$$L = rp = mvr = mr^2 \quad (\text{यहाँ, रैखिक संवेग } p = mv, v = r\omega \text{ है})$$

यदि पिंड में n-कण हैं, तो पिंड का कोणीय संवेग, पिंड के सभी कणों के रैखिक संवेग के कारण उत्पन्न कोणीय संवेग के योग के बराबर होता है।

$$L_{net} = \sum_{i=1}^{n} m_ir_i^2\omega = I\omega$$

यहाँ, $$I = \sum_{i=1}^{n} m_i r_i^2$$

घूर्णन अक्ष के परित: उस पिंड का जड़त्व आघूर्ण है।

कुल कोणीय संवेग $$\vec{L} = \sum_{i=1}^{n} \vec{r_i} \times \vec{p_i}$$

4.1.4 कोणीय संवेग संरक्षण और उसके अनुप्रयोग

(a) कोणीय संवेग का संरक्षण

हम जानते हैं कि, किसी पिंड का कोणीय संवेग इस प्रकार दिया जाता है:

$$\vec{L} = \sum_{i=1}^{n} \vec{r_i} \times \vec{p_i}$$

$\vec{L}$ को समय t के साथ अवकलित करने पर,

$$\frac{d\vec{L}}{dt} = \frac{d\sum_{i=1}^{n}\vec{r_i} \times \vec{p_i}}{dt} = \Sigma_i\left[\frac{d\vec{r_i}}{dt} \times \vec{p_i} + \vec{r_i} \times \frac{d\vec{p_i}}{dt}\right]$$

$$= \Sigma_i\left[\vec{v_i} \times m\vec{v_i} + \vec{r_i} \times \vec{F_i}\right]$$

$$= \Sigma_i\left[0 + \vec{r_i} \times \vec{F_i}\right] = \Sigma_i\left[\vec{r_i} \times \vec{F_i}\right] = \vec{\tau}_{net}$$

$$\therefore \qquad \frac{d\vec{L}}{dt} = \vec{\tau}_{\text{net}}$$

यहाँ $\vec{\tau}_{\text{net}}$ पिंड पर लगाए गए सभी बाहरी बलों के कारण उत्पन्न कुल या परिणामी बल आघूर्ण है।

यदि $\vec{\tau}_{\text{net}} = 0$ तब $\frac{d\vec{L}}{dt} = 0$, इस प्रकार, $L = I\omega =$ नियतांक या $I_1\omega_1 = I_2\omega_2$

यदि पिंड पर कुल बाह्य बल आघूर्ण शून्य है (या कोई बल आघूर्ण नहीं लगाया जाता है), तो पिंड का कुल कोणीय संवेग नियत रहता है। इस अवधारणा को कोणीय संवेग के संरक्षण का सिद्धांत कहा जाता है।

(b) कोणीय संवेग संरक्षण के उदाहरण

1. **घूर्णन टेबल का उदाहरण:** जब कोई व्यक्ति अपनी बाहों को फैलाकर घूर्णन टेबल पर खड़ा होता है और प्रत्येक हाथ में वजन रखता है, तो घूर्णन टेबल एक नियत कोणीय संवेग के साथ घूर्णन करती है। अब यदि वह भार को अपने शरीर की ओर खींचता है, तो कोणीय वेग में अचानक वृद्धि होती है। ऐसा इसलिए होता है क्योंकि जब वह व्यक्ति वजन को अंदर की ओर खींचता है तो उसका जड़त्व आघूर्ण कम हो जाता है। चूंकि, यहाँ कोई बाह्य बल आघूर्ण नहीं लगाया जाता है, अत: कोणीय संवेग संरक्षण के नियम से जब जड़त्व आघूर्ण कम हो जाता है, तो कोणीय वेग का मान बढ़ जाता है, ताकि कोणीय संवेग का मान $(I_1\omega_1 = I_2\omega_2)$ स्थिर रहे।
2. इसी प्रकार बैले डांसर, गोताखोर कोणीय संवेग संरक्षण के सिद्धांत का उपयोग करते हैं।

4.1.5 परिभ्रमण त्रिज्या

किसी पिंड का जड़त्व आघूर्ण $= I = m_1r_1^2 + m_2r_2^2 + m_3r_3^3 ..... = \sum_{i=1}^{n} m_ir_i^2$ के रूप में लिखा जाता है।

पिंड के जड़त्व आघूर्ण को $I = M \times K^2$ के रूप में भी लिखा जा सकता है।

यहाँ M पिंड का कुल द्रव्यमान है और K परिभ्रमण त्रिज्या है।

$$MK^2 = \sum_{i=1}^{n} m_ir_i^2$$

इस प्रकार, परिभ्रमण त्रिज्या $K = \sqrt{\frac{\sum_{i=1}^{n} m_i r_i^2}{M}}$

एक घूर्णन पिंड की परिभ्रमण त्रिज्या K, घूर्णन अक्ष से त्रिज्यीय दूरी के बराबर होती है, जिसके वर्ग को पिंड के कुल द्रव्यमान से गुणा करने पर उस पिंड का जड़त्व आघूर्ण प्राप्त होता है।

4.1.6 समांतर और लंबवत अक्षों का प्रमेय (केवल कथन)

A. लम्बवत अक्ष प्रमेय

इस प्रमेय के अनुसार, किसी लैमिना का उसके तल के लम्बवत अक्ष के परितः जड़त्व आघूर्ण I_z, उस तल में स्थित उन दो परस्पर लम्बवत अक्षों के परितः लैमिना के जड़त्व आघूर्णो (I_x और I_y) के योग के बराबर होता है, जिनके कटान बिंदु उस अक्ष पर स्थित होते है।

अतः $$I_z = I_x + I_y$$

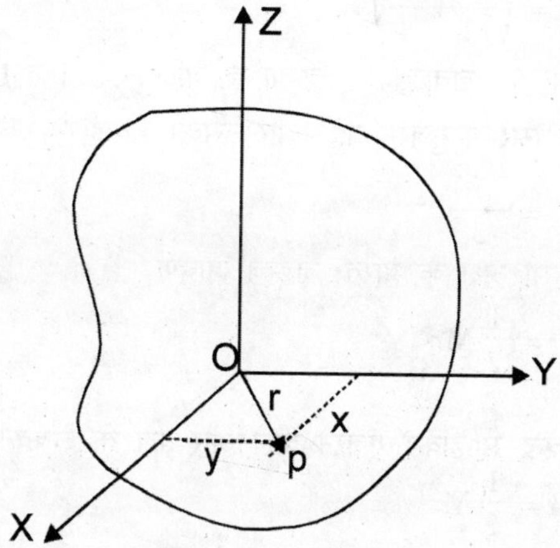

चित्र 4.5: लम्बवत अक्ष प्रमेय

B. जड़त्व आघूर्ण का समांतर अक्ष प्रमेय

इस प्रमेय के अनुसार, किसी पिंड का दिए गए अक्ष (AB) के परितः जड़त्व आघूर्ण I_{AB}, उस पिंड के द्रव्यमान केंद्र (C) से होकर गुजरने वाली समांतर अक्ष के परितः जड़त्व आघूर्ण तथा पिंड के द्रव्यमान M और दोनों समांतर अक्षों के बीच की लम्बवत दूरी '*d*' के वर्ग के गुणनफल के योग के बराबर होती है।

अतः $$I_{AB} = I_C + Md^2$$

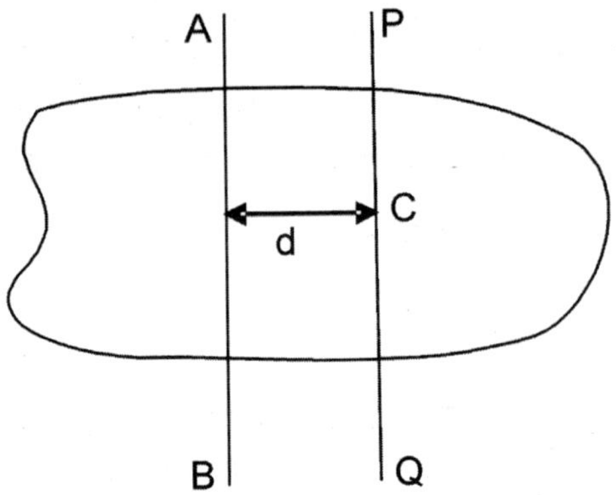

चित्र 4.6: समांतर अक्ष प्रमेय

4.1.7 निम्नलिखित निकायों का जड़त्व आघूर्ण

(a) छड़:

(1) किसी छड़ के केंद्र से होकर गुजरने वाले और उसकी लंबाई के लंबवत अक्ष के परितः जड़त्व आघूर्ण

$$I = \left(\frac{l^2}{12} + \frac{r^2}{4}\right)$$

जहाँ, M = द्रव्यमान, l = लंबाई, r = त्रिज्या है, यदि $r <<< l$ तो $I = \frac{Ml^2}{12}$

(2) किसी छड़ के एक सिरे से गुजरने वाले और उसकी लंबाई के लम्बवत अक्ष के परितः जड़त्व आघूर्ण

$$I' = \frac{Ml^2}{3}$$

(3) किसी छड़ का किसी अक्ष के परितः जड़त्व आघूर्ण

$$I'' = \frac{1}{2}Mr^2$$

(b) डिस्क:

(1) किसी डिस्क के केंद्र से होकर गुजरने वाले और तल के लंबवत अक्ष के परितः जड़त्व आघूर्ण

$$I = \frac{1}{2}Mr^2$$

(2) किसी डिस्क के केंद्र के समांतर तल से गुजरने वाले अक्ष या तल से या व्यास के परितः जड़त्व आघूर्ण

$$I = \frac{1}{4}Mr^2$$

(3) किसी डिस्क के तल के लम्बवत और स्पर्शरेखीय अक्ष के परितः जड़त्व आघूर्ण

$$I = \frac{1}{2}Mr^2 + Mr^2 = \frac{3}{2}Mr^2$$

(4) किसी डिस्क के तल के स्पर्शरेखीय अक्ष के परितः जड़त्व आघूर्ण

$$I = \frac{1}{4}Mr^2 + Mr^2 = \frac{5}{4}Mr^2$$

(c) वलय:

(1) किसी वलय के केंद्र से होकर गुजरने वाले और तल के लंबवत अक्ष के परित: जड़त्व आघूर्ण

$$I = Mr^2$$

(2) किसी वलय के तल में स्थित केंद्र से गुजरने वाले अक्ष या व्यास के परित: जड़त्व आघूर्ण

$$I = \frac{1}{2} Mr^2$$

(3) किसी वलय के तल के स्पर्शरेखीय अक्ष के परित: जड़त्व आघूर्ण

$$I = \frac{1}{2} Mr^2 + Mr^2 = \frac{3}{2} Mr^2$$

(4) किसी वलय के तल के लम्बवत और स्पर्शरेखीय अक्ष के परित: जड़त्व आघूर्ण

$$I = Mr^2 + Mr^2 = 2\ Mr^2$$

(d) ठोस गोला:

(1) किसी ठोस गोले के केंद्र से गुजरने वाले या व्यास के परित: जड़त्व आघूर्ण

$$I = \frac{2}{5} Mr^2$$

(2) किसी ठोस गोले का अपने स्पर्श रेखीय अक्ष के परित: जड़त्व आघूर्ण

$$I = \frac{2}{5} Mr^2 + Mr^2 = \frac{7}{5} Mr^2$$

(e) खोखला गोला: किसी खोखले गोले के केंद्र से होकर गुजरने वाले अक्ष या व्यास के परित: जड़त्व आघूर्ण:

$$I = \frac{2}{5} M \left(\frac{r_2^5 - r_1^5}{r_2^3 - r_1^3} \right)$$

जहाँ M = द्रव्यमान, r_2 = बाहरी त्रिज्या और r_1 = आंतरिक त्रिज्या है।

(f) गोलीय खोल: किसी गोलीय खोल के केंद्र से होकर गुजरने वाली अक्ष या व्यास के परित: जड़त्व आघूर्ण

$$I = \frac{2}{3} Mr^2$$

अनुप्रयोग (वास्तविक जीवन/औद्योगिक)

1. आटा पीसने वाली हाथ की चक्की में आघूर्ण भुजा (या बल की क्रिया की रेखा और धुरी के बीच की दूरी) को बढ़ाने के लिए चक्की के रिम के पास हैंडल लगाया जाता है। इससे बल आघूर्ण बढ़ जाता है, और आटे को कम मेहनत से पीसा जा सकता है।
2. जब ग्रह सूर्य की परिक्रमा करते हैं तो ग्रहों का कोणीय संवेग भी संरक्षित रहता है।
3. आइस स्केटर्स, जड़त्व आघूर्ण को बदलकर अपने कोणीय वेग को परिवर्तित करने में कोणीय संवेग संरक्षण का प्रयोग करते हैं।

केस-स्टडी (पर्यावरण/स्थिरता/सामाजिक/नैतिक मुद्दे)

जब एक बिल्ली ऊंचाई से जमीन पर गिरती है, तो वह पूंछ के साथ-साथ अपने शरीर को भी फैलाती है। जिससे बिल्ली का जड़त्व आघूर्ण उच्च रहता है और कोई बाहरी बल आघूर्ण नहीं लगता है। अत: कुल कोणीय संवेग संरक्षित रहता है क्योंकि बिल्ली रैखिक संवेग के संरक्षण के सिद्धांत का पालन करती है।

$$L = I\omega = \text{नियतांक (क्योंकि यहाँ } \tau = 0)$$

$$I_1\omega_1 = I_2\omega_2 \text{ यदि } I_1 < I_2 \text{ तो } \omega_1 > \omega_2$$

बिल्ली अपने पैरों को फैलाती है, इसलिए जड़त्व आघूर्ण बढ़ जाता है और कोणीय वेग कम हो जाता है। इस प्रकार, बिल्ली जमीन पर अपने पैरों पर सुरक्षित रूप से (या बिना चोट के) उतरती है।

अन्वेषण शीलता और जिज्ञासा पैदा करें

1. जब किसी पिंड को दक्षिणावर्त और वामावर्त घुमाया जाता है, तो लगने वाले अभिकेन्द्रीय बल की दिशा को समझाइये।
2. बल आघूर्ण शून्य होने पर भी किसी पिंड को घूर्णन कराया जा सकता है। इस स्थिति की व्याख्या कीजिये।
3. यदि विभिन्न पदार्थों के वलय (रिंग) और डिस्क के द्रव्यमान और त्रिज्या समान है, तो स्पष्ट कीजिए कि वलय का जड़त्व आघूर्ण डिस्क के जड़त्व आघूर्ण से अधिक होता है।

हल किये गए प्रश्न

प्रश्न 1. किसी 200 ग्राम द्रव्यमान और 20 सेमी त्रिज्या के एक समान वलय को उसके व्यास के परित: 10 rad/s के कोणीय वेग से घुमाया जाता है। तो (1) वलय का जड़त्व आघूर्ण (2) दिए गए अक्ष के परित: कोणीय संवेग ज्ञात कीजिए।

हल: (1) वलय का जड़त्व आघूर्ण $I = \frac{1}{2}MR^2 = \frac{1}{2} \times 0.2 \times 0.2 \times 0.2 = 4 \times 10^{-3}$ Kgm^2

(2) कोणीय संवेग $L = I\omega = 4 \times 10^{-3} \times 10 = 4 \times 10^{-2}$ Js

प्रश्न 2. त्रिज्या R के एक खोखले एकसमान गोले की स्पर्श रेखा के परित: परिभ्रमण त्रिज्या ज्ञात कीजिए।

हल: एक खोखले गोले का उसके व्यास के परित: जड़त्व आघूर्ण $I_{dia} = \frac{2}{3}MR^2$ होता है।

अत:, खोखले गोले का उसकी स्पर्शरेखा के परित: जड़त्व आघूर्ण $I = I_{dia} + MR^2$ (समांतर अक्ष प्रमेय द्वारा)

$$I = \frac{2}{3}MR^2 + MR^2 = \frac{5}{3}MR^2$$

यदि K परिभ्रमण त्रिज्या है, तो $MR^2 = \frac{5}{3}MR^2$ या $K = R\sqrt{\frac{5}{3}}$

प्रश्न 3. यदि किसी कण पर कोई बिंदु (1, 1, 0) पर कार्य करता है, तो मूल बिंदु के परित: उस बल $\vec{F} = 2\hat{i} + 3\hat{j}$ का बल आघूर्ण ज्ञात कीजिए।

हल: बल आघूर्ण $\vec{\tau} = \vec{r} \times \vec{F}$, कण की स्थिति सदिश $\vec{r} = \hat{i} + \hat{j} + 0\vec{k} = \hat{i} \times \hat{j}$

$$\vec{\tau} = (\vec{i} + \vec{j}) \times (2\vec{i} + 3\vec{j}) = 2(\vec{i} \times \vec{i}) + 3(\vec{i} \times \vec{j}) + 2(\vec{j} \times \vec{i}) + 3(\vec{j} \times \vec{j})$$

$$= 3\vec{k} - \vec{k} = \vec{k} \text{ Nm}$$

प्रश्न 4. किसी डिस्क का (1) इसके व्यास के परित: और (2) इसके तल के लंबवत स्पर्शरेखा के परित: जड़त्व आघूर्ण ज्ञात कीजिये।

हल: (1) $I_z = I_x + I_y = 2I_x = 2I_y$ या $I_x = I_y = \frac{1}{2}I_z = \frac{1}{2}\left(\frac{1}{2}MR^2\right) = \frac{1}{4}MR^2$ (लंबवत अक्ष प्रमेय द्वारा)

(2) तल के लंबवत स्पर्शरेखा के परित: डिस्क का जड़त्व आघूर्ण $I_t = \frac{1}{2}MR^2 + MR^2 = \frac{3}{2}MR^2$ (समांतर अक्ष प्रमेय द्वारा)

यूनिट सारांश

- जब किसी पिंड के सभी कण एक ही वेग से एक बिंदु से दूसरे बिंदु पर स्थानांतरित होते हैं तो उस गति को स्थानांतरीय गति कहा जाता है और यदि पिंड किसी अक्ष के परितः घूर्णन करता है, तो उस गति को घूर्णी गति कहा जाता है।
- बल के आघूर्ण को बल आघूर्ण ($\vec{\tau} = \vec{r} \times \vec{F}$) कहते हैं और रैखिक संवेग के आघूर्ण को कोणीय संवेग ($\vec{L} = \vec{r} \times \vec{p}$) कहते हैं।
- यदि किसी पिंड पर लगाया गया कुल बल आघूर्ण शून्य है, तो पिंड का कोणीय संवेग संरक्षित रहता है अर्थात $I_1\omega_1 = I_1\omega_2$। इस तथ्य को कोणीय संवेग संरक्षण का सिद्धांत कहा जाता है।
- द्रव्यमान और घूर्णन अक्ष से दूरी के गुणनफल को जड़त्व आघूर्ण $I = MR^2$ कहा जाता है।
- $I_z = I_x + I_y$ लंबवत अक्ष प्रमेय है और $I_{AB} = I_C + Md^2$ समांतर अक्ष प्रमेय है।
- जड़त्व आघूर्ण, द्रव्यमान और द्रव्यमान के वितरण पर निर्भर करता है। परिभ्रमण त्रिज्या $K = \sqrt{\frac{\sum_{i=1}^{n} m_i r_i^2}{M}}$ के रूप में दी जाती है।
- केन्द्र से होकर गुजरने वाले और तल के लम्बवत वलय का जड़त्व आघूर्ण $I = Mr^2$ और डिस्क का जड़त्व आघूर्ण $I = \frac{1}{2}MR^2$ होता है। मध्यबिंदु से गुजरने वाले और लंबाई के लंबवत अक्ष के परितः किसी छड़ का जड़त्व आघूर्ण $I = \frac{1}{12}MR^2$ होता है। व्यास के परितः ठोस गोले का जड़त्व आघूर्ण $I = \frac{2}{5}MR^2$ होता है।

अभ्यास

(A) वस्तुनिष्ठ प्रश्न

4.1 लंबाई L और द्रव्यमान M वाली तीन पतली छड़ें X, Y और Z अक्षों के साथ इस प्रकार रखी जाती हैं कि प्रत्येक छड़ का एक सिरा मूल बिंदु पर हो। तो X-अक्ष के परितः इस निकाय का जड़त्व आघूर्ण है: [LOD2]

(a) $\frac{1}{3}ML^2$ (b) $\frac{2}{3}ML^2$

(c) $\frac{1}{6}ML^2$ (d) ML^2

4.2 एक वलय का द्रव्यमान 20 gm और त्रिज्या 5 cm है। उसके व्यास के परितः वलय का जड़त्व आघूर्ण (10^{-5} kg m^2 के गुणक में) है: [LOD1]

(a) 5.0 (b) 2.5

(c) 25 (d) 4.0

4.3 किसी पिंड की सदिश स्थिति का परिमाण 2 m है, और उसके लंबवत दिशा में 10 N का बल लगाया जाता है। तब उस पिंड पर बल आघूर्ण (Nm में) है: [LOD1]

(a) 10 (b) 5

(c) 20 (d) 40

4.4 एक स्थिर मेज पर बैठे एक व्यक्ति ने अपनी बाहें जोड़ रखी हैं। यदि वह अपनी बाहों को फैलाता है तो घूर्णन अक्ष के परित: कोणीय वेग [LOD2]

(a) बढ़ता है (b) आधा हो जाता है

(c) अपरिवर्तित रहता है (d) घटता है

4.5 किसी डिस्क का जड़त्व आघूर्ण दिए गए अक्ष के परित: 0.02 kgm^2 और कोणीय त्वरण 20 rad/s^2 है। तो उस डिस्क पर बल आघूर्ण (N-m में) है: [LOD1]

(a) 0.2 (b) 4

(c) 2 (d) 0.4

4.6 एक एकसमान डिस्क का उसके तल के स्पर्शरेखीय दिशा के परित: जड़त्व आघूर्ण है: [LOD2]

(a) $\frac{5}{4}MR^2$ (b) $\frac{1}{4}MR^2$

(c) $\frac{3}{2}MR^2$ (d) $\frac{1}{2}MR^2$

4.7 एक वलय का उसके तल के लंबवत स्पर्शरेखीय दिशा के परित: जड़त्व आघूर्ण है: [LOD2]

(a) $\frac{1}{2}MR^2$ (b) $\frac{1}{4}MR^2$

(c) $2\ MR^2$ (d) $\frac{3}{2}MR^2$

4.8 एक ठोस गोले का उसकी स्पर्शरेखा के परित: जड़त्व आघूर्ण है: [LOD2]

(a) $\frac{7}{5}MR^2$ (b) $\frac{2}{5}MR^2$

(c) $\frac{1}{5}MR^2$ (d) $\frac{3}{5}MR^2$

4.9 किसी निकाय की परिभ्रमण त्रिज्या निम्न मे से किस पर निर्भर करती है: [LOD1]

(a) द्रव्यमान (b) अक्ष की सापेक्ष स्थिति

(c) आयतन (d) बल आघूर्ण

4.10 किसी घूर्णन पिंड का जड़त्व आघूर्ण निर्भर करता है: [LOD1]

(a) केवल पिंड के द्रव्यमान पर (b) केवल द्रव्यमान के वितरण पर

(c) केवल घूर्णन अक्ष की स्थिति पर (d) दोनों (b) और (c)

4.11 सही/गलत बताइये [LOD1]

(1) परिभ्रमण त्रिज्या का मात्रक, लंबाई का मात्रक होता है।

(2) एक खोखले गोले का उसके व्यास के परित: जड़त्व आघूर्ण $\frac{2}{5}MR^2$ होता है।

(3) जड़त्व आघूर्ण एक सदिश राशि होती है।

(A) वस्तुनिष्ठ प्रश्नों के उत्तर

प्रश्न संख्या	4.1	4.2	4.3	4.4	4.5	4.6	4.7	4.8	4.9	4.10	4.11(1)	4.11(2)	4.11(3)
विकल्प	b	b	c	d	d	a	c	a	b	d	T	F	F

उत्तर 4.1 $I_x = 0, I_y = \frac{1}{3}ML^2, I_z = \frac{1}{3}ML^2$, कुल $I = 0 + \frac{1}{3}ML^2 + \frac{1}{3}ML^2 = \frac{2}{3}ML^2$

(B) विषयात्मक प्रश्न

4.1 (a) कोणीय संवेग संरक्षण का सिद्धांत लिखिए।
(b) जड़त्व आघूर्ण के समांतर और लंबवत अक्ष प्रमेय लिखिए।
(c) परिभ्रमण त्रिज्या को परिभाषित कीजिए। [LOD1]

4.2 एक कण जिसका द्रव्यमान 3 kg है, वेग $(3\vec{i} + 4\vec{j})$ m/s से गति कर रहा है। तो, बिंदु (2, 2, 0) पर स्थित एक कण का मूल बिंदु के परितः कोणीय संवेग ज्ञात कीजिए। [LOD2]

4.3 4 kg का एक द्रव्यमान 1.0 m त्रिज्या के एक वृत्त पर 40 $radS^{-1}$ के कोणीय वेग के साथ घूर्णन करता है। यदि पथ की त्रिज्या 2.0 m हो जाए तो, वृत्त की बढ़ी हुई त्रिज्या के अंतर्गत कोणीय वेग ज्ञात कीजिए। [LOD2]

4.4 एक घूर्णन करने वाले पिंड का कोणीय संवेग 30 Js और आवृत्ति (या घूर्णन की दर) 30 rev/s है। तो उस पिंड का जड़त्व आघूर्ण ज्ञात कीजिए। [LOD3]

4.5 40 ग्राम द्रव्यमान के एक वलय की त्रिज्या 20 सेमी है। तो वलय का जड़त्व आघूर्ण ज्ञात कीजिए (1) केंद्र से गुजरने वाले और उसके तल के लम्बवत अक्ष के परितः (2) वलय के तल के लम्बवत और स्पर्शरेखीय अक्ष के परितः। [LOD2]

4.6 एक पहिये को घूर्णन कराने के लिए 200 N-m का बाह्य बल आघूर्ण लगाया जाता है। घूर्णन अक्ष के परितः पहिये का जड़त्व आघूर्ण 25 kgm^2 है, तो (1) कोणीय त्वरण (2) स्थिर अवस्था से 3 sec के बाद कोणीय वेग ज्ञात कीजिये। [LOD2]

4.7 किसी पिंड का जड़त्व आघूर्ण 2 kg m^2 है। तो 5 $radS^{-2}$ का कोणीय त्वरण उत्पन्न करने के लिए आवश्यक बल आघूर्ण ज्ञात कीजिये। [LOD1]

4.8 किसी डिस्क का उसके केंद्र से होकर गुजरने वाले और उसके तल के लम्बवत अक्ष के परितः जड़त्व आघूर्ण $\frac{1}{2}MR^2$ है। तो इसके व्यास के परितः जड़त्व आघूर्ण ज्ञात कीजिए। [LOD2]

(B) विषयात्मक प्रश्नों के उत्तर

4.1 $I_x = 0, I_y = \frac{1}{3}ML^2, I_z = \frac{1}{3}ML^2$ अतः $I = 0 + \frac{1}{3}ML^2 + \frac{1}{3}ML^2 = \frac{2}{3}ML^2$

4.2 $\vec{L} = \vec{r} \times \vec{p} = m(\vec{r} \times \vec{v}) = 3(2\hat{i} + 2\hat{j}) \times (3\hat{i} + 4\hat{j}) = 6\vec{k}\ kgm^2\ s^{-1}$

4.3 $I_1\omega_1 = I_2\omega_2$ या $I_1 = mr_1^2,\ I_2 = mr_2^2,\ \omega_2 = 10$ rad/s

4.4 $L = I\omega = I_2\pi n$ या $I = 0.16\ kgm^2$

4.5 $I = MR^2 = 1.6 \times 10^{-3}\ kgm^2$ या $I = MR^2 + MR^2 = 3.2 \times 10^{-3}\ kgm^2$

4.6 $\tau = I\alpha,\ \alpha = 8\ rad/s^2$ और $\omega = \omega_0 + \alpha_t = 0 + 8 \times 3 = 24$ rad/s

4.7 $\tau = I\alpha = 2 \times 5 = 10$ Nm

4.8 $I_z = I_x + I_y = 2I_x = 2I_y$ या $I_{dia} = I_x = I_y = \frac{1}{2}I_z = \frac{1}{4}MR^2$

प्रायोगिक कार्य

प्रयोग 1. एक गतिपालक चक्र का जड़त्व आघूर्ण ज्ञात करना।

प्रायोगिक महत्व

इस प्रयोग में घूर्णन गतिकी की अवधारणाओं को समझाया जाएगा इसमें किसी गतिपालक चक्र की गति का यथार्थवादी विश्लेषण किया जा सकता है। इस प्रयोग में गतिमान गतिपालक चक्र पर कुल घर्षण बल को स्थिर माना जाएगा। घूर्णन गतिकी को लागू कर, मापन त्रुटियों का निर्धारण किया जाएगा।

प्रासंगिक सिद्धांत

जड़त्व आघूर्ण: यह किसी पिंड का वह गुण है, जिसके कारण कोई पिंड अपनी विराम अवस्था या एकसमान घूर्णन गति में परिवर्तन का विरोध करता है। जड़त्व आघूर्ण, किसी पिंड के घूर्णन अक्ष के परित: द्रव्यमान और द्रव्यमान वितरण पर निर्भर करता है।

माना कि n_1 अक्षदंड पर डोरी के फेरों की संख्या, और r अक्षदंड की त्रिज्या है। यदि द्रव्यमान m को डोरी के मुक्त सिरे से जोड़ा जाता है और यह द्रव्यमान अक्षदंड से निकलने के बाद h ऊँचाई से गिरता है, तो ऊर्जा संरक्षण के नियम से द्रव्यमान m की स्थितिज ऊर्जा = mgh, निम्नलिखित तीन रूपों में परिवर्तित हो जाती है:

m द्रव्यमान की स्थितिज ऊर्जा = द्रव्यमान m की K.E. + चक्र की घूर्णी K.E. + घर्षण बल के विरुद्ध किया गया कार्य

$$mgh = \frac{1}{2}mv^2 + \frac{1}{2}I\omega^2 + n_1 W_f \quad .....(1)$$

यहाँ I जड़त्व आघूर्ण और W_f अक्षदंड के घर्षण बल के विरुद्ध किया गया कार्य है, $(v = r\omega)$ और चक्र की घूर्णी K.E. n_2 घुमावों के बाद विराम अवस्था में आने से पहले चक्र के द्वारा घर्षण के विरुद्ध किये गए कार्य के बराबर है,

इस प्रकार, $\frac{1}{2}I\omega^2 = n_2 W_F$ या $W_f = \frac{I\omega^2}{2n_2}$

समीकरण (1) में W_f और v के मान रखने पर,

$$mgh = \frac{m\omega^2}{2r^2} + \frac{1}{2}I\omega^2 + n_1\frac{I\omega^2}{2n_2}$$

या $I = \dfrac{\left(2mgh - \dfrac{m\omega^2}{r^2}\right)n_2}{\omega^2 (n_1 + n_2)}$

किन्तु, ω का मान बहुत कम होता है, इसलिए $\dfrac{m\omega^2}{r^2}$ की उपेक्षा की जा सकती है।

$\therefore$ गतिपालक चक्र का जड़त्व आघूर्ण $I = \dfrac{2mghn_2}{\omega^2(n_1 + n_2)}$ .....(2)

यदि गतिपालक चक्र n_2 घूर्णन के लिए t समय लेता है, तो चक्र के औसत कोणीय वेग है: $\omega_{avg} = \dfrac{2\pi n_2}{t}$

यदि, जब द्रव्यमान m जमीन को छूता है, तब चक्र का प्रारंभिक कोणीय वेग ω है और जब चक्र का घूर्णन बंद हो जाता है तब उसका अंतिम वेग शून्य होता है, अत: चक्र का औसत कोणीय वेग है:

$\omega_{avg} = \dfrac{\omega + 0}{2} = \dfrac{\omega}{2}$, इस प्रकार $\dfrac{\omega}{2} = \dfrac{2\pi n_2}{t}$ या $\omega = \dfrac{4\pi n_2}{t}$

ω का मान समीकरण (2) में रखनें पर, $I = \dfrac{mght^2}{8\pi^2 n_2(n_1 + n_2)}$ ...(3)

यहाँ ऊँचाई h जिसके माध्यम से द्रव्यमान m तब तक गिरता है जब तक कि डोरी अक्षदंड से अलग नहीं हो जाती है,

h = अक्षदंड की परिधि × अक्षदंड पर लपेटे गए डोरी के फेरों की संख्या = $(2\pi r)n_1$

समीकरण (3) में h का मान रखने पर,

गतिपालक चक्र का जड़त्व आघूर्ण $I = \dfrac{mgrn_1 t^2}{\theta\pi n_2(n_1 + n_2)}$

यहाँ m = डोरी के दूसरे सिरे से जुड़ा द्रव्यमान, r = अक्षदंड की त्रिज्या, n_1 = धुरी पर लिपटी डोरी के फेरों की संख्या, n_2 = गतिपालक चक्र के रुकने से पहले उसके चक्करों की संख्या, t = विराम घड़ी में मापा गया समय और n_2 की गिनती तब शुरू होती है जब डोरी अलग हो जाती है और अंत में गतिपालक चक्र का घूर्णन रुक जाता है।

प्रैक्टिकल आउटकम्स (PrO)

PrO1: जड़त्व आघूर्ण की अवधारणा को समझना।

PrO2: गतिपालक चक्र का जड़त्व आघूर्ण ज्ञात करना।

PrO3: गतिपालक चक्र के जड़त्व आघूर्ण की तुलना उसके सैद्धांतिक मान M.I. से करना।

प्रायोगिक व्यवस्था (चित्रांकन/ रेखा-चित्र/ रैखिक परिपथ/कार्य स्थिति)

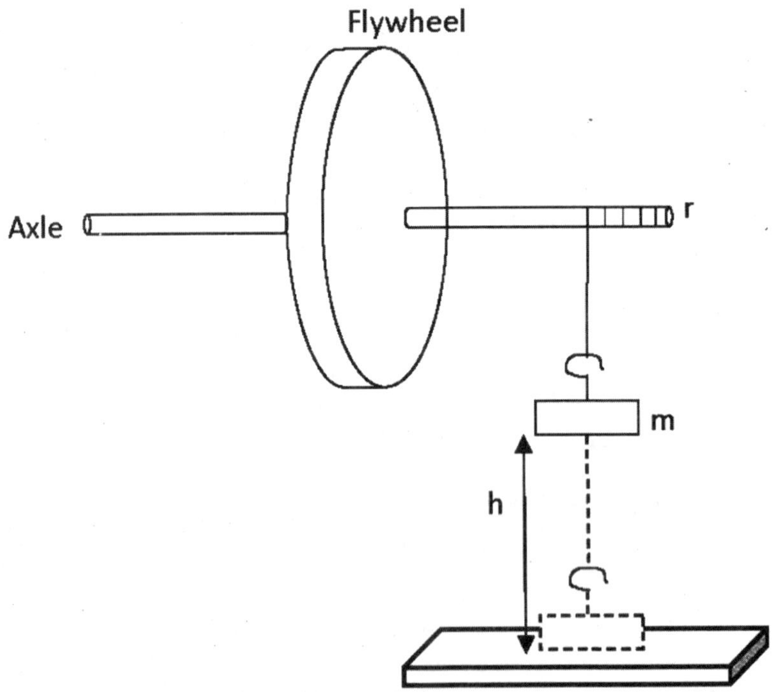

चित्र 4.7 गतिपालक चक्र

आवश्यक संसाधन

क्रमांक	सुझाए गए आवश्यक संसाधन मशीनें/यंत्र /महत्वपूर्ण विशिष्टताओं वाले उपकरण	मात्रा	वास्तविक आवश्यक संसाधन मशीनें/यंत्र /महत्वपूर्ण विशिष्टताओं वाले उपकरण (छात्र द्वारा भरे जाने के लिए)		टिप्पणियाँ (यदि कोई हो, तो)
			मॉडल	विवरण	
1.	गतिपालक चक्र उपकरण		1		
2.	हेंगर के साथ खांचेदार वजन		1		
3.	विराम घड़ी		1		
4.	डोरी		1		
5.	वर्नियर कैलीपर		1		

सावधानियाँ

1. अक्षदंड पर लपेटी गयी डोरी के फेरों के बीच कोई रिक्ति या अतिव्यापन नहीं होना चाहिए।
2. डोरी या धागा, अक्षदंड के व्यास की तुलना में पतला होना चाहिए।
3. प्रेक्षण लेते समय, प्रेक्षक को यह ध्यान देना चाहिए की गतिपालक चक्र पर कोई धक्का ना लगे।
4. जब द्रव्यमान गिरता है, तब उपकरण के नीचे नहीं खडा होना चाहिए।
5. समय के मापन में त्रुटि से बचने के लिए, विराम घड़ी को सावधानी से उपयोग करना चाहिए।

प्रयोग विधि

1. गतिपालक चक्र में घर्षण न्यूनतम होना चाहिए।
2. अक्षदंड पर डोरी के लपेटे गए फेरों की संख्या n_1 है, और डोरी के दूसरे छोर से जुड़े द्रव्यमान के तीन पाठ्यांक के लिए n_1 = 8, 9 और 10 लीजिये (सुझाया गया है)।
3. डोरी या धागे को अक्षदंड पर समान रूप से या एकरूपता के साथ लपेटिये।
4. गतिपालक चक्र की परिधि पर निशान लगाएँ ताकि चक्र के चक्करों की संख्या गिनने में आसानी हो और अंतिम अपूर्ण चक्कर में परिधि की लंबाई का माप हो सके।
5. विराम घड़ी को अक्षदंड से भारित डोरी को अलग करने के तुरंत बाद शुरू किया जाना चाहिए और जब गतिपालक चक्र घूमना बंद कर दे तो इसे रोक दें। इस प्रकार विराम घड़ी से समय t को मापा जाता है।
6. इसी प्रकार, गतिपालक चक्र के चक्करों की संख्या n_2 को समय t के साथ ऊपर की तरह मापा जाना चाहिए और अंतिम अपूर्ण चक्कर को अंश x/y द्वारा मापा जाना चाहिए, जहाँ x पिछले अपूर्ण चक्कर में कवर किए गए चक्र की परिधि के हिस्से की लंबाई है और y चक्र की परिधि है, लंबाई x और y दोनों को डोरी और मीटर स्केल की मदद से मापा जाता है। (वीडियो देखें, लिंक दिया गया है)।
7. अक्षदंड की त्रिज्या वर्नियर कैलीपर द्वारा मापी जाती है, जहाँ त्रिज्या r = 1/2 (औसत व्यास), और व्यास का पाठ्यांक, मुख्य पैमाने के पाठ्यांक (MSR) और वर्नियर पैमाने के सम्पाती भाग और अल्पतमांक (L.C.) के गुणनफल के योग के बराबर होता है।
8. डोरी के दूसरे सिरे से जुड़े द्रव्यमान के लिए खांचेदार वजन का उपयोग हैंगर के साथ किया जाता है।

प्रेक्षण और गणना

अक्षदंड के व्यास के लिए प्रेक्षण तालिका

क्रमांक	मुख्य पैमाने का पाठ्यांक (MSR)	वर्नियर पैमानें का सम्पाती भाग (VSD) n	व्यास = MSR + $n \times$ L.C.
1.			
2.			
3.			

जड़त्व आघूर्ण (I) के लिए तालिका

क्रमांक	हैंगर के साथ वजन	अक्षदंड पर डोरी के फेरों की संख्या n_2	गतिपालक चक्र द्वारा पूर्ण किये गए चक्करों की संख्या				माध्य n_2	माध्य $t(s)$	माध्य समय (s)	$I = \frac{mgrn_1t^2}{4\pi n_2(n_1+n_2)}$
			पूर्ण चक्करों की संख्या (a)	संकेतक से लगाए गए चाक चिह्न की दूरी x	भिन्नात्मक संयोजन $b = x/y$	$n_2 = (a+b)$				
1.		8								
		9								
		10								
2.		8								
		9								
		10								

गणना:

अक्षदंड का माध्य व्यास = ...cm

अक्षदंड का संशोधित व्यास d = माध्य व्यास - (± वर्नियर कैलीपर की शून्यांक त्रुटि)

अक्षदंड की संशोधित त्रिज्या $r = d/2$ = ... cm

गतिपालक चक्र की जड़त्व आघूर्ण की गणना सूत्र $I = \frac{mgrn_1t^2}{4\pi n_2(n_1+n_2)}$ द्वारा की जाती है।

गतिपालक चक्र के जड़त्व आघूर्ण का माध्य मान = ... kgm^2

परिणाम और/या व्याख्या

गतिपालक चक्र का जड़त्व आघूर्ण I = ……. kgm^2

निष्कर्ष और/या सत्यापन (विद्यार्थी द्वारा भरा जाना है)

....

....

प्रयोग संबंधित या मौखिक प्रश्न

गतिपालक चक्र पर सिमुलेशन

1. जड़त्व आघूर्ण को परिभाषित करें।
2. कोणीय वेग को परिभाषित कीजिए तथा आवृत्ति (चक्र प्रति सेकंड) के साथ इसका संबंध बताइये।
3. गतिपालक चक्र के दैनिक जीवन के अनुप्रयोग का वर्णन करें।

4. गिरते हुए द्रव्यमान की नष्ट हुई स्थितिज ऊर्जा के विभिन्न रूपों में परिवर्तन की व्याख्या कीजिये।
5. किसी मशीन में गतिपालक चक्र की कार्यविधि की व्याख्या कीजिए।

सुझाई गई मूल्यांकन योजना (शिक्षक द्वारा भरा जाना है)

दिए गए कार्य निष्पादन संकेतक, प्रक्रिया और परिणाम सहसंबंध के मूल्यांकन के लिए दिशा निर्देश के रूप में उपयोग करने चाहिए।

	कार्य निष्पादन संकेतक	भारिता	प्राप्तांक
प्रक्रिया सूचक : .... अंक' (...........%)		**60%**	
1.	डोरी के आवश्यक फेरों एवं खांचेदार वजन के साथ उपकरण का समायोजन	15%	
2.	गतिपालक चक्र के चक्करों की उचित गणना	15%	
3.	विराम घड़ी की सहायता से समय का उचित मापन	15%	
4.	गणना और परिणाम प्राप्ति	15%	
परिणाम सूचक : .... अंक' (...........%)		**40%**	
5.	त्रुटि का अनुमान	10%	
6.	परिणाम और व्याख्या	10%	
7.	निष्कर्ष और सत्यापन	10%	
8.	प्रायोगिक प्रश्नों या मौखिक प्रश्नों के उत्तर देने की तैयारी	10%	
	कुल	**100%**	

*** प्रक्रिया और परिणाम मूल्यांकन के लिए अंक और प्रतिशत भार शिक्षक द्वारा तय किये जायें।**

विद्यार्थी का नामः .... प्राप्तांक			**शिक्षक के हस्ताक्षर (दिनांक के साथ)**
प्रक्रिया सूचक	परिणाम सूचक	कुल	

अधिक जानिए

घूर्णी गतिज ऊर्जा K.E. = $\frac{1}{2}$Iω^2। हम जानते हैं कि K.E. = $\frac{1}{2}mv^2 = \frac{1}{2}m(\omega r)^2 = \frac{1}{2}mr^2\omega^2 = \frac{1}{2}I\omega^2$ $(v = r\omega)$। घूर्णी गति में किया गया कार्य $W = F.s = ma.\ s = m(\alpha r).(r\theta) = mr^2\alpha.\theta = I\ \alpha.\theta = \tau.\theta$ $(a = \alpha r)$, $(\boldsymbol{s} = \boldsymbol{r\theta})$, $(I = mr^2)$, $(\boldsymbol{\tau} = \boldsymbol{I\alpha})$)। शक्ति = कार्य/समय = $\boldsymbol{\tau.\theta}/t = \boldsymbol{\tau.\omega}$। **यहाँ** मोटे अक्षर **सदिश राशियाँ** हैं और प्रतीकों के सामान्य अर्थ हैं।

अभिनव प्रयोग/परियोजनाएं/गतिविधियां डिजाइन करें:

1. किसी दी गयी छड़ का जड़त्व आघूर्ण ज्ञात करना।
2. किसी दिए गए वलयं का जड़त्व आघूर्ण ज्ञात करना।

संदर्भ एवं अध्ययन हेतु सुझाव

संदर्भ

1. H. C. Verma, *Concepts of Physics Vol. I & II,* Bharti Bhawan Ltd. New Delhi, 2017.
2. J. Walker, *Principles of Physics,* 9th Edition, Hoboken, New Jersey: Wiley, 2011.
3. M. E. Browne, *Schaum's Outline of Physics For Engineering And Science,* 4th Edition, McGraw-Hill, 2019.
4. E. Hecht, *Schaum's Outline of College Physics,* 12th Edition, McGraw-Hill, 2017.
5. A. Halpern, *Schaum's 3,000 Solved Problems In Physics,* McGraw-Hill, 2011.
6. A. Beiser, *Schaum's Outline Of Applied Physics,* 4th Edition, Mc-Graw-Hill, 2009.
7. G. Mase, *Schaum's Outline Of Continuum Mechanics,* McGraw-Hill, 1969.
8. M. R. Spiegel, S. Lipschutz, Schaum's Outline Of Vector Analysis, 2ed, McGraw-Hill, 2009.
9. PhET Interactive Simulations, University of Colorado Boulder, https://phet.colorado.edu
10. OLabs, Developed by Amrita Vishwa Vidyapeetham & CDAC Mumbai and funded by MeitY (Ministry of Electronics & Information Technology, India), http://www.olabs.edu.in/
11. Swayam Prabha, INFLIBNET, India, https://www.swayamprabha.gov.in/index.php/
12. https://www.khanacademy.org/

प्रैक्टिकल हेतु सुझाए गये संसाधन

1. C. L. Arora, *B.Sc. Practical Physics,* S. Chand Limited, 2001.
2. G. L. Squires, *Practical Physics,* Cambridge University Press, 2001.
3. https://ophysics.com/r4.html

5 द्रव्यों के गुण

यूनिट विशिष्ट

भूमिका

यहाँ प्रतिबल, विकृति, और प्रत्यास्थता गुणांक को वर्गीकृत किया गया है। हुक के नियम के कथन और प्रतिबल-विकृति वक्र के महत्व को समझाया गया है। दाब की अवधारणा, इसके माप की विधि और उपकरण का वर्णन किया गया है जैसे कि फोर्टिन का बैरोमीटर। पृष्ठ तनाव में ससंजक और आसंजक बलों की भूमिका को समझाया गया है । पृष्ठ तनाव का उपयोग, और इस पर तापमान और अशुद्धि के प्रभावों को समझाया गया है। स्टोक का श्यानता का नियम और सीमांत वेग प्राप्त करने में इसके उपयोग का वर्णन किया गया है। श्यानता पर तापमान का प्रभाव और हाइड्रोलिक निकायों में श्यानता के प्रभाव को समझाया गया है। तरल गति के प्रकार, बरनौली का समीकरण, रेनॉल्ड संख्या और अविरतता का समीकरण भी इस पाठ में शामिल किया गया हैं।

पूर्व अपेक्षित ज्ञान

भौतिकी- बल, गति और कार्य की मूल जानकारियाँ

गणित- बीजगणित की मूल जानकारियाँ

अन्य- कम्प्यूटर का बुनियादी ज्ञान

यूनिट आउटकम्स (UOs)

U5-O1: प्रतिबल, विकृति और प्रत्यास्थता गुणांक के प्रकार और हुक के नियम का वर्णन करना। प्रतिबल-विकृति वक्र के महत्व को समझना।

U5-O2: वायुमंडलीय दाब को गेज दाब और निरपेक्ष दाब से संबंधित करना और वायुमंडलीय दाब को मापने में फोर्टिन के बैरोमीटर का उपयोग करना।

U5-O3: ससंजक और आसंजक बलों में अंतर करना। इंजीनियरिंग समस्याओं में पृष्ठ तनाव का उपयोग करना और उस पर तापमान एवं अशुद्धियों के प्रभाव की व्याख्या करना।

U5-O4: स्टोक के नियम का वर्णन करना एवं हाइड्रोलिक निकायों में सीमांत वेग ज्ञात करना। श्यानता पर तापमान के प्रभाव को ज्ञात करना।

U5-O5: तरल पदार्थ के धारारेखीय और विक्षुब्ध प्रवाह में अंतर करना। रेनाल्ड संख्या को समझना और बरनौली के प्रमेय का अध्ययन करना और उसको दैनिक जीवन में उपयोग में लाना।

कोर्स आउटकम्स (COs) के साथ यूनिट आउटकम्स (UOs) की मैपिंग (परस्पर संबंध)

यूनिट-5 आउटकम्स (UOs)	कोर्स आउटकम्स (COs) के साथ अपेक्षित संबंध *(1-कमजोर सहसंबंध, 2-मध्यम सहसंबंध, 3-मजबूत सहसंबंध)*					
	CO-1	CO-2	CO-3	CO-4	CO-5	CO-6
U5-O1	3	2	-	1	2	1
U5-O2	2	1	-	-	2	1
U5-O3	1	2	1	-	1	1
U5-O4	2	2	-	-	1	1
U5-O5	1	2	1	-	1	2

5.1 प्रत्यास्थता

रोचक तथ्य

किसी पिंड का वह गुण जिसके कारण बाह्य बल को हटाने के बाद वह पिंड अपने मूल विन्यास (आकार और माप) को पुनः प्राप्त कर लेता है, प्रत्यास्थता कहलाता है और उस वस्तु को प्रत्यास्थ वस्तु कहा जाता है। यदि बाह्य बल को हटाने के बाद, पिंड अपने प्रारंभिक विन्यास को पुनः प्राप्त नहीं करता है, तो इसे प्लास्टिक वस्तु कहा जाता है।

विरूपक बल: यह बाह्य रूप से लगाया जाने वाला वह बल है जिसके कारण किसी पिंड की विमाएँ बदल जाती हैं। प्रत्येक वस्तु के अणुओं के बीच एक अन्तराण्विक बल कार्य करता है, और जब किसी पिंड पर बाह्य बल लगाया जाता है तो ये अन्तराण्विक बल परिवर्तित हो जाते हैं और अणुओं पर प्रत्यानयन बल उत्पन्न हो जाता हैं।

प्रत्यानयन बल: यह किसी पिंड के अंदर उत्पन्न वह बल है जिसका परिमाण, आरोपित बाह्य बल के समान, किन्तु विपरीत दिशा में होता है। जब विरूपक बल को हटा दिया जाता है, तब प्रत्यानयन बल, अणुओं को उनकी मूल स्थिति में ले आता है। इस प्रकार, किसी वस्तु में प्रत्यास्थता के लिए अन्तराण्विक बल उत्तरदायी होते हैं।

5.1.1 प्रतिबल और विकृति की परिभाषा

(a) प्रतिबल

जब किसी पिंड पर बाह्य विरूपक बल लगाया जाता है, तो उस पिंड के अंदर समान किन्तु विपरीत बल उत्पन्न हो जाता है, जो उस पिंड के मूल आकार या माप को अपनी प्रारंभिक अवस्था मे लाने का प्रयास करता है। अतः बाह्य आरोपित बल के कारण किसी पिंड में उत्पन्न प्रति इकाई क्षेत्रफल प्रत्यानयन बल को प्रतिबल कहा जाता है।

प्रत्यास्थता पर अतिरिक्त (सिमुलेशन)

प्रतिबल का S.I. मात्रक N/m^2 या पास्कल (Pa) होता है और विमीय सूत्र $ML^{-1}T^{-2}$ होता है। यह एक टेंसर राशि होती है, क्योंकि इसके अलग-अलग दिशाओं में मान अलग-अलग होते हैं।

किसी पिंड पर, लगाए गए बलों के के प्रकार एवं तरीकों के आधार पर प्रतिबल तीन प्रकार के होते है:

1. **अनुदैर्ध्य या अभिलम्ब प्रतिबल:** जब बाह्य विरूपक बल, पिंड (तार या छड़) की लंबाई की दिशा में कार्य करता है तो प्रति इकाई क्षेत्रफल उस बल को अनुदैर्ध्य प्रतिबल कहा जाता है।

   (a) **तन्य प्रतिबल:** प्रति एकांक अनुप्रस्थ काट के क्षेत्रफल पर लगने वाला वह लम्बवत बल जो किसी तार की लंबाई में वृद्धि कर देता है, तन्य प्रतिबल कहलाता है। जब किसी तार या छड़ के सिरों के अनुप्रस्थ काट वाले क्षेत्र पर F परिमाण के एकसमान बल लंबवत रूप से लगाए जाते हैं, जैसा कि चित्र 5.1 में दिखाया गया है, तो लगने वाले प्रतिबल को तन्य प्रतिबल $= \frac{F}{A}$ के रूप में लिखा जाता है।

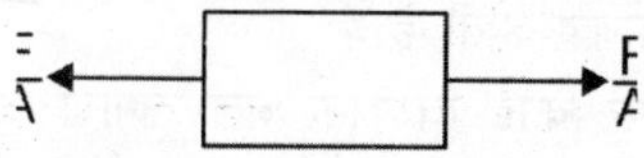

चित्र 5.1: तन्य प्रतिबल

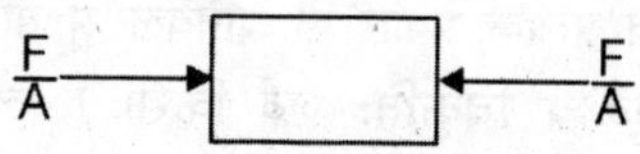

चित्र 5.2: संपीडन प्रतिबल

संपीड़न प्रतिबल: किसी पिंड के प्रति एकांक अनुप्रस्थ काट के क्षेत्रफल पर लगने वाला वह लम्बवत बल जो किसी पिंड में संकुचन उत्पन्न करता है, उसे संपीड़न प्रतिबल कहा जाता है। इसे, चित्र 5.2 में दिखाया गया है, और इसे संपीड़न प्रतिबल $= \frac{F}{A}$ के रूप में लिखा जाता है।

2. **आयतन प्रतिबल:** जब किसी पिंड के प्रत्येक बिंदु पर लम्बवत दिशा में समान दाब या प्रति एकांक क्षेत्रफल बल लगाया जाता है, तो प्रति इकाई क्षेत्रफल पर लगने वाले बल को आयतन प्रतिबल या दाब भी कहा जाता है। जब किसी पिंड पर दाब P से $(P + \Delta P)$ तक बढ़ा दिया जाता है, तो पिंड का आयतन V से $(V - \Delta V)$ तक घट जाता है जैसा कि, चित्र 5.3 में दिखाया गया है। दाब में परिवर्तन ΔP, प्रति एकांक क्षेत्रफल पर लगने वाला वह बल है, जिसके कारण पिंड का आयतन बदल जाता है।

   आयतन प्रतिबल = दाब में परिवर्तन $= \Delta P = \frac{F}{A}$ होता है।

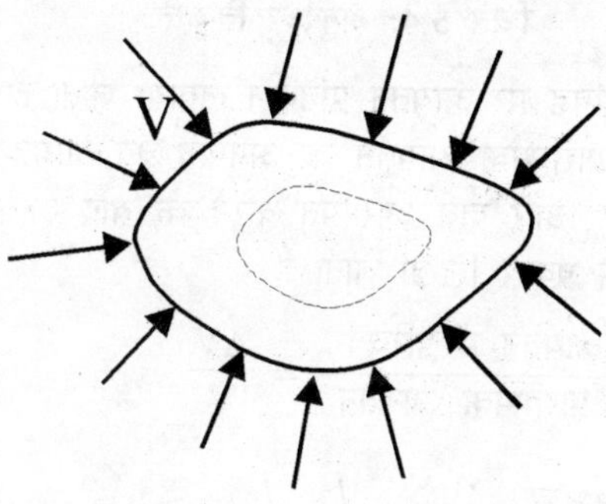

चित्र 5.3: आयतन प्रतिबल

पिंड की सममिति के आधार पर, पिंड का आकार बदल भी सकता है और नहीं भी।

3. **अपरूपण प्रतिबल:** जब किसी पिंड की सतह पर स्पर्श रेखीय दिशा में बल लगाया जाता है जिसके कारण उसका आकार बदल जाता है, तब सतह के प्रति एकांक क्षेत्रफल पर कार्य करने वाला बल, अपरूपण प्रतिबल कहलाता है। यदि लगाया गया स्पर्श रेखीय बल F है, तो अपरूपण प्रतिबल $= \frac{F}{A}$ होगा।

(b) विकृति

किसी पिंड के मूल आयाम (लंबाई, आयतन या आकार) में परिवर्तन और मूल आयाम के अनुपात को विकृति कहा जाता है। अर्थात, विकृति $= \dfrac{\text{विमा में परिवर्तन}}{\text{मूल विमा}}$

विकृति, एक इकाई विहीन और विमाहीन राशि होती है।

विकृति के प्रकार

ऊपर परिभाषित प्रत्येक प्रकार के प्रतिबल से तीन प्रकार की विकृतियाँ सम्बद्ध होती हैं।

1. **अनुदैर्ध्य विकृति:** जब किसी L लम्बाई की छड़ या तार पर कोई विरूपक बल लगाया जाता है, तो उसकी लंबाई में ΔL परिवर्तन हो जाता है, या तो उसकी लम्बाई L से बढ़कर $(L + \Delta L)$ या L से घटकर $(L - \Delta L)$ हो जाती है। लम्बाई में परिवर्तन और प्रारम्भिक लम्बाई के अनुपात को अनुदैर्ध्य विकृति कहा जाता है।

$$\text{अनुदैर्ध्य विकृति} = \frac{\text{लंबाई में परिवर्तन}}{\text{प्रारम्भिक लंबाई}} = \frac{\Delta L}{L}$$

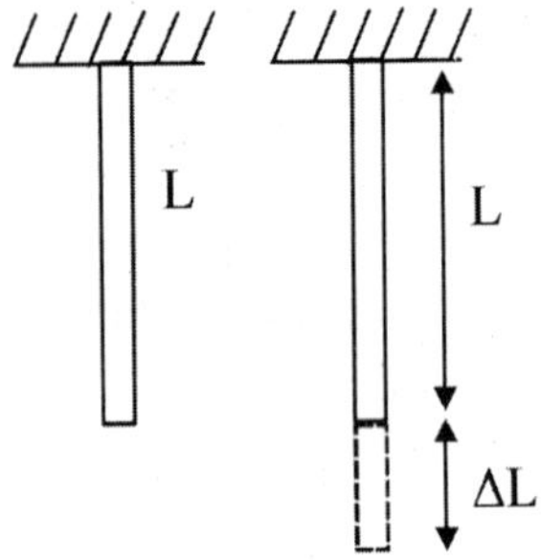

चित्र 5.4: अनुदैर्ध्य विकृति

2. **आयतन विकृति:** जब किसी पिंड पर आयतन प्रतिबल लगाया जाता है और उसका आयतन बदल जाता है। तब आयतन में परिवर्तन और प्रारम्भिक आयतन के अनुपात को आयतन विकृति कहा जाता है। यदि किसी वस्तु का प्रारम्भिक आयतन V, और दाब आरोपित करने के बाद आयतन में परिवर्तन V + V या V – V है, तो आयतन विकृति को इस प्रकार लिखा जाता है:

$$\text{आयतन विकृति} = \frac{\text{आयतन में परिवर्तन}}{\text{प्रारम्भिक आयतन}} = \frac{\Delta V}{V}$$

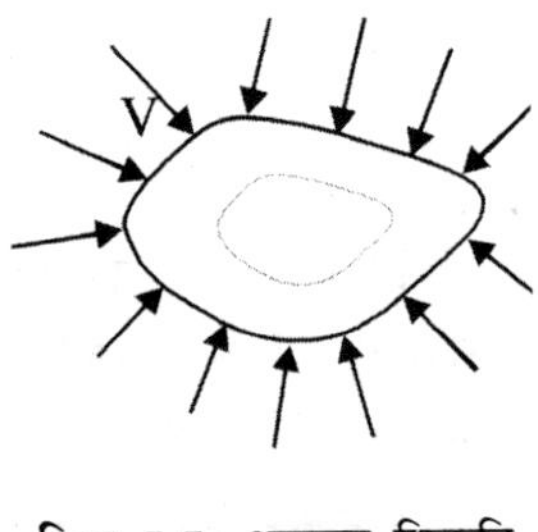

चित्र 5.5: आयतन विकृति

3. **अपरूपण विकृतिः** जब किसी पिंड पर अपरुपण प्रतिबल लगाया जाता है, तब उस पिंड का आकार बदल जाता है। माना किसी पिंड के ऊपरी पृष्ठ पर एक स्पर्शरेखीय बल F लगाया जाता है, तब आयताकार अनुप्रस्थ काट की आकृति एक आयत से एक समांतर चतुर्भुज में बदल जाती है। निचला किनारा AD स्थिर रहता है और ऊपरी किनारा BC, लम्बाई x से विस्थापित हो जाता है जैसा कि (चित्र 5.7) में दर्शाया गया है। तब अपरूपण विकृति को ऊपरी किनारे के विस्थापन और स्थिर किनारे से लम्बवत दूरी के अनुपात के रूप में परिभाषित किया जाता है।

$$\text{अपरूपण विकृति} = \frac{BB'}{AB} \qquad \left(\text{यहाँ } \tan\theta \cong \theta = \frac{BB'}{AB} = \frac{x}{L}\right)$$

$$\text{अतः अपरूपण विकृति} = \frac{x}{L}$$

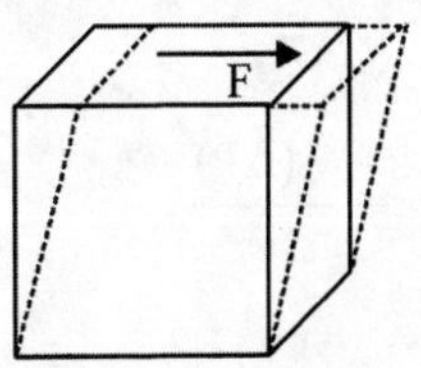

चित्र 5.6: अपरूपण प्रतिबल

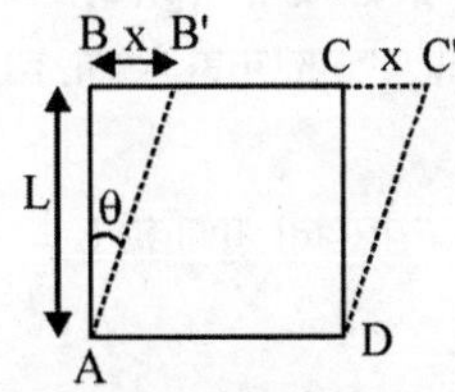

चित्र 5.7: अपरूपण विकृति

5.1.2 हुक का नियम और प्रत्यास्थता गुणांक

हुक का नियम

इस नियम के अनुसार, प्रत्यास्थता सीमा के भीतर किसी पिंड में प्रतिबल उसमें उत्पन्न विकृति के समानुपाती होता है। अर्थात प्रतिबल α विकृति

या $$\text{प्रतिबल} = E \text{ विकृति}$$

(यहाँ E एक नियतांक है और प्रत्यास्थता गुणांक के रूप में जाना जाता है।)

$$\therefore \qquad E = \frac{\text{प्रतिबल}}{\text{विकृति}}$$

प्रत्यास्थता गुणांक

प्रतिबल और विकृति के अनुपात को प्रत्यास्थता गुणांक कहा जाता है। प्रत्यास्थता गुणांक की S.I. इकाई N/M^2 या पास्कल (Pa) होती है। यह पिंड के पदार्थ की प्रकृति पर निर्भर करता है और उस पिंड की लंबाई एवं आयतन पर निर्भर नहीं करता है।

5.1.3 प्रत्यास्थता गुणांक के प्रकार

तीन प्रकार के प्रतिबल और विकृति के आधार पर तीन प्रकार के प्रत्यास्थता गुणांक होते हैं।

1. **यंग प्रत्यास्थता गुणांक (Y):** जब किसी अनुप्रस्थ काट A क्षेत्रफल वाली एक छड़ पर बल F लगाया जाता है तो अनुदैर्ध्य प्रतिबल $\left(\frac{F}{A}\right)$ उत्पन्न होता है। माना छड़ की प्रारम्भिक लंबाई L है और प्रतिबल के कारण लंबाई में परिवर्तन ΔL है। तब अनुदैर्ध्य विकृति $= \frac{\Delta L}{L}$

हुक के नियम के अनुसार, प्रतिबल के एक छोटे मान के लिए यंग प्रत्यास्थता गुणांक को अनुदैर्ध्य प्रतिबल और अनुदैर्ध्य विकृति के अनुपात के रूप में परिभाषित किया जाता है। तो यंग प्रत्यास्थता गुणांक

$$Y = \frac{\text{अनुदैर्ध्य प्रतिबल}}{\text{अनुदैर्ध्य विकृति}}$$

या
$$Y = \frac{\frac{F}{A}}{\frac{\Delta L}{L}} = \frac{FL}{A\Delta L}$$

2. **आयतन प्रत्यास्थता गुणांक:** किसी पिंड के आयतन प्रतिबल और आयतन विकृति के अनुपात को आयतन प्रत्यास्थता गुणांक कहा जाता है। अतः,

$$\text{आयतन प्रत्यास्थता गुणांक } B = \frac{\text{आयतन प्रतिबल}}{\text{आयतन विकृति}} = \frac{\Delta P}{\frac{-\Delta v}{V}} = \frac{-V(\Delta P)}{\Delta v}$$

यहाँ ऋणात्मक (–) चिह्न यह इंगित करता है कि, यदि दाब (Δp) बढ़ता है तो आयतन (Δv) घट जाता है।
संपीड्यता (K): किसी पदार्थ के आयतन प्रत्यास्थता गुणांक का व्युत्क्रम, उस पदार्थ का संपीड्यता गुणांक कहलाता है।

$$K = \frac{1}{B}$$

संपीड्यता की S.I. इकाई m^2/N या 1/पास्कल (Pa^{-1}) होती है।

3. **दृढ़ता गुणांक:** अपरूपण प्रतिबल और अपरूपण विकृति के अनुपात को अपरूपण गुणांक कहा जाता है। इसे दृढ़ता गुणांक या ऐंठन गुणांक के रूप में भी जाना जाता है। इसे η द्वारा निरूपित किया जाता है, इसलिए,

$$\text{दृढ़ता गुणांक } \eta = \frac{\text{अपरूपण प्रतिबल}}{\text{अपरूपण विकृति}} = \frac{\frac{F}{A}}{\frac{x}{L}} = \frac{FL}{Ax}$$

5.1.4 प्रतिबल--विकृति वक्र का महत्व

एक आरोपित बल के प्रभाव के अंतर्गत, किसी एकसमान अनुप्रस्थ काट के क्षेत्रफल वाले तार के व्यवहार का अध्ययन करने के लिए, इसे एक दृढ़ आधार से निलंबित कर दिया जाता है और इसके मुक्त सिरे पर धीरे-धीरे वजन बढ़ाया जाता है तब तार की लंबाई भी धीरे धीरे बढ़ती है। प्रतिबल और विकृति के बीच वक्र को (चित्र 5.8) में प्रदर्शित किया गया है। इस ग्राफ में, प्रतिबल बिंदु A तक विकृति के समानुपाती होता है, अतः OA एक सीधी रेखा होती है, इस बिंदु A को अनुपातिक सीमा कहा जाता है। बिंदु A तक हुक के नियम का पालन किया जाता है।

अब प्रतिबल में वृद्धि के साथ बिंदु A से B तक विकृति और बढ़ती है, किन्तु प्रतिबल विकृति के समानुपाती नहीं होता है बल्कि विकृति प्रतिबल की तुलना में अधिक तेजी से बढ़ती है और हुक के नियम का पालन नहीं किया जाता है। लेकिन बिंदु A और B के बीच विरूपक बल को हटाने के बाद तार पुनः अपनी प्रारम्भिक स्थिति में आ

जाता है। इस प्रकार, तार द्वारा बिंदु B तक प्रत्यास्थ व्यवहार दर्शाया जाता है। वक्र के इस OB भाग के अंत बिंदु B को प्रत्यास्थता की सीमा या पराभव बिंदु कहा जाता है।

प्रत्यास्थ सीमा B से आगे, बिंदु C पर विरूपक बल को हटाने के बाद भी तार अपनी प्रारंभिक स्थिति में वापस नहीं आता है, बल्कि तार की लंबाई में कुछ स्थायी वृद्धि बनी रहती है, जैसा कि (चित्र 5.8) में OY के रूप में दर्शाया गया है, इसे स्थायी सेट कहा जाता है। अब तार, प्लास्टिक वस्तु के रूप में व्यवहार करना प्रारम्भ कर देता है। बिंदु C से आगे विरूपक बल या भार में थोड़ी और वृद्धि करने पर विकृति और तेजी से बढ़ने लगती है, और बिंदु D पर तार टूट जाता है जिसे भंजन बिंदु कहा जाता है और बिंदु D के संगत प्रतिबल को भंजन प्रतिबल या अंतिम तनाव कहा जाता है। बिंदु B से D के बीच तार प्लास्टिक वस्तु की तरह व्यवहार करता है।

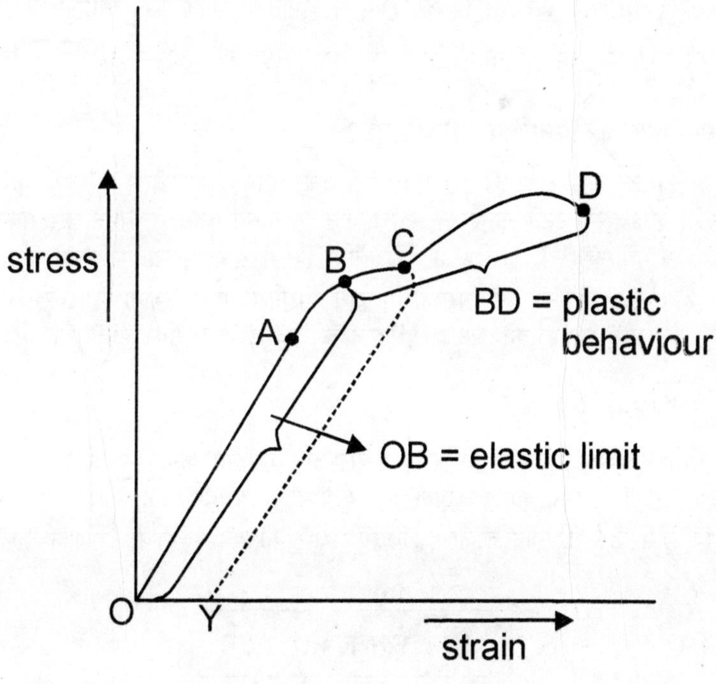

चित्र 5.8: प्रतिबल विकृति वक्र

एक छोटे प्लास्टिक क्षेत्र (BD) वाली वस्तु को भंगुर वस्तु कहा जाता है, जैसे उदाहरण काँच, कच्चा लोहा, पत्थर आदि। उच्च प्लास्टिक क्षेत्र (BD) वाली वस्तु को तन्य वस्तु कहा जाता है। तन्य वस्तु, भंजन के पहले अधिक विरूपण सहन कर सकती है, जैसे उदाहरण सीसा, तापानुशीतित स्टील आदि।

अनुप्रयोग (वास्तविक जीवन/औद्योगिक)

1. किसी पुल का जीवन उसमें प्रयुक्त सामग्रियों की प्रत्यास्थ शक्ति पर निर्भर करता है। यदि किसी पुल के निर्माण में कम मजबूत सामग्रियों का उपयोग किया जाता है, तो वह समय के साथ अपनी प्रत्यास्थ शक्ति खो देता है। तब लंबे समय तक उपयोग के बाद उस पुल को असुरक्षित घोषित कर दिया जाता है।

2. किसी पर्वत की अधिकतम ऊँचाई ज्ञात करना। पर्वत के आधार पर दाब ही उसके प्रतिबल के बराबर होता है। एक पर्वत की प्रत्यास्थता की सीमा लगभग 3×10^8 N/m^2 होती है। प्रतिबल, प्रत्यास्थता की सीमा से कम होना चाहिए, अन्यथा चट्टानें खिसकने लगती है।

$$h < \frac{3\times10^8}{\rho g} \text{ या } h < 10^4$$

$\therefore$ $h \approx 10^4$ m यहाँ चट्टान का घनत्व $= 3 \times 10^3$ kg/m^3, और गुरुत्वीय त्वरण $g = 9.8$ m/s^2 है।

3. तार का ऐंठन गुणांक $C = \frac{\eta\pi r^4}{2l}$ के रूप में दिया जाता है, जहाँ η दृढ़ता गुणांक, r तार की त्रिज्या, और l तार की लंबाई है। यदि तार को किसी कोण से घुमाने के लिए बल आघूर्ण की आवश्यकता होती है तो $\tau = C\theta$ और उस तार को घुमाने में किया गया कार्य $W = \frac{1}{2}$ $C\theta^2$ के रूप में लिखा जाता है।

केस-स्टडी (पर्यावरण/स्थिरता/सामाजिक/नैतिक मुद्दे)

चरम तनन सामर्थ्य (अल्टीमेट टेन्साइल स्ट्रेंथ (UTS)) को तनन सामर्थ्य या चरम सामर्थ्य भी कहा जाता है। यह वह अधिकतम प्रतिबल है जो कोई वस्तु टूटने के पहले, खींचे जाने के दौरान वहन या सहन कर सकती है। किसी भंगुर वस्तु में, चरम तनन सामर्थ्य, पराभव बिंदु के पास होता है, जबकि किसी तन्य सामग्री में चरम तनन सामर्थ्य ऊपर होता है।

इंजीनियरिंग में यह तन्यता परीक्षण और रिकॉर्डिंग द्वारा निर्धारित किया जाता है। चरम सामर्थ्य, प्रतिबल-विकृति वक्र का उच्चतम बिंदु होता है और इसकी इकाई, प्रतिबल की इकाई के बराबर होती है।

अन्वेषण शीलता और जिज्ञासा पैदा करें

1. यदि कोई छात्र भूलवश प्रतिबल को X-अक्ष पर और विकृति को Y-अक्ष पर रखता है, तो समझाइये कि यंग प्रत्यास्थता गुणांक, इस वक्र के ढाल के व्युत्क्रम के बराबर होता है।
2. चर्चा करें कि जैसे-जैसे तापमान बढ़ता है, किसी पदार्थ की यंग प्रत्यास्थता गुणांक का मान कम होता जाता है।

हल किये गए प्रश्न

प्रश्न 1: एक तार पर 5 kg wt./cm^2 का प्रतिबल लगाया जाता है। यदि यंग प्रत्यास्थता गुणांक का मान 2×10^{11} Pa है, तो इसकी लंबाई में प्रतिशत वृद्धि ज्ञात कीजिए।

हल: यहाँ, प्रतिबल = 5kg wt./cm^2 = 5 9.8/$(10^{-2})^2$

और $$\text{विकृति} = \frac{\Delta L}{L} = \frac{\text{प्रतिबल}}{Y} = \frac{\frac{5\times9.8}{(10^{-2})^2}}{2\times10^{11}} = 2.45 \times 10^{-6}$$

$$\therefore \quad \text{लंबाई में \% वृद्धि} = \frac{\Delta L}{L} \times 100 = 2.45 \times 10^{-4}$$

प्रश्न 2: काँच के 2 cm भुजा वाले एक घनाकार फलक की एक भुजा को स्थिर रखकर, उस पर 1200 N के बराबर स्पर्श रेखीय बल लगाया जाता है, तो उस विरूपक बल के कारण उत्पन्न अपरुपण विकृति और पार्श्विक विस्थापन ज्ञात कीजिये। काँच का दृढ़ता गुणांक 2.6×10^{10} N/m^2 है।

हल: प्रतिबल $= \frac{F}{A} = \eta \frac{x}{L}$

या $x = \frac{FL}{\eta A} = \frac{1200 \times 2 \times 10^{-2}}{4 \times 10^{-4} \times 2.6 \times 10^{10}} = \frac{6}{2.6} \times 10^{-6} = 2.31\ \mu m$

और अपरूपण विकृति $= \frac{x}{L} = \frac{2.31 \times 10^{-6}}{0.02} = 1.16 \times 10^{-4}$

5.2 दाब

रोचक तथ्य

ऊंट की टांगें नीचे की ओर चौड़ी होती हैं, जिससे क्षेत्रफल ज्यादा ऊंचा और दाब कम हो जाता है, इसलिए ऊंट रेगिस्तान में आसानी से चल सकता है। सुई की नोक का क्षेत्र कम होता है जो ज्यादा दाब उत्पन्न करता है और आसानी से कपड़े में चला जाता है। क्षति से बचने के लिए, बांध की दीवारों को गहराई के साथ मोटा रखा जाता है क्योंकि अधिक गहराई पर दाब अधिक होता है और दीवारों पर अधिक बल लगाया जाता है।

5.2.1 दाब की परिभाषा

स्थिर तरल में दाब: जब कोई तरल विरामावस्था में होता है, तो उस पात्र की दीवारों पर या तरल में डूबी हुई वस्तु पर लम्बवत बल कार्य करता है।

तरल के एक बिंदु पर दाब, उस बिंदु के आसपास प्रति इकाई क्षेत्र में कार्य करने वाले औसत बल के बराबर होता है। यदि तरल पर लगाए गए औसत बल का परिमाण F और क्षेत्रफल A है, तो दाब को इस प्रकार परिभाषित किया जाता है

$$P = \frac{F}{A} \qquad ...(1)$$

दाब पर सिमुलेशन

दाब एक अदिश राशि होती है, क्योंकि इसकी दिशा निश्चित नहीं होती है। दाब की S.I. इकाई N/m^2 होती है या इसे पास्कल भी कहा जाता है और इसे (Pa) के रूप में संक्षिप्त लिखा जाता है।

ऊँचाई के साथ तरल के दाब का संबंध

मान लीजिये कि किसी द्रव के अंदर दो बिंदु B और C, एक दूसरे से h ऊर्ध्वाधर ऊंचाई पर स्थित है। समान क्षेत्रफल A में, ऊपर की ओर बिंदु B और नीचे की ओर बिंदु C इस प्रकार स्थित है, जैसे कि वे ऊंचाई h और अनुप्रस्थ काट का क्षेत्रफल A के बेलनाकार द्रव पदार्थ में स्थित है (चित्र 5.9)। द्रव के प्रत्येक भाग पर एक लम्बवत बल कार्य करता है। माना, बिंदु C पर लंबवत बल F_1 ऊपर की ओर कार्य कर रहा है, और बिंदु B पर लंबवत बल F_2 नीचे की ओर कार्य कर रहा है और द्रव का भार नीचे की ओर है। माना कि सतह B पर दाब P_2 है और सतह C पर दाब P_1 है। तब, $F_1 = P_1A$ और $F_2 = P_2A$

द्रव स्तंभ का भार W = द्रव का द्रव्यमान x $g = mg = (Ah)\rho g$

(यहाँ द्रव के बेलनाकार भाग का आयतन Ah, और द्रव का घनत्व है।)

ऊर्ध्वाधर संतुलन की स्थिति में $F_1 = F_2 + W$ या $P_1A = P_2A + Ah\ \rho g$

$\therefore \qquad (P_2 - P_1)A = -Ah\ \rho g$ या $\Delta P = -\rho gh$

अत:, $\Delta P \propto h$

यहाँ (–) चिन्ह यह दर्शाता है कि जब हम द्रव में h ऊँचाई पर ऊपर जाते हैं तो दाब का मान ρgh कम हो जाता है।

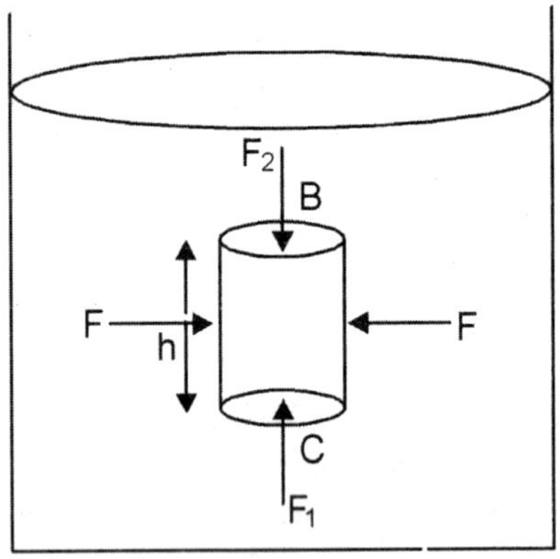

चित्र 5.9: ऊँचाई के साथ तरल का दाब

5.2.2 वायुमंडलीय दाब

पृथ्वी हवा की परतों से घिरी हुई है, जो पृथ्वी का वायुमंडल बनाती है। वायु स्तंभ का भार, पृथ्वी की सतह पर स्थित पिंडों पर दाब आरोपित करता है।

वायुमंडलीय दाब को पृथ्वी की सतह पर वायु स्तंभ द्वारा लगाए गए प्रति एकांक क्षेत्रफल बल के रूप में परिभाषित किया जाता है।

माना पृथ्वी की सतह पर एक छोटा क्षेत्र A है और इस क्षेत्र पर हवा द्वारा लगाया गया बल F है। तो, वायुमंडलीय दाब $P_{atm} = \dfrac{F}{A}$ होगा।

वायुमंडलीय दाब को एक उपकरण द्वारा मापा जाता है जिसे बैरोमीटर कहा जाता है। यह टोरिसेली द्वारा लगभग सन 1644 में तैयार किया गया था। बैरोमीटर में, एक छोर से खुली पर्याप्त ऊँचाई की कांच की नली में पारा भरा जाता है। नली को पारे के बर्तन में इस तरह उल्टा किया जाता है कि उसका खुला सिरा बर्तन में डूबा हो। तब पारा स्तंभ नली में इस प्रकार बैठ जाता है जैसा कि (चित्र 5.10) में दिखाया गया है।

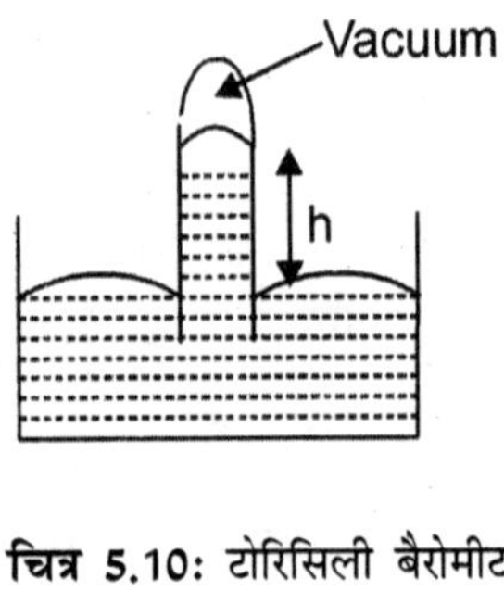

चित्र 5.10: टोरिसिली बैरोमीटर

वायुमंडलीय दाब, एक बैरोमीटर नली में, $h = 76\ \text{cm}$ की ऊंचाई पर उठे हुए पारे के स्तम्भ द्वारा लगाए गए दाब के बराबर होता है।

$$\text{वायुमंडलीय दाब } P_{atm} = \rho gh = 13.6 \times 10^3 \times 76 \times 10^{-2} \times 9.8$$

1 atm (वायुमंडलीय दाब) = 1.013×10^5 Pa (जहाँ $\rho = 13.6 \times 10^3\ \text{kg/m}^2$ पारे का घनत्व है।)

मौसम विज्ञान में प्रयुक्त दाब की इकाई बार (bar) कहलाती है और 1 bar = 10^5 Pa होता हैं।

1 atm = 1.013 bar

वायुमंडलीय दाब की एक और इकाई टोर (torr) होती है, और

1 torr = पारे (Hg) के 1 mm ऊँचाई के स्तम्भ का दाब = 133.3 Pa होता है।

$\therefore$ 1 atm = 760 torr

5.2.3 गेज दाब और निरपेक्ष दाब

मैनोमीटर एक ऐसा उपकरण है जिसका उपयोग गैस के एक बंद पात्र में दाब ज्ञात करने के लिए किया जाता है। इसमें U के रूप में मुड़ी हुई एक नली होती है (चित्र 5.11) जिसमें कोई द्रव भरा होता है। नली का एक सिरा गैस के पात्र से जुड़ा हुआ होता है और दूसरा सिरा वायुमंडल को ओर खुला होता है। बिंदु A और B समान क्षैतिज स्तर पर होते हैं, तब बिंदु A पर दाब (या गैस का दाब) इस प्रकार दिया जाता है:

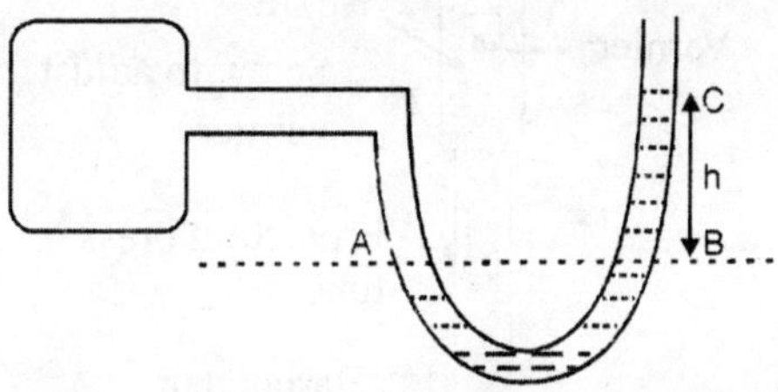

चित्र 5.11: मैनोमीटर

P = A पर दाब = C पर वायुमंडलीय दाब +h ऊंचाई के द्रव स्तंभ (BC) का दाब

$P = P_{atm} + \rho gh$

इस कुल दाब P को निरपेक्ष दाब कहते हैं। यहाँ, ρ, U-नली में द्रव का घनत्व है।

पात्र में गैस के दाब और वायुमंडलीय दाब में अंतर को गेज दाब कहा जाता है।

अत: गेज दाब = $P - P_{atm} = \rho gh$

5.2.4 फोर्टिन का बैरोमीटर और उसके अनुप्रयोग

प्रयोगशालाओं में द्रवों और गैसों के उच्चतम दाब का सटीक माप, प्राय: फोर्टिन के बैरोमीटर के साथ लिया जाता है। यह सटीक बैरोमीटर अठारहवीं शताब्दी के अंत में एक फ्रांसीसी उपकरण निर्माता निकोलस फोर्टिन के द्वारा डिजाइन किया गया था।

इसमे पारे से भरी एक नली को पीतल की नली में बंद करके संरक्षित किया जाता है, जिसका ऊपरी भाग कांच का बना होता है ताकि पारे की सतह को देखा जा सके। बैरोमीटर की ऊंचाई में भिन्नता की पूरी श्रृंखला को कवर करने के लिए पर्याप्त लंबाई के मिलीमीटर-पैमाने पर चलने वाले वर्नियर द्वारा रीडिंग ली जाती है। पैमाने का शून्य पीतल की

नली के निचले सिरे पर लगे आइवरी पॉइंटर की नोक पर होता है। पारा कुण्ड एक चमड़े का थैला होता है जिसे एक स्क्रू द्वारा ऊपर या नीचे किया जा सकता है जैसा कि चित्र 5.12 में दिखाया गया है। बैरोमीटर की ऊँचाई की रीडिंग लेने से पहले, स्क्रू को तब तक समायोजित किया जाता है जब तक कि पॉइंटर की नोक पारे की सतह पर अपनी छवि को स्पर्श न कर ले। यदि पारे की सतह पर धूल हो, तब भी यह समायोजन उचित सटीकता के साथ किया जा सकता है। इस प्रकार एक फोर्टिन बैरोमीटर, वायुमंडलीय दाब द्वारा समर्थित पारे के एक स्तंभ की ऊंचाई को मापता है। यदि तरल की ऊंचाई h और घनत्व हो तो, एक स्तंभ के कारण दाब $P = \rho hg$ द्वारा दिया जाता है, जहाँ g गुरुत्वाकर्षण के कारण त्वरण है। यदि तापमान के साथ पारे के घनत्व और पृथ्वी पर स्थिति के साथ g में परिवर्तन की उपेक्षा की जाए, तो हम देखते हैं कि दाब, पारे के स्तंभ की ऊंचाई के समानुपाती होता है। इसलिए कई उद्देश्यों के लिए, स्तंभ अर्थात पारे (Hg) के मिलीमीटर (mm) में ऊंचाई का लगाकर दाब को सटीकता के साथ ज्ञात किया जा सकता है।

फोर्टिन के बैरोमीटर के अनुप्रयोग

1. इस बैरोमीटर का उपयोग प्रायः मौसम विज्ञान केंद्रों, प्रयोगशालाओं और स्कूलों में वायुमंडलीय दाब को मापने के लिए किया जाता है। इस प्रकार के बैरोमीटर का लाभ यह है कि इसमें पारे की जिन दो मुक्त सतहों के स्तर के अंतर को मापा जाना है, उसका परीक्षण किया जा सकता हैं।
2. इसका उपयोग पहाड़ों की ऊंचाई मापने और मौसम के पूर्वानुमान में भी किया जाता है।

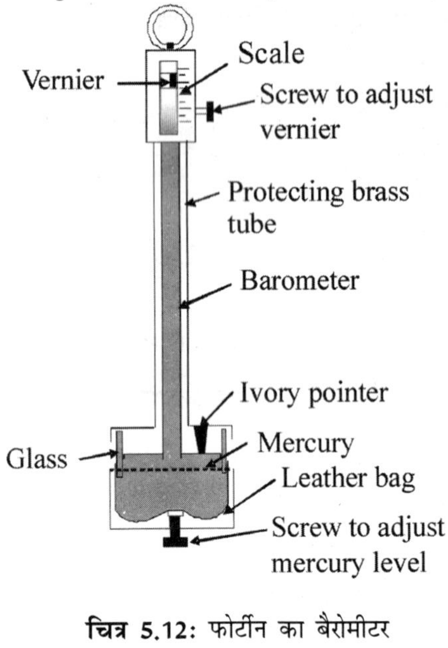

चित्र 5.12: फोर्टीन का बैरोमीटर

अनुप्रयोग (वास्तविक जीवन/औद्योगिक)

1. पीने का स्ट्रॉ: यह एक बहुत पतला पाइप होता है। जब इसका निचला सिरा शीतल पेय में डुबोया जाता है और हम एक स्ट्रॉ के ऊपरी सिरे को चूसते हैं, तो स्ट्रॉ और हमारे मुंह के अंदर का दाब कम हो जाता है। इस दाब परिवर्तन के कारण शीतल पेय की सतह वाले स्ट्रॉ के सिरे से वह शीतल पेय हमारे मुँह तक पहुँच जाता है।
2. इसी प्रकार, सीरिंज, ड्रॉपर और रबर चूषक में वायुमंडलीय दाब कार्य करता है।

केस-स्टडी (पर्यावरण/स्थिरता/सामाजिक/नैतिक मुद्दे)

द्रव गति का विरोधाभासः दाब $P = P_{atm} + \rho gh$ के समीकरण में क्षेत्रफल का उपयोग नहीं किया जाता है, इसलिए दाब की गणना के लिए द्रव के स्तंभ की ऊंचाई महत्वपूर्ण होती है, न कि पात्र का आकार और आधार का क्षेत्रफल इत्यादि। यदि (चित्र 5.13) के अनुसार, तीन अलग-अलग आकार के पात्र A, B और C को एक क्षैतिज पाइप से जोड़ा जाए, तो उनमे पानी भर जाता है, और उनकी ऊपरी सतहें तीनों पात्रों में समान रहती है। यद्यपि पानी की मात्रा अलग-अलग होती है, फिर भी एक ही गहराई पर पानी का दाब समान होता है।

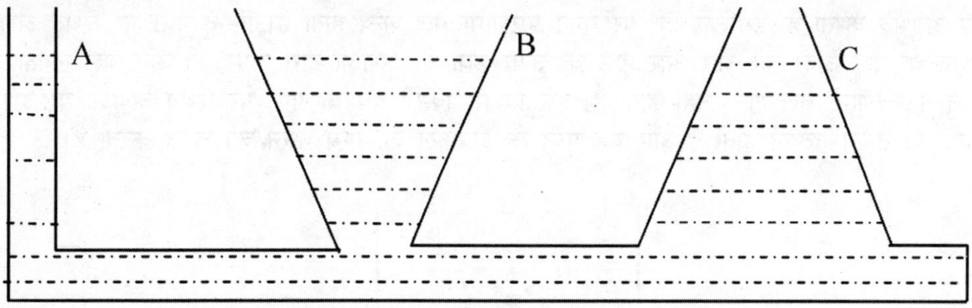

चित्र 5.13: हाइड्रोस्टेटिक्स विरोधाभास

अन्वेषण शीलता और जिज्ञासा पैदा करें

समझाइये कि समान गहराई में, समुद्र के खारे पानी में दाब, झील के ताजे पानी की तुलना में अधिक होता है। बताएं कि पृथ्वी की सतह से ऊंचाई पर जाने पर वायुमंडलीय दाब कैसे कम हो जाता है। क्या गेज दाब ऋणात्मक हो सकता है?

हल किये गए प्रश्न

प्रश्न 1: (a) आपेक्षिक घनत्व या विशिष्ट गुरुत्व 1.02 वाले समुद्री जल में 1.5 किमी की गहराई पर एक मछली पर दाब ज्ञात कीजिये। (b) गेज दाब भी ज्ञात करें।

हलः (a) पानी का घनत्व = आपेक्षिक घनत्व × 4°C पर पानी का घनत्व = 1.02×10^3 kg/m^3

∴ कुल या निरपेक्ष दाब $P = P_{atm} + \rho gh$

$$P = (1.013 \times 10^5) + (1.02 \times 10^3 \times 10 \times 1.5 \times 10^3)$$

$$P = (1.013 \times 10^5) + (1530 \times 10^5) = 1.531 \times 10^8 \text{ Pa}$$

(b) गेज दाब $= P - P_{atm} = \rho gh = 1.53 \times 10^8$ Pa

5.3 पृष्ठ तनाव

रोचक तथ्य

1. जब कांच की एक नली के एक सिरे को गर्म किया जाता है तो वह सिरा वक्राकार हो जाता हैं क्योंकि कांच को गर्म करने पर यह पिघलकर द्रव में बदल जाता है। द्रव की सतह न्यूनतम क्षेत्रफल घेरने की चेष्टा करती है। द्रव की सतह का क्षेत्रफल एक दिए गए आयतन के लिए न्यूनतम होता है। अतः पिघला हुआ काँच वक्राकार हो जाता है।

2. पानी की सतह पर कपूर के टुकड़ों का नाचना: जब कपूर के छोटे-छोटे टुकड़े शुद्ध पानी के संपर्क में आते हैं तो पानी की सतह का पृष्ठ तनाव कम हो जाता है। इसलिए, कपूर उच्च पृष्ठ तनाव वाले क्षेत्र की ओर उछलता है। इस प्रकार कपूर के टुकड़े पानी की सतह पर नाचते रहते हैं।
3. वर्षा की एक छोटी बूंद गोलाकार रूप ले लेती है क्योंकि एक गोले की सतह का क्षेत्रफल किसी दिए गए आयतन के लिए न्यूनतम (या सबसे कम) होता है।

पृष्ठ तनाव के उपरोक्त तथ्यों को समझने के लिए, माना कि अणु A किसी द्रव के अंदर और B उस द्रव के पृष्ठ पर स्थित है जैसा कि चित्र 5.14 में दिखाया गया है। किसी क्षण अणु A, सभी दिशाओं से अन्य द्रव अणुओं द्वारा बल का अनुभव करता है, इसलिए उस पर कुल परिणामी बल शून्य होता है। किन्तु पृष्ठ पर स्थित अणु B पर, द्रव के अणुओं के द्वारा अंदर की ओर और पृष्ठ के ऊपर हवा के अणुओं द्वारा ऊपर की ओर बल लगता है। अत: अणु B पर कुल परिणामी बल शून्य नहीं होता है। इस प्रकार, किसी द्रव के पृष्ठ पर स्थित अणुओं पर अशून्य बल के कारण ही पृष्ठ तनाव उत्पन्न होता है और यह पृष्ठ के क्षेत्रफल को कम करने की चेष्टा करता है।

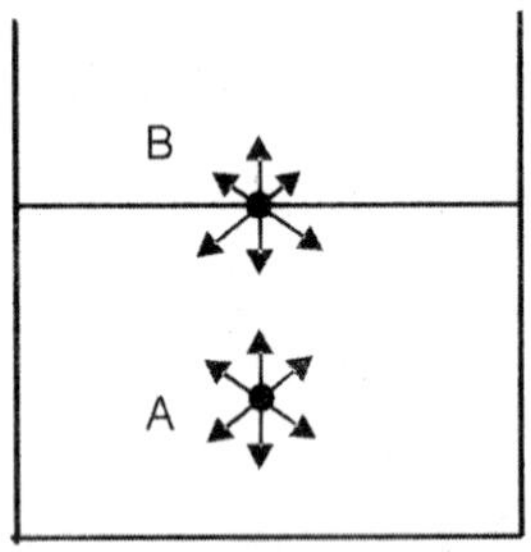

चित्र 5.14: पृष्ठ तनाव

5.3.1 पृष्ठ तनाव की अवधारणा

माना किसी तरल पर एक काल्पनिक रेखा AB खींची गई है (जैसा कि चित्र 5.15 में दिखाया गया है)। यदि बल F, उस रेखा AB के दोनों ओर की सतहों के अनुदिश लंबवत कार्य करता है और रेखा की लंबाई l है, तो द्रव का पृष्ठ तनाव इस प्रकार परिभाषित किया जाता है:

$$S = \frac{F}{l} \qquad ...(1)$$

पृष्ठ तनाव का S.I. मात्रक N/m होता है और इसका विमीय सूत्र $= \frac{MLT^{-2}}{L} = ML^0T^{-2}$ होता है। किसी द्रव का स्वतंत्र पृष्ठ, पृष्ठ तनाव के कारण एक तनी हुई झिल्ली की तरह व्यवहार करता है और उसकी सतह न्यूनतम क्षेत्रफल प्राप्त करने की चेष्ठा करती है।

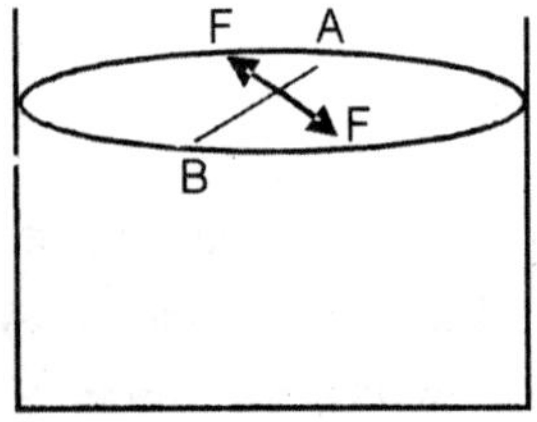

चित्र 5.15: तरल की सतह पर पृष्ठ तनाव

5.3.2 ससंजक और आसंजक बल

पदार्थ अणुओं से बना होता है और किसी पिंड के अणुओं के बीच कार्य करने वाले बल को अन्तराण्विक बल कहा जाता है। इन अन्तराण्विक बलों को दो श्रेणियों में बांटा गया है:

1. **ससंजक बल:** एक ही पदार्थ के अणुओं के बीच लगने वाले आकर्षण बल को ससंजक बल कहते हैं।
2. **आसंजक बल:** विभिन्न पदार्थों के अणुओं के बीच लगने वाले आकर्षण बल को आसंजक बल कहते हैं।

ये अन्तराण्विक आकर्षण बल, गुरुत्वाकर्षण बल से भिन्न होते हैं और दो अणुओं के बीच अंतराण्विक बल जिस दूरी तक कार्य करते हैं उसे आण्विक श्रेणी कहा जाता है, जोकि 10^{-9} m के बराबर होती है।

उदाहरण: पानी के अणु जब सम्पर्क में आते है तो वे ससंजक बल का अनुभव करते है। कांच और पानी के अणुओं, चाक और ब्लैकबोर्ड, स्याही और कागज, सीमेंट और ईट के अणुओं के बीच आसंजक बल का अनुभव किया जाता है।

5.3.3 संपर्क कोण

जब किसी द्रव का मुक्त पृष्ठ किसी ठोस के संपर्क में आता है, तो ठोस के निकट द्रव का पृष्ठ प्राय: वक्राकार हो जाता है। जब एक कांच की प्लेट को पानी में आंशिक रूप से डुबोया जाता है तो प्लेट के पास की सतह अवतल आकार प्राप्त कर लेती है क्योंकि कांच और पानी के बीच आसंजक बल, पानी-पानी के अणुओं के बीच लगने वाले ससंजक बल से अधिक होता है। यदि कांच की प्लेट को पारे में डुबोया जाता है, तो पारे की सतह उत्तल आकार प्राप्त कर लेती है या पारे की सतह प्लेट के पास दब जाती है। क्योंकि पारे-पारे के अणुओं के बीच लगने वाले ससंजक बल का मान, कांच और पारे के अणुओं के बीच लगने वाले आसंजक बल से अधिक होता है।

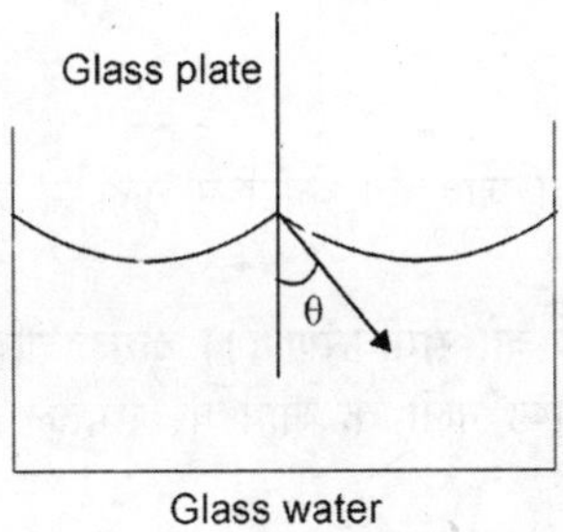

चित्र 5.16: कांच-द्रव के लिए संपर्क कोण

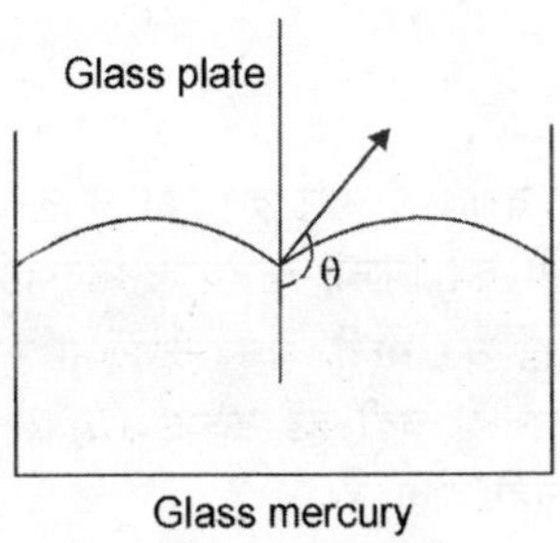

चित्र 5.17: कांच-पारा के लिए संपर्क कोण

ठोस पृष्ठ पर खींची गयी स्पर्शरेखा और संपर्क बिंदु पर द्रव की सतह पर खींची गयी स्पर्शरेखा के बीच के कोण को संपर्क कोण कहा जाता है। संपर्क कोण (चित्र 5.16) और (चित्र 5.17) में दर्शाये गए हैं।

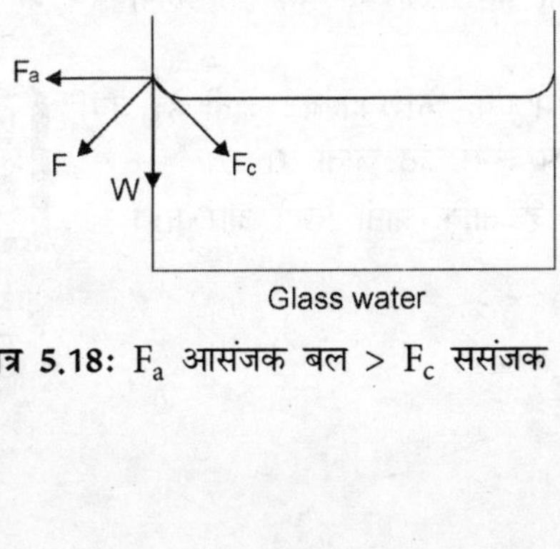

चित्र 5.18: F_a आसंजक बल > F_c ससंजक बल

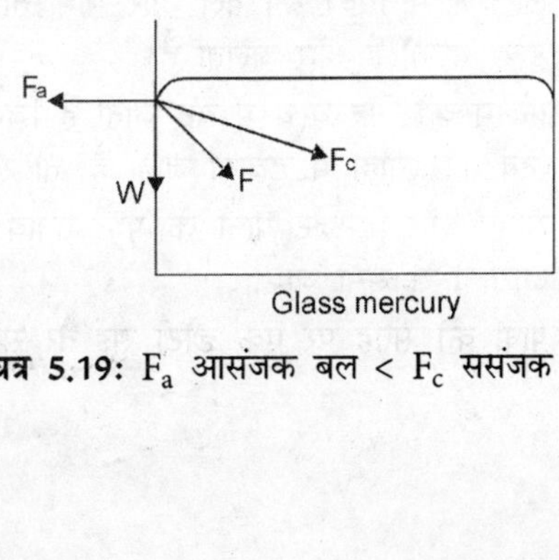

चित्र 5.19: F_a आसंजक बल < F_c ससंजक बल

$\theta < 90°$ और $\theta > 90°$ के लिए ठोस और द्रव युग्मों की तुलना:

1	संपर्क कोण < 90° (न्यून कोण)	संपर्क कोण > 90° (अधिक कोण)
2	द्रव सतह का आकार अवतल होता है।	द्रव सतह का आकार उत्तल होता है।
3	द्रव ठोस सतह को गीला करता है।	द्रव ठोस सतह को गीला नहीं करता है।
4	$F_a > F_c$	$F_a < F_c$
5	इसमें डूबी हुई केशिका नली में द्रव की वृद्धि होती है।	इसमें डूबी हुई केशिका नली में द्रव दब जाता है।
6	उदाहरण: कांच पर पानी	उदाहरण: कांच पर पारा

5.3.4 केशिका नली में द्रव का आरोहण सूत्र

जब बहुत छोटे व्यास वाली और दोनों सिरों पर खुली कांच की नली को किसी द्रव में डुबोया जाता है तो इस केशिका नली में या तो द्रव ऊपर चढ़ता है या नीचे दब जाता है। यह केशिका नली में द्रव का उन्नयन या अवनमन केशिकत्व कहलाता है।

केशिका में चढ़ी गई ऊंचाई का सूत्र $h = \frac{2S\cos\theta}{r\rho g}$ ...(1) के रूप में दिया जाता है।

यहाँ S द्रव का पृष्ठ तनाव, θ संपर्क कोण, r केशिका नली की त्रिज्या, ρ और द्रव का घनत्व है। अगर $\theta = 0°$ हो, तो $\cos 0° = 1$

$$\therefore \qquad h = \frac{2S}{r\rho g}$$

अत: $h \propto \frac{1}{r}$ ...(2)

यहाँ यदि पृष्ठ तनाव S और द्रव का घनत्व ρ दोनों को स्थिर रखा जाए, तो केशिका नली में द्रव की चढ़ी गई ऊँचाई, केशिका नली की त्रिज्या के व्युत्क्रमानुपाती होती है।

अपर्याप्त लंबाई की नली: एक केशिका नली में चढ़ी गई ऊंचाई को समीकरण (1) द्वारा दर्शाया जाता है। यदि केशिका नली की लंबाई, चढ़ी हुई ऊँचाई (h) से कम है तो द्रव का पृष्ठ नली के शीर्ष पर समतल हो जाता है और द्रव का अतिप्रवाह नहीं होता है।

5.3.5 पृष्ठ तनाव के अनुप्रयोग

दैनिक जीवन में उदाहरण

1. लालटेन में मिट्टी का तेल और मोमबत्ती में पिघला हुआ मोम, रुई की बाती में केशिकत्व के माध्यम से ऊपर उठता है और जलता है।
2. कलम की निब बीच में बंट जाती है जिसके कारण उसमें एक केशिका बन जाती है। जब निब को स्याही में डुबोया जाता है, तो स्याही केशिका में ऊपर उठ जाती है।
3. साबुन और डिटर्जेंट पानी के पृष्ठ तनाव को कम करते हैं ताकि पानी छिद्रों और गड्ढों में आसानी से समा जाए।
4. पानी की सतह पर एक छोटी सुई तैर सकती है।

पृष्ठ तनाव पर सिमुलेशन

औद्योगिक अनुप्रयोग

1. पृष्ठ तनाव का उपयोग डिटर्जेंट बनाने में किया जाता है, ताकि हम सफाई की गुणवत्ता में सुधार कर सकें।
2. इसका उपयोग भोजन और पैकिंग उत्पादों को विशिष्ट बनाने में भी किया जाता है।

5.3.6 पृष्ठ तनाव को प्रभावित करने वाले कारक

1. **तापमानः** तापमान में वृद्धि के साथ किसी द्रव का पृष्ठ तनाव कम हो जाता है, क्योंकि तापमान में वृद्धि के कारण ससंजक बल कम हो जाता है।
2. **संदूषण का प्रभावः** यदि धूल, ग्रीस या तेल जैसे संदूषक पानी की सतह पर फैल जाते हैं, तो पृष्ठ तनाव कम हो जाता है।
3. **अशुद्धताः** यदि कोई नमक किसी द्रव में पूर्णतः घुल जाए तो उसका पृष्ठ तनाव बढ़ जाता है। यदि नमक कम घुलनशील है या साबुन या फिनाइल की तरह सतह पर तैरता है तो, पानी का पृष्ठ तनाव कम हो जाता है।

केस स्टडी

किसान बारिश के बाद अपने खेतों की जुताई करते है ताकि कीड़ों द्वारा मिट्टी में बनी केशिकाएं टूट जाएं और पानी मिट्टी की निचली परतों में बना रहे। यदि किसान द्वारा जुताई नहीं की जाती है तो निचली परतों का पानी मिट्टी में केशिकाओं के माध्यम से ऊपर आ जायेगा और वाष्पित हो जाएगा। मिट्टी का पानी पौधों द्वारा ग्रहण किया जाता है, इसलिए खेती के लिए जुताई आवश्यक है।

अन्वेषण शीलता और जिज्ञासा पैदा करें

क्या आप बता सकते हैं कि गर्म सूप, ठंडे सूप से ज्यादा स्वादिष्ट क्यों होता है? पानी की अपेक्षा साबुन के घोल से बड़े बुलबुले बनते है, चर्चा कीजिए। पारे की छोटी बूंदें गोलाकार होती हैं जबकि बड़ी बूंदें चपटी होती हैं, क्यों?

हल किये गए प्रश्न

प्रश्न 1: एक केशिका जिसकी आंतरिक त्रिज्या 8 मिमी है, पानी में डूबी हुई है। तो केशिका में पानी कितनी ऊँचाई तक ऊपर चढ़ जायेगा? (दिया है, पानी का पृष्ठ तनाव $S = 70 \times 10^{-3}$ N/m, $g = 10$ m/s^2, $\rho_{water} = 10^3$ kg/m^3, संपर्क कोण $\theta = 0°$)

हलः केशिका में द्रव की ऊँचाई $h = \dfrac{2S\cos\theta}{rpg} = \dfrac{2 \times 70 \times 10^{-3}}{8 \times 10^{-3} \times 10} = 1.75 \times 10^{-3} = 1.75$ mm

5.4 श्यानता और श्यानता गुणांक

रोचक तथ्य

केचप या मेयोनेज एक थिक्सोट्रोपिक प्रणाली है, जिसमें बाह्य विरूपक बल लगाकर गति में परिवर्तन कर श्यानता में परिवर्तन किया जाता है। इसका अर्थ यह है कि जब इसे किसी बोतल में शांत अवस्था में छोड़ दिया जाता है, तो केचप

गाढ़ा (उच्च श्यानता के साथ) रहता है और जब हम केचप की बोतल को हिलाते हैं और बाहर निकलते हैं, तो यह तुरंत पतला हो जाता है, अर्थात इसकी श्यानता कम हो जाती है।

5.4.1 श्यानता, श्यानता गुणांक और सीमांत वेग

श्यानता: तरल पदार्थ (अर्थात, द्रव और गैस) एक महत्वपूर्ण भौतिक गुण प्रदर्शित करते हैं श्यानता, जो तन्यता या अपरूपण प्रतिबल के कारण निरंतर विरूपण (या प्रवाह) का आंतरिक प्रतिरोध होती है। यह तरल के प्रवाह का विरोध करने की प्रवृत्ति है। उदाहरण के लिए, शहद या सिरप, पानी की तुलना में अधिक श्यान होते है क्योंकि ये प्रवाह के लिए अधिक प्रतिरोध का अनुभव करते है। इसलिए पानी की तुलना में इन्हें बहने में अधिक समय लगता है।

श्यानता गुणांक: एक पात्र में किसी तरल पदार्थ को लेते है। पात्र के निचले पृष्ठ के संपर्क में तरल पर्त का वेग, निचले पृष्ठ के वेग के समान होता है। एक स्थिर पृष्ठ के लिए, तरल स्थिर रहता है अर्थात स्थिर पृष्ठ के संपर्क में तरल पर्त का वेग शून्य होता है। जैसे-जैसे हम तरल में निचली पर्त से ऊपरी पर्त की ओर बढ़ते हैं, पर्तों का वेग धीरे-धीरे बढ़ता जाता है। यहाँ हवा के संपर्क में तरल पदार्थ की ऊपरी पर्त का वेग उच्चतम 'v' होता है। किन्हीं दो क्रमागत पर्तों के मध्य एक बल कार्य करता है, जो निचली पर्त के ऊपर ऊपरी पर्त के खिसकने की गति का विरोध करता है। दो तरल पर्तों के बीच उनकी सापेक्ष गति के कारण उत्पन्न घर्षण बल को श्यान बल (F_v) कहा जाता है।

जब किसी पाइप या नली में पानी, घी या तेल जैसे तरल पदार्थ प्रवाहित होते है, तो ऐसे तरल पदार्थों में किसी पर्त का वेग उस नली के अक्ष की दिशा में अधिकतम होता है और जैसे-जैसे हम नली की दीवारों की ओर बढ़ते हैं, वेग कम होते जाता हैं। इन द्रवों में बेलनाकार दीवारों के सम्पर्क वाली पर्तों का वेग स्थिर रहता है ।

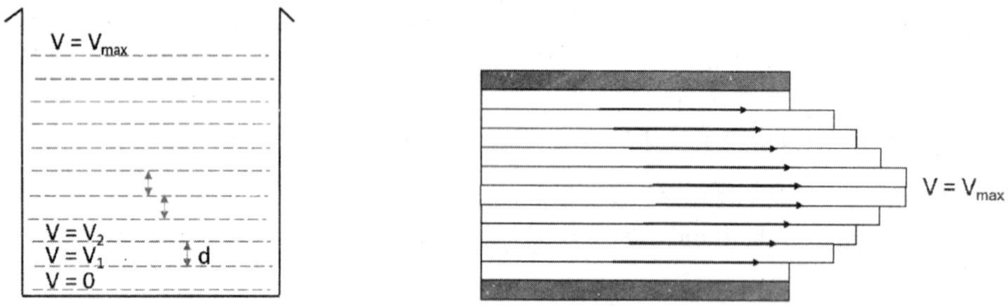

(a) (b)

चित्र 5.20: तरल प्रवाह का वेग वितरण (a) बीकर (b) एक नली में तरल प्रवाह

किसी लेमिनार तरल प्रवाह में एक क्षैतिज सतह पर, दो क्रमागत मोटी तरल पर्तें अलग-अलग वेगों के साथ समांतर रूप से गति करती हैं। कम वेग और उच्च श्यान तरल के लिए, लेमिनार प्रवाह होता है।

एक नियत तापमान पर, लेमिनार तरल पर कार्य करने वाला श्यान बल (**F**) निम्नलिखित कारकों पर निर्भर करता है:

$\mathbf{F} \propto \mathbf{A}$, जहाँ F श्यान बल है, और A वह क्षेत्रफल है जिस पर श्यान बल कार्य करता है।

और $\mathbf{F} \propto \dfrac{(v_2 - v_1)}{d}$, जहाँ $\dfrac{(v_2 - v_1)}{d}$ वेग प्रवणता है।

$$\therefore \qquad \mathbf{F} \propto \mathbf{A}\ \frac{(V_2 - V_1)}{d}$$

$$\mathbf{F} = \eta\, \mathbf{A}\ \frac{(V_2 - V_1)}{d}$$ जहाँ η = श्यानता गुणांक

$$\therefore \qquad \eta = \frac{\left|\dfrac{F}{A}\right|}{\left|\dfrac{(v_2 - v_1)}{d}\right|} = \frac{\text{तरल में अपरूपण प्रतिबल}}{\text{अपरूपण दर/विरूपण दर/वेग प्रवणता}}$$

इसे असंपीड्य लेमिनार तरल के लिए न्यूटन के श्यानता के नियम के रूप में जाना जाता है।

श्यानता गुणांक की विमायें $[M^1L^{-1}T^1]$ होती हैं। इसका CGS मात्रक पॉइज (poise) या dyne-s.cm^{-2} होता है और इसे S.I. इकाई प्रणाली में N-s.m^{-2} में मापा जाता है। अत्यधिक श्यान द्रव के लिए 'η' का मान अधिक होता है और यह द्रव के तापमान पर निर्भर करता है। तरल पदार्थों के लिए, तापमान बढ़ने पर η घटता है, और गैसों के लिए, तापमान में वृद्धि के साथ बढ़ता है।

गतिक (या निरपेक्ष) श्यानता या निरपेक्ष श्यानता गुणांक और शुद्ध गतिक श्यानता या शुद्ध गतिक श्यानता गुणांक, श्यानता के दो प्रकार होते हैं। गतिक (या निरपेक्ष) श्यानता वह स्पर्शरेखीय दाब (या अपरूपण प्रतिबल) है जो तरल पदार्थ की एक पर्त को एकांक दूरी पर स्थित दूसरी लगातार पर्त के सापेक्ष स्थानांतरित करने के लिए आवश्यक है।

गतिक या निरपेक्ष श्यानता को S.I. मात्रकों में पास्कल-सेकंड (Pa-s) या प्वाइजुली (Poiseuille) (Pl) या न्यूटन-सेकंड प्रति वर्ग मीटर (N-s.m^{-2}) में मापा जाता है। C.G.S. मात्रकों में, इसे पॉइज (P) या सेंटीपोइज (cP) में मापा जाता है, जिसका नाम फ्रांसीसी भौतिक विज्ञानी जीन-लुई मैरी प्वाइजुली के नाम पर रखा गया है।

$$1 \text{ Pa-s} = 1 \text{ Pl} = 10 \text{ P}$$

$$1 \text{ cP} = 0.01 \text{ P, और } 1 \text{ Pa-s} = 1000 \text{ cP}$$

कमरे के तापमान पर पानी की श्यानता 1 cP (= 0.01 P या 0.001 Pa-s) होती है जो अन्य तरल पदार्थों की श्यानता को मापने के लिए एक मापदंड है। इसके क्वथनांक बिंदु पर, इसका मान कम 0.038 cP हो जाता है। केचप के लिए, श्यानता का मान लगभग 50,000 से 70,000 cP होता है। निम्न श्यानता वाली चॉकलेट, जिसकी श्यानता 40 cP या उससे कम होती है उसका उपयोग कन्फेक्शनरी वस्तुओं या चॉकलेट फव्वारे पर पतली कोटिंग के लिए किया जाता है, जबकि उच्च श्यानता वाली चॉकलेट की श्यानता 90 cP से अधिक होती है। हवा के लिए, श्यानता का मान 0.019 cP (या 0.000019 Pa-s) होता है और मोटर तेल के लिए इसका मान 0.001 cP (या 1 Pa-s) होता है।

शुद्ध गतिक श्यानता, किसी तरल पदार्थ की गतिक (या निरपेक्ष) श्यानता और द्रव्यमान घनत्व का अनुपात होती है। इसे μ द्वारा निरूपित किया जाता है।

$$\therefore \qquad \mu = \frac{\eta}{\rho}$$

शुद्ध गतिक श्यानता का S.I. मात्रक m^2/s होता है और CGS इकाई प्रणालियों में, यह स्टोक्स (St) होता है।

$$1 \text{ St} = 1 \text{ cm}^2/\text{s} = 10^{-4} \text{ m}^2/\text{s}$$

चूंकि स्टोक्स एक बड़ा मात्रक है, इसलिए प्रायः इसका 100 वां हिस्सा अर्थात सेंटीस्टोक्स (cSt) उपयोग में लाया जाता है।

सीमांत वेगः जब श्यान बल और उत्प्लावन बल का योग गुरुत्वाकर्षण बल के बराबर हो जाता है, तब कोई वस्तु किसी तरल पदार्थ में जिस नियत वेग से गिरती है, उस वेग को सीमांत वेग कहा जाता है। हम इसे 'v_t' से निरूपित करते हैं।

आइए हम द्रव्यमान '*m*', त्रिज्या '*r*' और घनत्व 'ρ' के एक गोलाकार पिंड पर विचार करें, जो घनत्व 'ρ_f' और श्यानता गुणांक η वाले श्यान द्रव से भरी एक मीटर लंबी कांच की नली में स्वतंत्र रूप से गिरता है, वह तीन प्रकार के बलों का अनुभव करता हैः (*a*) उस तरल का श्यान बल, चूँकि पिंड तरल में गति करता है इसलिए नीचे की ओर (*b*) उत्प्लावन बल, इसे ऊपर की ओर उछालने के लिए (*c*) गुरुत्वाकर्षण बल, वस्तु के द्रव्यमान के कारण नीचे की

ओर जब किसी पिंड पर कार्य करने वाले ये तीनों बल एक दूसरे को संतुलित कर लेते हैं, तो कुल परिणामी बल शून्य हो जाता है और गोलाकार पिंड एक स्थिर वेग या शून्य त्वरण के साथ गति करता है। इस नियत वेग को सीमांत वेग के रूप में जाना जाता है।

एक गोलाकार पिंड का सीमांत वेग निम्न सूत्र द्वारा निर्धारित किया जा सकता है:

$$V_t = \frac{2}{9}\frac{r^2 g}{\eta}(\rho - \rho_f)$$

यदि $\rho > \rho_f$, है तब, सीमांत वेग धनात्मक होता है और गोलाकार पिंड उस तरल में नीचे की ओर गति करता है (जैसे, पानी या ग्लिसरीन में स्टील बॉल-बेयरिंग) और यदि $\rho < \rho_f$ है, तो सीमांत वेग ऋणात्मक होता है और गोलाकार पिंड उस तरल में ऊपर की ओर गति करता है (जैसे, पानी में बुलबुले)।

5.4.2 स्टोक का नियम और श्यानता पर तापमान का प्रभाव

स्टोक का नियम: सर जॉर्ज जी. स्टोक (1819-1903), एक अंग्रेजी भौतिक विज्ञानी ने स्पष्ट रूप से कहा कि किसी श्यान द्रव में स्वतंत्र रूप से गिरने वाला एक छोटा गोलाकार पिंड, एक श्यानाकर्षण बल (F_V) का अनुभव करता है जो गोलाकार पिंड की त्रिज्या (r), इसके वेग (V) और उस तरल की श्यानता गुणांक (η) के समानुपाती होता हैं। उन्होंने 1851 में श्यान बल के लिए गणितीय व्यंजक व्युत्पन्न किया, जिसे इस प्रकार लिखा जाता है:

$$F_V = 6\,\pi\eta r V$$

स्टोक का नियम, एक छोटे आकार के पिंड के लिए मान्य होता है जिसकी विमायें उस समांगी और अविरल तरल के अणुओं के बीच की दूरी से बड़ी होती है। उस पिंड को पूर्ण रूप से चिकना और कठोर होना चाहिए। तरल माध्यम को धारा रेखीय या लेमिनार और विस्तारित होना चाहिए।

यह नियम उन कणों या पिंडों पर लागू नहीं होता जो तरल माध्यम से हल्के होते हैं (जैसे, सोडा वाटर या हवा में उठने वाले बुलबुले)। स्टोक के समीकरण का उपयोग तरल पदार्थों की श्यानता को मापने और ताजे पानी में अवसादन के स्थायीकरण के लिए किया जाता है। यदि परिक्षिप्त ठोसों की मात्रा अधिक है, तो उनके के अणुओं की ब्राउनियन गति के कारण वास्तविक अवसादन दर और स्टोक्स समीकरण का उपयोग करके मापी गई अवसादन दर में अंतर हो सकता है। केशिका नली विस्कोमीटर, सैबोल्ट विस्कोमीटर, और घूर्णन विस्कोमीटर तीन प्रकार के उपकरण हैं जिनका उपयोग तरल पदार्थों की श्यानता को मापने के लिए किया जाता है।

श्यानता पर तापमान का प्रभाव: श्यानता किसी तरल पदार्थ का भौतिक गुण है जिसका उपयोग कई इंजीनियरिंग क्षेत्रों में किया जाता है। इसलिए, इस पर तापमान के प्रभाव को समझना काफी महत्वपूर्ण है।

द्रवों में, तापमान में वृद्धि के साथ श्यानता कम हो जाती है क्योंकि द्रवों के बंधनकारी बल कम हो जाते हैं और अणुओं की गति के कारण संवेग स्थानांतरण बढ़ जाता है। सामान्यत:, संयोजी बल प्रबल होता है और द्रव अणु सामान्य तापमान पर एक दूसरे के साथ शिथिल रूप से बंधे रहते हैं। जिसके कारण उच्च तापमान पर द्रव पदार्थों की श्यानता कम होती है। यदि ऑटोमोबाइल इंजन या रेफ्रिजरेटिंग कम्प्रेसर में उच्च और निम्न तापमान सहन कर सकने वाले उपयुक्त श्यानता वाले लुब्रिकेंट तेल का उपयोग नहीं किया जाता है, तो आंतरिक भागों में घर्षण के कारण ऊष्मा क्षय उनके जीवनकाल को कम कर देता है।

द्रवों में श्यानता की तापमान निर्भरता इस प्रकार दी जाती है:

$$\eta = \frac{\eta_0}{(1 + \alpha t + \beta t^2)},$$

जहाँ η = 't' °C पर द्रव की श्यानता; η_0 = 0°C पर द्रव की श्यानता; और α, β नियतांक है।

गैसों में, अणुओं में अधिक गतिज ऊर्जा होने के कारण, तापमान में वृद्धि के साथ उनके बीच संवेग स्थानांतरण की दर में वृद्धि के कारण, श्यानता बढ़ जाती है। गैसों में श्यानता की तापमान निर्भरता इस प्रकार द्वारा दी जाती है:

$$\eta = \eta_0 + \alpha t + \beta t^2$$

5.4.3 हाइड्रोलिक सिस्टम में श्यानता के अनुप्रयोग

हाइड्रोलिक सिस्टम वे होते हैं जिनमें एक बिंदु पर लागू बलों को, असंपीड्य श्यान तरल या माध्यम के द्वारा दूसरे बिंदु पर प्रेषित किया जाता है। उदाहरण के लिए, हाइड्रोलिक ब्रेक में ब्रेक तरल एक श्यान माध्यम होता है। कोई भी हाइड्रोलिक सिस्टम जैसे हाइड्रोलिक पंप, मोटर, सिलेंडर, ब्रेक आदि विभिन्न अनुप्रयोगों (जैसे, लिफ्ट, फिशिंग बोट, स्टीयरिंग सिस्टम, शॉक एब्जॉर्बर, फ्लाइट कंट्रोल और ट्रांसमिशन, हवाई जहाज में लैंडिंग गियर, अर्थमूविंग उपकरण, ट्रैक्टर, सिंचाई प्रणाली, ड्रिलिंग रिग, भवन और निर्माण मशीनरी, रोबोटिक सिस्टम, क्रशर, कपड़ा मशीनरी, कागज उद्योग, आदि) में उच्च दक्षता के लिए असंपीड्य उच्च घनत्व वाले तरल पदार्थ का उपयोग किया जाता हैं। यह हाइड्रोलिक तरल, हाइड्रोलिक सिस्टम की सामग्री को खराब कर सकता है और इसलिए सामग्री के साथ-साथ हाइड्रोलिक तरल पदार्थ का चयन भी बहुत महत्वपूर्ण होता है। हाइड्रोलिक्स के अंतर्निहित गुण के कारण तापमान में परिवर्तन करने पर हाइड्रोलिक द्रव की श्यानता प्रभावित होती है। जब तापमान बढ़ता है, तो इसकी श्यानता कम हो जाती है, और जब तापमान कम हो जाता है, तो इसकी श्यानता बढ़ जाती है। यदि कम तापमान पर इसकी श्यानता अधिक होती है, तो हाइड्रोलिक तरल पदार्थ गाढ़ा हो जाता है, जिससे केविएशन की समस्या, बंद फिल्टर, यांत्रिक दक्षता और सम्पूर्ण प्रदर्शन और कार्यक्षमता में कमी हो सकती है। यदि उच्च तापमान पर हाइड्रोलिक तरल पदार्थ की श्यानता कम होती है, तो द्रव बहुत पतला हो जाता है और स्नेहन की कमी, अधिक टूट-फूट और आंतरिक रिसाव के कारण घर्षण में वृद्धि हो सकती है। इसलिए, हाइड्रोलिक सिस्टम के घटकों का जीवनकाल और कार्यक्षमता बढ़ाने और मेंटेनेंस को कम करने के लिए, हाइड्रोलिक तरल पदार्थ में तापमान परिवर्तन के साथ पर्याप्त श्यानता होनी चाहिए।

अनुप्रयोग

भारी मशीनरी घटकों में उपयोग किए जाने वाले स्नेहन तेल के चयन में श्यानता सबसे महत्वपूर्ण कारक होती है। कार इंजन में कम श्यान तेल का उपयोग किया जाता है। अत्यधिक श्यान द्रव का उपयोग हाइड्रोलिक ब्रेकिंग में ब्रेक तरल के रूप में किया जाता है। हृदय, फेफड़े और शिराओं में रक्त का प्रवाह इसकी श्यानता पर निर्भर करता है। मिलिकन के तेल ड्रॉप प्रयोग में, आवेश का आंकलन करने के लिए तेल की श्यानता का उपयोग किया जाता है।

उच्च वेग वाली वर्षा की बूंदों में उच्च गतिज ऊर्जा होती है, लेकिन जब वे हवा से गुजरती हैं, तो हवा के कारण श्यान बल उनकी ऊर्जा को कम कर देता है, और अंत में, वर्षा की बूंदें कम सीमांत वेग प्राप्त कर लेती हैं। यही कारण है कि बारिश की बूंदों से हमें कोई नुकसान नहीं होता है। इसी तरह एक पैराशूटर, लैंडिंग से पहले सीमांत वेग प्राप्त कर लेता है।

केस स्टडी

विभिन्न आयु समूहों के लिए विभिन्न व्यावसायिक शैंपू उनके रियोलॉजिकल गुणों के कारण एक दूसरे से भिन्न होते हैं। मुख्य रियोलॉजिकल गुणों में से एक श्यानता है जो शैम्पू की तरलता और मोटाई से संबंधित है। शैंपू में 80 wt% पानी होता है और शेष पदार्थ आर्द्रक, श्यानता संशोधक, परिरक्षक, सुगंध और कोलोरैंट होते हैं। विस्कोस्टर रियोमीटर से पता चलता है कि कम अपरूपण दर के लिए, पुरुषों और शिशुओं के लिए शैंपू में लगभग 120 पॉइज की श्यानता होती है, जो उन्हें मलाईदार और अधिक श्यान बनावट देती है, जबकि महिलाओं के लिए शैंपू में कम श्यानता लगभग 75 पॉइज और अधिक तरलता होती है। हेयर जैल में लगभग 960 पॉइज की श्यानता होती है।

अन्वेषण शीलता और जिज्ञासा पैदा करें

'ईंधन और सड़क तेल' की उच्च शुद्ध गतिज श्यानता को मापने के लिए एक और इकाई होती है। [संकेत: ऐसे तरल पदार्थों की श्यानता निर्धारित करने के लिए ASTM D 88 परीक्षण विधि होती है, और इस इकाई में 'ईंधन और सड़क तेल' के लिए प्रतिकृति 'Furol' होती है।]

हल किये गए प्रश्न

प्रश्न 1: हवा में 0.3 mm त्रिज्या की एक सिलिकॉन तेल की बूंद का सीमांत वेग ज्ञात कीजिये। वायु की श्यानता गुणांक $= 1.8 \times 10^{-5}$ Pa-s; सिलिकॉन तेल का घनत्व $= 980$ kg/m^3 और वायु का घनत्व $= 1.225$ kg/m^3 है।

हल: तेल की बूंद की त्रिज्या $= 0.3$ mm $= 3 \times 10^{-4}$ m;

हवा का श्यानता गुणांक $= 1.8 \times 10^{-5}$ Pa–s;

सिलिकॉन तेल का घनत्व $= \rho = \rho_{oil} = 980$ kg/m^3 तथा वायु का घनत्व $= \rho_f = \rho_{air} = 1.225$ kg/m^3

इसलिए सीमांत वेग,
$$V_t = \frac{2}{9}\frac{r^2 g}{\eta}(\rho - \rho_f) = \frac{2}{9}\frac{(3\times10^{-4})\times 9.8}{1.8\times10^{-5}}(980 - 1.225)$$
$$= 10658 \times 10^{-3} = 10.658 \text{ m/s}$$

5.5 हाइड्रोडायनामिक्स

रोचक तथ्य

रक्त की कम श्यानता और उच्च विक्षुब्ध प्रवाह के कारण रक्त वाहिकाओं में उत्पन्न भँवर धाराओं की वजह से मानव शरीर में रक्ताल्पता हो जाती है। चूंकि शरीर में, अन्य रक्त वाहिकाओं की तुलना में महाधमनी का व्यास सबसे बड़ा होता है, इसलिए उसमे रक्त प्रवाह की दर सबसे अधिक होती है जिसकी वजह से रक्त प्रवाह में विक्षोभ आता है और रेनाल्ड संख्या का अधिक मान प्राप्त होता है। इस विक्षोभ के कारण भंवर धाराएं उत्पन्न होती है जिसके कारण, रक्त वाहिकाओं में रक्त, अधिक बल के साथ आघात करता है। हृदय पर रक्त के छींटे या वाहिकाओं में शेष रक्त के कारण उत्पन्न बड़बड़ाहट को स्टेथोस्कोप का उपयोग करके एक अलग ध्वनि के रूप में सुना जा सकता है। रक्त वाहिकाओं में लेमिनार प्रवाह होने पर रक्त, वाहिकाओं की दीवारों से चिपका रहता है और आवश्यक क्षेत्रों में पहुंच जाता है।

5.5.1 तरल गति

हाइड्रोडायनामिक्स तरल गतिकी का उप विषय है, और भौतिकी की वह शाखा है जिसमें श्यानता और द्रव्यमान घनत्व के संदर्भ में तरल पदार्थ की गति का स्थूल स्तर पर अध्ययन किया जाता है। वायुगतिकी में गैसों की गति का अध्ययन किया जाता है, जोकि तरल गतिकी का एक अन्य उप विषय है। कोई तरल असंतुलित बलों के कारण प्रवाहित होता है, और तब तक प्रवाहित होता है जब तक उस पर बल आरोपित रहते है। बाह्य बलों के साथ घनत्व और श्यानता में परिवर्तन के आधार पर तरल पदार्थों के कई प्रकार होते है: (1) आदर्श तरल (2) वास्तविक तरल (3) असंपीड्य तरल (4) संपीड्य तरल (5) आदर्श प्लास्टिक तरल (6) न्यूटोनियन तरल (7) अन्यूटोनियन तरल। आदर्श तरल एक काल्पनिक असंपीड्य तरल है और वास्तव में इसका कोई अस्तित्व नहीं होता है। इसमें श्यानता नहीं होती है। दूसरी ओर, वास्तविक तरल में श्यानता होती है। सभी तरल वास्तविक तरल होते हैं। यदि बाहरी बल लगाने पर तरल का घनत्व नहीं बदलता है, तो ऐसे तरल को असंपीड्य तरल कहा जाता है। एक संपीड़ित तरल के लिए, बाहरी बल लगाने

पर उसके घनत्व में परिवर्तन होता है। आदर्श प्लास्टिक तरल, एक प्रकार का ऐसा तरल है जिसमें अपरूपण प्रतिबल वेग प्रवणता के समानुपाती होता है और इसका मान पराभव बिंदु से अधिक होता है। न्यूटोनियन तरल पदार्थ, न्यूटन के श्यानता के नियम का पालन करते हैं, जबकि अन्यूटोनियन तरल इस नियम का पालन नहीं करते हैं। तरलों के गुणों एवं उनके प्रवाह के आधार पर, तरल प्रवाह को (1) नियमित (2) अनियमित (3) संपीड्य (4) असंपीड्य (या आइसोकोरिक) (5) श्यान (6) अश्यान (7) घूर्णी (8) अघूर्णी प्रकार में वर्गीकृत किया गया है। जब तरल का वेग किसी भी बिंदु पर स्थिर होता है, तब तरल प्रवाह को नियमित और जब तरल का वेग किसी भी बिंदु पर स्थिर नहीं होता है, तो इसे अनियमित प्रवाह माना जाता है।

संपीड्य और असंपीड्य प्रवाह इस बात पर निर्भर करता है कि द्रव का घनत्व बाहरी बलों के प्रयोग से परिवर्तित होता है या नहीं। जब किसी तरल में, जड़त्व बल, पिंड बल और दाब प्रवणता के प्रभाव तरल श्यानता के प्रभाव से संतुलित हो जाते है, तो उस प्रवाह को श्यान प्रवाह कहते है। अश्यान तरल प्रवाह में, तरल के उच्च वेग के कारण ये प्रभाव असंतुलित रहते हैं। अघूर्णी तरल प्रवाह वह होता है, जिसमें तरल के कण धारारेखीय मार्ग में चलते समय उनके अक्ष के परितः घूर्णन नहीं करते है जबकि घूर्णी प्रवाह में तरल के कण धारारेखीय पथ में चलते समय अपने अक्ष के परितः घूर्णन करते है।

5.5.2 धारारेखीय और विक्षुब्ध प्रवाह

यदि तरल के किसी बिंदु पर, तरल का प्रत्येक कण एकसमान वेग से प्रवाहित होता है, तो उस प्रवाह को एक स्थिर या धारारेखीय प्रवाह कहा जाता है। तरल के कण धारा रेखीय पथ का अनुसरण करते है जो एक वक्र होता है जिसके किसी बिंदु पर स्पर्शरेखा उस बिंदु पर तरल प्रवाह के वेग की दिशा बताती है। तरल के धारारेखीय प्रवाह में धाराएँ कभी भी एक दूसरे को नहीं काटती हैं। सामान्य तौर पर, लेमिनार प्रवाह एक धारा रेखीय प्रवाह होता है, जिसमें तरल, विभिन्न वेगों की परतों में धारा रेखाओं के रूप में प्रवाहित होता है, जो आपस मे कभी मिलती नहीं है। धारारेखीय या लेमिनार प्रवाह, तरल का वेग कम होने पर ही मिलता है और तरल कणों का आदान-प्रदान एक पर्त से दूसरी पर्त में नहीं होता है। धारारेखीय प्रवाहों में तरल की श्यानता, जड़त्व बलों से ज्यादा होती है, इसलिए इस प्रकार के प्रवाह को श्यान प्रवाह के रूप में भी जाना जाता है। लेमिनार बल सैद्धांतिक बल होते हैं।

जब कोई तरल, क्रांतिक वेग से अधिक वेग से प्रवाहित होता है, तो उस तरल के कण अनियमित, अव्यवस्थित और यादृच्छिक रूप से गति करते हैं। इस प्रकार के तरल प्रवाह को विक्षुब्ध प्रवाह के रूप में जाना जाता है। एक पर्त से दूसरी पर्त तक तरल के कणों की अनियमित गति के परिणामस्वरूप विक्षुब्ध प्रवाह में क्रॉस-करंट या भँवर धाराओं का निर्माण होता है। इस प्रकार के तरल प्रवाह में, जड़त्वीय बल तरल की श्यानता से अधिक होते हैं। विक्षुब्ध प्रवाह एक व्यवहारिक और अश्यान प्रवाह है, जो तरल पदार्थ के उच्च वेग और कम श्यानता के कारण होता है। हवाई जहाज या चलती बस या ट्रेन के ठीक पीछे वायु प्रवाह; चलती नाव या जहाज के ठीक पीछे पानी का प्रवाह, विक्षुब्ध प्रवाह के उदाहरण हैं।

5.5.3 रेनॉल्ड संख्या

ब्रिटिश भौतिक विज्ञानी ओसबोर्न रेनॉल्ड्स ने तरल पदार्थों के विभिन्न प्रवाह विशेषताओं का अवलोकन करते हुए एक प्रयोगसिद्ध सूत्र प्राप्त किया। इस सूत्र से हमें एक नली या पाइप के माध्यम से बहने वाले तरल प्रवाह के प्रकार को निर्धारित करने के लिए रेनॉल्ड नंबर (R_e) के रूप में एक विमाहीन राशि प्राप्त होती है। रेनॉल्ड संख्या (R_e) को जड़त्वीय बलों और श्यान बलों के अनुपात के रूप में परिभाषित किया जाता है और इसे गतिक दाब और अपरूपण प्रतिबल के अनुपात के रूप में निर्धारित किया जा सकता है।

इसलिए, एक गोलाकार पाइप या नलिका के लिए रेनॉल्ड संख्या $(R_e) = \frac{\rho v D}{\eta} = \frac{VD}{\mu}$, जहाँ (R_e) रेनॉल्ड्स संख्या ρ, द्रव का घनत्व, V एक नलिका के अनुप्रस्थ काट के वास्तविक क्षेत्रफल के आधार पर तरल प्रवाह का वेग, D पाइप का व्यास, η द्रव का गतिक या निरपेक्ष श्यानता गुणांक है और $\mu = \frac{\eta}{\rho}$ शुद्ध गतिक श्यानता गुणांक है।

एक अगोलाकार पाइप या नलिका के लिए, ज्यामितीय समकक्ष व्यास को हाइड्रोलिक व्यास $D = D_h = \frac{4A}{p}$ से बदल दिया जाता है, जहाँ A = पाइप या नलिका या चौनल के अनुप्रस्थ काट का क्षेत्रफल, और p = पाइप या नलिका या चैनल की जलीय परिमाप है। इसे "अभिलक्षणिक लंबाई" के रूप में भी जाना जाता है।

रेनॉल्ड संख्या का उपयोग तरल प्रवाह के प्रकार को निर्धारित करने के लिए किया जा सकता है:

(1) जब $R_e < 2300$, तब तरल प्रवाह लेमिनार होता है।

(2) जब R_e $2300 < R_e < 4000$, तब तरल प्रवाह क्षणिक होता है।

(3) जब $R_e > 4000$, तब तरल प्रवाह विक्षुब्ध होता है।

5.5.4 अविरतता का समीकरण

माना कोई नियमित, असंपीड्य (या आइसोकोरिक), और अश्यान तरल किसी असमान अनुप्रस्थ परिच्छेद वाली नली में बह रहा है। नली में एकल प्रविष्टि और एकल निकास है। माना A_1, V_1, ρ_1 और A_2, V_2, ρ_2 क्रमशः नली के बिंदु P और Q पर अनुप्रस्थ काट के क्षेत्रफल, द्रव प्रवाह के वेग और द्रव के घनत्व है।

तब, P पर प्रति सेकंड प्रवेश करने वाले द्रव का आयतन $= A_1V_1$

P पर प्रति सेकंड प्रवेश करने वाले द्रव का द्रव्यमान $= A_1V_1\rho_1$

इसी प्रकार, Q से प्रति सेकंड निकलने वाले द्रव का आयतन $= A_2V_2$

Q से प्रति सेकंड निकलने वाले द्रव का द्रव्यमान $= A_2V_2\rho_2$

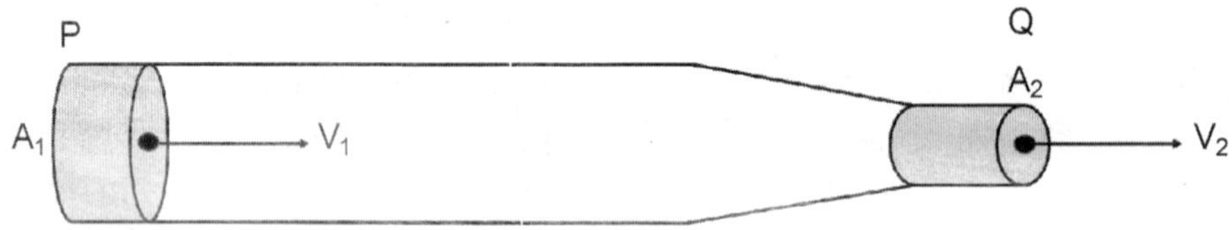

चित्र 5.21: अलग अलग अनुप्रस्थ काट के क्षेत्रफल वाली नली से किसी तरल का नियमित प्रवाह

एक असंपीड्य द्रव के लिए, घनत्व समान रहता है अर्थात, यह बाह्य आरोपित बलों के साथ परिवर्तित नही होता है।

इसलिए, $\rho_1 = \rho_2$

$\therefore \quad A_1V_1 = A_2V_2$

$\therefore \quad AV$ = नियतांक = R = आयतन प्रवाह की दर

इसे नियमित प्रवाह के लिए अविरतता का समीकरण कहा जाता है। इसे इस प्रकार परिभाषित किया जा सकता है कि नली में किसी भी स्थान पर एक नली के अनुप्रस्थ काट के क्षेत्रफल और उस असंपीड्य तरल के वेग का गुणनफल नियत रहता है।

इस नियतांक को आयतन प्रवाह दर के रूप में भी जाना जाता है। यह समीकरण बताता है कि, यदि नली के अनुप्रस्थ काट का क्षेत्रफल अधिक हो जाए, तो वहाँ द्रव का वेग कम हो जाता है, और इसी प्रकार यदि नली के अनुप्रस्थ काट का क्षेत्रफल कम हो जाए, तो वहाँ द्रव का वेग अधिक हो जाता है।

5.5.5 बरनौली का प्रमेय और उसके अनुप्रयोग:

बरनौली का प्रमेय 1738 में स्विस गणितज्ञ डैनियल बरनौली द्वारा दिया गया था। यह ऊर्जा संरक्षण का एक सिद्धांत है और इसके अनुसार, किसी अश्यान और असंपीड्य तरल के एक बिंदु से दूसरे बिंदु तक धारा रेखीय प्रवाह के दौरान, उसके मार्ग के प्रत्येक बिंदु पर कुल यांत्रिक ऊर्जा नियत रहती है। अर्थात,

$$\rho\frac{M}{\rho} + mgh + \frac{1}{2}mV^2 = \text{नियतांक}$$

$$\frac{P}{\rho} + gh + \frac{1}{2}V^2 = \text{नियतांक}$$

या $$P + \rho gh + \frac{1}{2}\rho V^2 = \text{नियतांक}$$

जहाँ, $$\rho = \frac{\text{तरल का द्रव्यमान}}{\text{तरल का आयतन}}$$

यहां, कुल यांत्रिक ऊर्जा, तरल दाब [या दाब ऊर्जा $W = \text{दाब} \times \Delta(\text{तरल का आयतन}) = \text{दाब} \times \Delta(\frac{\text{तरल का द्रव्यमान}}{\text{तरल का घनत्व}})$]

पृथ्वी की सतह से नली की ऊंचाई के कारण गुरुत्वीय स्थितिज ऊर्जा ($PE = mgh$), और तरल गति की गतिज ऊर्जा ($KE = \frac{1}{2}mV^2$) का योग होती है।

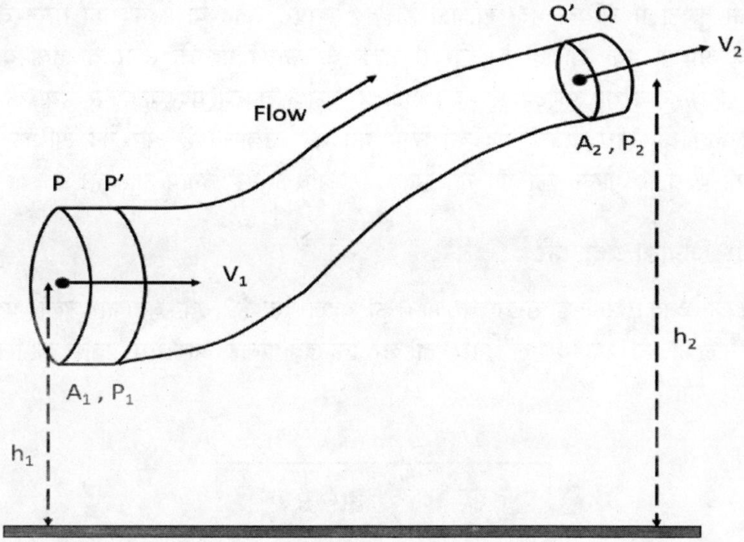

चित्र 5.22 बरनौली के प्रमेय की सहायता से किसी ऊँची नली में तरल प्रवाह को समझना

बरनौली का प्रमेय केवल अश्यान तरल, जो धारारेखीय प्रवाह में होते है, उनके लिए मान्य होता है। यह विक्षुब्ध प्रवाह के लिए लागू नहीं होता है। ध्यान दें कि, यदि नली या ट्यूब को पृथ्वी की सतह पर क्षैतिज रूप से रखा जाता है, तो $h_1 = h_2 = h = 0$, अत: उपरोक्त समीकरण बन जाता है:

$$\frac{P}{\rho g} + \frac{1}{2}\frac{V^2}{g} = \text{नियतांक}$$

बरनौली के प्रमेय के अनुप्रयोग

बरनौली के प्रमेय के कई अनुप्रयोग होते हैं। इसका उपयोग वेंचुरीमीटर (या फ्लोमीटर), एक एयरोफिल लिफ्ट, बन्सन बर्नर, हवाई-विमान और लिफ्ट के काम में किया जाता है। वेंचुरीमीटर एक ऐसा उपकरण है जिसका उपयोग नली या पाइप में प्रवाहित होने वाले तरल प्रवाह की दर को मापने के लिए किया जाता है। बरनौली के प्रमेय का उपयोग ऑटोमोबाइल के कार्बोरेटर, फिल्टर पंप, कणित्र और स्प्रेयर को डिजाइन करने में भी किया जाता है। पेंट-गन, परफ्यूम स्प्रे या कीट स्प्रेयर की कार्यविधि इस प्रमेय पर आधारित होती है। बरनौली का सिद्धांत मैग्नस प्रभाव की भी व्याख्या करता है जो गोल्फ, क्रिकेट, सॉकर, टेनिस आदि में महत्वपूर्ण भूमिका निभाता है। इन खेलों में मैग्नस प्रभाव के कारण कोई गेंद स्पिन करती है। यह सिद्धांत यह भी बताता है कि बवंडर या तूफान के दौरान छतें क्यों उड़ जाती हैं या जहाज पानी में कैसे चलते हैं? जब कोई तेज गति वाली ट्रेन गुजरती है तो वह पास की वस्तुओं को खींचती है या जब पास की दो नावें एक दूसरे के समांतर चलती हैं, तो वे एक-दूसरे की ओर खींच जाती हैं। बरनौली का सिद्धांत इन दोनों की व्याख्या करता है। वाहिकाओं में रक्त के प्रवाह और एथेरोस्क्लेरोसिस के कारण दिल का दौरा पड़ने की घटना को बरनौली के प्रमेय की सहायता से समझाया जा सकता है।

केस स्टडी

किसी पिंड के वक्राकार मार्ग में चलने के कारण उत्पन्न गतिक लिफ्ट को मैग्नस प्रभाव के रूप में जाना जाता है। इस प्रभाव के कारण, गतिशील तरल में घूर्णन करने वाली वस्तु के प्रक्षेप वक्र में भिन्नता होती है और वस्तु की खुरदरी सतह चिकनी सतह की तुलना में अधिक हवा खींचती है। जब खुरदरी सतह वाली गेंद को स्पिन के साथ फेंका जाता है, तो यह अपने साथ अधिक हवा खींचती है। खुरदरी सतह के कारण गेंद के ऊपर के हवा के अणुओं में त्वरण उत्पन्न होता है और गेंद के नीचे के अणुओं में मंदन होता है। इसके कारण गेंद के ऊपर हवा के अणु कम हो जाते है, और गेंद के नीचे हवा के अधिक अणु गेंद को ऊपर की और उछालते है और गेंद अधिक दूरी तय करती है। मैग्नस प्रभाव पैदा करने के लिए गोल्फ की गेंद की सतह पर अधिक गड्ढे बनाये जाते है।

अन्वेषण शीलता और जिज्ञासा पैदा करें

क्या पाइप या नलिका का आकार रेनॉल्ड संख्या के मान को बदल देता है? एक वृत्ताकार नली, एक वर्गाकार नलिका और एक आयताकार नलिका का उदाहरण लें और पता करें कि द्रव प्रवाह और गैस प्रवाह के लिए किस प्रकार का पाइप या नलिका बेहतर होगी?

हल किये गए प्रश्न

प्रश्न 1: माना एक आग बुझाने की नली में पानी 2.0 m/s के वेग और 250000 Pa के दाब से बह रहा है। नली के नोजल पर वायुमंडलीय दाब (101300 Pa) तक कम हो जाता है। माना कि ऊंचाई में कोई परिवर्तन नहीं हुआ है, तो नोजल से निकलने वाले पानी के वेग की गणना कीजिये। पानी का घनत्व 1000 $kg.m^{-3}$ और गुरुत्वीय त्वरण 'g' = 9.8 m/s^{-2} है।

हल: बरनौली के सिद्धांत के अनुसार,

$$P_1 + \rho g h_1 + \frac{1}{2}\rho V_1^2 = P_2 + \rho g h_2 + \frac{1}{2}p V_2^2$$

चूँकि, $h_1 = h_2$ है, इसलिए हम इस समीकरण को इस प्रकार लिख सकते हैं:

$$P_1 + \frac{1}{2}\rho V_1^2 = P_2 + \frac{1}{2}\rho V_2^2$$

$$\therefore \quad V_2 = \sqrt{\frac{2}{\rho}\left(\frac{1}{2}\rho V_1^2 + P_1 - P_2\right)} = \sqrt{\frac{2}{(10)^3}\left(\frac{1}{2}\times(10)^3\times 2^2\right)^2 + (25000 - 101300)}$$

$$= \sqrt{301.4} = 17.36\ \text{ms}^{-1}$$

यूनिट सारांश

- विरूपक बल के कारण किसी पिंड में उत्पन्न प्रति एकांक क्षेत्रफल प्रत्यानयन बल को प्रतिबल कहा जाता है और पिंड के विन्यास में आंशिक परिवर्तन को विकृति कहा जाता है।
- हुक का नियम: इसके अनुसार, प्रत्यास्थता की सीमा के अंदर, प्रतिबल विकृति के समानुपाती होता है।
- यंग प्रत्यास्थता गुणांक $Y = MgL/\pi r^2 l$, आयतन प्रत्यास्थता गुणांक $B = -V\Delta P/\Delta v$ और दृढ़ता गुणांक $\eta = FL/Ax$ होता है।
- किसी तरल पर प्रति इकाई क्षेत्रफल पर लगने वाले लम्बवत बल को तरल दाब कहते हैं। वायुमंडलीय दाब, पृथ्वी की सतह पर हवा द्वारा लगाया जाने वाला लम्बवत बल, अर्थात पृथ्वी पर प्रति एकांक क्षेत्रफल पर हवा द्वारा लगाया गया बल होता है। 1 वायुमंडलीय दाब = 1.013×10^5 पास्कल होता है। गेज दाब का मान वायुमंडलीय दाब से अधिक होता है।
- वायुमंडलीय दाब को मापने के लिए फोर्टिन के बैरोमीटर का उपयोग किया जाता है।
- पृष्ठ तनाव किसी द्रव पृष्ठ का वह गुण है, जिसके कारण वह एक तनी हुई झिल्ली की भाँति व्यवहार करता है। गणितीय रूप में, पृष्ठ तनाव किसी द्रव की सतह पर खींची गयी एक काल्पनिक रेखा के प्रति एकांक लम्बाई पर लगाने वाला लंबवत बल होता है।
- एक ही पदार्थ के अणुओं के बीच लगने वाले अन्तराण्विक आकर्षण बल को ससंजक बल कहते हैं और विभिन्न पदार्थों के अणुओं के बीच लगने वाले बल को आसंजक बल कहते है।
- संपर्क कोण, सम्पर्क बिंदु पर ठोस पर खींची गयी स्पर्श रेखा और द्रव की सतह पर खींची गयी स्पर्श रेखा के बीच का कोण होता है।
- केशिका में द्रव का उन्नयन $h = \frac{2S\cos\theta}{rpg}$ के रूप में दिया जाता है।
- तापमान में वृद्धि के साथ तरल का पृष्ठ तनाव कम हो जाता है।
- श्यानता, किसी तरल प्रवाह की आंतरिक अपरूपण प्रतिरोध की माप होती है और यह उनका तापमान-निर्भर गुण होता है।
- किसी तरल का श्यान बल एक खिंचाव बल होता है, जो उस तरल की एक पर्त के सापेक्ष दूसरी पर्त की गति का विरोध करता है।
- रेनॉल्ड संख्या जड़त्वीय बलों और द्रव के श्यान बलों का अनुपात होता है।

- लेमिनार प्रवाह में, स्पेस में किसी बिंदु पर वेग, दाब और अन्य राशियों के मानों में समय के साथ यादृच्छिक रूप से परिवर्तन नहीं होता है।
- बरनौली का सिद्धांत तरल पदार्थों के लिए ऊर्जा संरक्षण नियम से व्युत्पन्न किया गया है। इसके अनुसार एक अश्यान और असंपीड्य तरल प्रवाह के प्रति इकाई द्रव्यमान की कुल यांत्रिक ऊर्जा स्थिर होती है।

अभ्यास

(A) वस्तुनिष्ठ प्रश्न

5.1 दृढ़ता गुणांक का गलत मात्रक चुनिये। [LOD1]

(a) Nm^{-2} (b) dyne cm^{-2}

(c) Giga Pascal (d) N/m

5.2 एक 2.5 m लंबाई और 1 mm व्यास वाले तार का एक सिरा एक छत में लगा होता है। 8 Kg द्रव्यमान का एक छोटा बंदर कूदकर तार के मुक्त सिरे को पकड़ लेता है और उस पर बने रहता है।तो, तार की लंबाई में परिवर्तन ज्ञात कीजिए ($Y = 2 \times 10^{11}$ N/m^2, और $g = 10 m/s^2$ लें)।: [LOD2]

(a) 1.4 mm (b) 2.3 mm

(c) 1.3 mm (d) 3.4 mm

5.3 एक झील की औसत गहराई लगभग 100 m है। झील के तल पर पानी का अनुपातिक संपीडन $\frac{\Delta V}{V}$ ज्ञात कीजिए। पानी का आयतन प्रत्यास्थता गुणांक 2×10^6 N/m^2, और $g = 10$ m/s^2 है: [LOD2]

(a) 0.5 (b) 0.4

(c) 0.3 (d) 2.0

5.4 यदि ससंजक बल का मान आसंजक बल से अधिक होता है और तरल कांच को गीला नहीं करता है तो संपर्क कोण है: [LOD1]

(a) अधिक कोण (b) 90°

(c) न्यून कोण (d) 0°

5.5 त्रिज्या r की एक केशिका में पानी का उन्नयन 12mm है। समान पदार्थ की एक और केशिका जिसकी त्रिज्या $3r$ है, को पानी में डुबोया जाता है तो उसमें पानी का उन्नयन होता है: [LOD2]

(a) 3 mm (b) 4 mm

(c) 6 mm (d) 2 mm

5.6 सही/गलत [LOD1]

(1) पदार्थों की प्रत्यास्थता का गुण गुरुत्वाकर्षण बल के कारण होता है।

(2) पृष्ठ तनाव के कारण वर्षा की बूंदें गोलाकार होती हैं।

(3) कोशिका में द्रव की वृद्धि (h) इसकी त्रिज्या (r) के व्युत्क्रमानुपाती होती है।

5.7 द्रव की गतिक और शुद्ध गतिक श्यानता की CGS इकाइयाँ क्या हैं? [LOD1]

5.8 गोल्फ की गेंद पर मैगनस प्रभाव ________ द्वारा समझाया जाता है। (स्टोक का नियम, न्यूटन का श्यानता का नियम, बरनौली का सिद्धांत, अविरतता का समीकरण) [LOD 2]

5.9 बरनौली के सिद्धांत द्वारा ________ का संरक्षण किया जाता है। (द्रव्यमान, घनत्व, ऊर्जा, संवेग) [LOD1]

5.10 ________ एक पैराशूटर को उसके स्वतंत्र गिरावट के दौरान बचाता है। (बरनौली का सिद्धांत, स्टोक का नियम, न्यूटन का गुरुत्वाकर्षण नियम, टोरिसेली का नियम) [LOD2]

5.11 480 पॉइज = ________ $N\text{-}s.m^{-2}$ (0.48, 48, 4.8, 480) [LOD3]

(A) वस्तुनिष्ठ प्रश्नों के उत्तर

5.1	5.2	5.3	5.4	5.5	5.6(1)	5.6(2)	5.6(3)
d	c	a	a	b	F	T	T

5.2 $\Delta L = MgL/\pi r^2 Y$

5.3 $\Delta V/V = \Delta P/B$

5.7 पॉइज और स्टोक्स

5.8 बरनौली का सिद्धांत

5.9 ऊर्जा

5.10 स्टोक का नियम

5.11 48 ($\because$ 1 poise = 0.1 $N\text{-}s.m^{-2}$)

(B) विषयात्मक प्रश्न

5.1 एक 2.5m लंबाई के एक स्टील के तार को 1.0 mm तक खींचा जाता है। तार का अनुप्रस्थ काट क्षेत्रफल 5.0 mm^2 है। तो उस तार में (1) प्रतिबल (2) भार या लोड ज्ञात कीजिए। स्टील का यंग प्रत्यास्थता गुणांक $Y = 2 \times 10^{11}$ N/m^2। [LOD2]

5.2 निम्नलिखित आँकड़ों से (1) दाब में परिवर्तन (2) और हवा से भरे गुब्बारे पर अंतिम दाब ज्ञात कीजिये। प्रारंभिक आयतन = $8 \times 10^{-3} m^3$, प्रारंभिक दाब = 10^5 N/m, आयतन में कमी = 10^{-3} m^3, हवा की संपीड्यता = 7.65×10^{-6} $N^{-1}m^2$। [LOD3]

5.3 एक 2 m लंबाई और 0.02 cm^2 अनुप्रस्थ काट के क्षेत्रफल वाले तांबे के तार का एक छोर पर बंधा हुआ है। उसके मुक्त सिरे पर 2 kg का लोड लगाया गया है। तो, तार की लंबाई में हुई वृद्धि ज्ञात कीजिए। तांबे का यंग प्रत्यास्थता गुणांक = $1 \times 10^{11} N/m^2$, g = 10 m/s^2। [LOD1]

5.4 एक 10 m की ऊंचाई तक पानी से भरे टैंक के तल पर (1) निरपेक्ष दाब (2) और गेज दाब ज्ञात कीजिये। टैंक के शीर्ष पर पानी की सतह वायुमंडल में खुली हुई है। [LOD2]

5.5 जब कांच की एक केशिका को पानी में डुबोया जाता है तो उसमें पानी 10 cm ऊँचाई तक ऊपर चढ़ता है। तो, केशिका की त्रिज्या ज्ञात कीजिए। (पानी का पृष्ठ तनाव $S = 7 \times 10^{-2}$ N/m, संपर्क कोण = 0°, $g = 10$ m/s²) है। [LOD1]

5.6 यदि समान पदार्थ से बनी पर्याप्त लंबाई की कांच की एक केशिका में पानी की ऊंचाई पहली केशिका से दोगुनी हो जाती है! तब उनकी त्रिज्या (r_1/r_2) का अनुपात ________ है। [LOD2]

5.7 लेमिनार और विक्षुब्ध तरल प्रवाह के बीच अंतर स्पष्ट कीजिये। [LOD1]

5.8 25°C पर ग्लिसरीन के एक कंटेनर में गिरने वाली 2.5 mm त्रिज्या की तांबे की एक गेंद का सीमांत वेग 5.6 cm s^{-1} है। तो, 25 °C पर ग्लिसरीन की श्यानता की गणना कीजिये। दिया है, ग्लिसरीन का घनत्व 1260 Kgm^{-3}, कॉपर का घनत्व 8.9×10^3 kg m^{-3}। [LOD1]

5.9 किसी तरल की श्यानता तापमान पर क्यों निर्भर करती है? [LOD2]

5.10 रेनॉल्ड संख्या के महत्व पर चर्चा करें। [LOD1]

5.11 एक ईंधन इथेनॉल किसी रिफाइनरी के माध्यम से वायुमंडलीय दाब पर 100 $cm.s^{-1}$ के वेग से एक पाइप में बह रहा है। रिफाइनरी को निचले स्तर पर 2 atm (202600 Pa) के दाब में इथेनॉल की आवश्यकता होती है। गणना करें कि इस दाब को प्राप्त करने के लिए पाइप की ऊँचाई को कितना कम करना होगा? मान लें कि वेग अपरिवर्तित है। एथेनॉल का घनत्व 789 $kg.m^{-3}$ तथा 'g' का मान 9.8 ms^{-2} है। [LOD2]

(B) विषयात्मक प्रश्नों के उत्तर

5.1 प्रतिबल = Y विकृति = $Y\frac{\Delta L}{L} = 8 \times 10^7$ N/m² और F = A (प्रतिबल) = 400 N

5.2 $P = \frac{\Delta V}{VK} = 0.16$ वायुमण्डलीय दाब और $P_1 = P_2 + \Delta P = 1.15$ वायुमण्डलीय दाब

5.3 L = MgL/AY = 0.2 mm

5.4 $P = P_{atm} + \rho gh = 2$ वायुमण्डलीय दाब और $P - P_{atm} = \rho gh = 1$ वायुमण्डलीय दाब

5.5 $r = 2S/h\ g = 0.14$ mm

5.6 $h_1r_1 = h_2r_2$ और $r_1 : r_2 = 2 : 1$

5.8 1.8569 Pa-s

5.11 –13.1 m (या 13.1 m नीचे) (**संकेतः** बरनौली के समीकरण का प्रयोग करें।)

प्रायोगिक कार्य

प्रयोग 1. हुक के नियम का उपयोग करके एक स्प्रिंग का बल नियतांक ज्ञात करना।

प्रायोगिक महत्व

स्प्रिंग की कठोरता उसके बल नियतांक या स्प्रिंग नियतांक से निर्धारित होती है। उच्च स्प्रिंग नियतांक का अर्थ है एक कठोर स्प्रिंग, जिसको खींचना कठिन होता है और इसे खींचने के लिए अधिक बल की आवश्यकता होती है। प्रत्यास्थ गुणों के कारण, स्प्रिंग का बल नियतांक एक विशिष्ट लक्षण है। यह हुक के नियम का उपयोग करके निर्धारित किया जा सकता है। इस प्रयोग से स्प्रिंग का प्रभावी द्रव्यमान भी ज्ञात किया जा सकता है।

प्रासंगिक सिद्धांत

सिद्धांत के लिए, यूनिट 5 का संदर्भ लें (अनुभाग: 5.1.2)

सूत्रः स्प्रिंग का बल नियतांक $\mathbf{K} = \dfrac{4\pi^2(m_1 - m_2)}{(T_1^2 - T_2^2)} \quad \left(\because T = 2\pi\sqrt{\dfrac{m}{K}}\right)$

जहाँ T_1 = लोड 1 के लिए एक हेलिकल स्प्रिंग के दोलनों का आवर्तकाल;

T_2 = लोड 2 के लिए एक हेलिकल स्प्रिंग के दोलनों का आवर्तकाल;

m_1 = लोड 1 का भार;

m_2 = लोड 2 का भार;

K = बल स्थिरांक या स्प्रिंग नियतांक = $\dfrac{\text{प्रत्यानयन बल}}{\text{विस्तार}}$

प्रैक्टिकल आउटकम्स (PrO)

प्रैक्टिकल आउटकम्स पाठ्यक्रम की विषयवस्तु से लिये गए हैं।

PrO1: प्रयोग को सेट करने में कौशल प्राप्त करना और स्टॉप वॉच का उपयोग करके एक हेलिकल स्प्रिंग के दोलनों का सटीक आवर्तकाल मापना ।

PrO2: ठोसों में प्रत्यास्थता के लिए हुक के नियम का वर्णन करना और एक हेलिकल स्प्रिंग का बल नियतांक ज्ञात करना ।

PrO3: समूह में या व्यक्तिगत रूप से उचित सावधानियों के साथ आवश्यक उपकरण का संचालन और नियंत्रण करना।

प्रायोगिक व्यवस्था (चित्रांकन/रेखा-चित्र/रैखिक परिपथ/कार्य स्थिति)

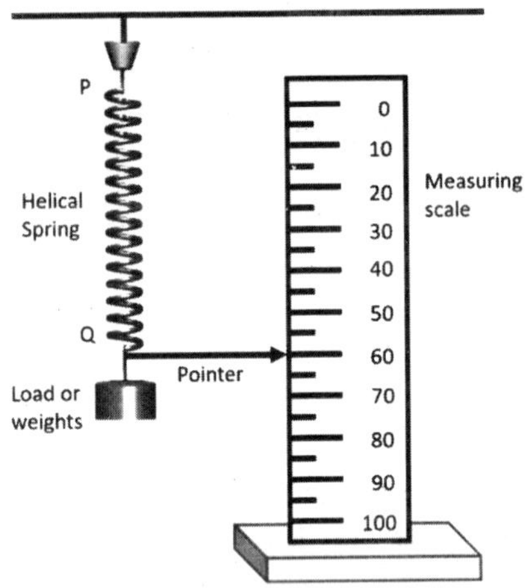

चित्र 5.23 : हुक के नियम का पालन करते हुए एक स्प्रिंग का बल नियतांक ज्ञात करना

आवश्यक संसाधन

क्रमांक	सुझाए गए आवश्यक संसाधन मशीनें/यंत्र /महत्वपूर्ण विशिष्टताओं वाले उपकरण	मात्रा	वास्तविक आवश्यक संसाधन मशीनें/यंत्र /महत्वपूर्ण विशिष्टताओं वाले उपकरण (छात्र द्वारा भरे जाने के लिए)		टिप्पणियाँ (यदि कोई हो, तो)
			मॉडल	विवरण	
1	एक हुक और निचले सिरे पर लगे संकेतक के साथ हल्के वजन की हेलिकल स्प्रिंग (स्प्रिंग का आंतरिक व्यास = 1-1.5 cm)	1			
2	दृढ़ आधार	1			
3	लोड के लिए प्रत्येक 10 gm वजन के खांचेदार भार (कठोर स्प्रिंग के लिए 20 gm वजन का उपयोग भी कर सकते है)	5			
4	क्लैम्प स्टैंड	1			
5	बैलेंस	1			
6	न्यूनतम 15-30 cm लम्बी मापन स्केल	1			
7	विराम घड़ी (0.1s की सटीकता वाली)	1			

सावधानियाँ

1. यदि विराम घड़ी का अल्पतमांक 0.1 सेकंड है, तो दोलनों की संख्या n, को इस प्रकार चुना जाना चाहिए कि दोलन द्रव्यमान उन्हें पूरा करने में 10.0 सेकंड से अधिक समय ले। इससे समय की माप में प्रतिशत त्रुटि 1% से कम होगी।
2. प्रत्यास्थता की सीमा में (हुक के नियमानुसार), बल नियतांक की गणना करने के लिए समीकरण, दोलनों के छोटे आयाम या स्प्रिंग के छोटे विस्तार के लिए ही सही होते हैं। इसलिए विराम स्थिति से दोनों ओर, ऊपर या नीचे की ओर, भार को विशेष ध्यान से बहुत धीरे निकालना चाहिए।
3. वायु का उत्प्लावन और श्यान कर्षण बल का प्रभाव स्प्रिंग के दोलनों के अवमंदन को प्रभावित कर सकता है। उच्च घनत्व वाली एक छोटी और थोड़ी सख्त स्प्रिंग लेकर इन प्रभावों को कम किया जा सकता है।

प्रयोग विधि

1. एक हेलिकल स्प्रिंग PQ को किसी दृढ़ आधार से इस प्रकार लटकाएं कि चित्रानुसार संकेतक, स्थिरावस्था में किसी एक अवस्था में हो।
2. अब, मापने के पैमाने को लंबवत रूप से इस तरह से कसें कि यह स्प्रिंग के पास रहे और स्प्रिंग से जुड़ा हुआ संकेतक, पैमाने को बिना छुए स्वतंत्र रूप से ऊपर नीचे हो सके। मापन पैमाने का अल्पतमांक ज्ञात करें जो सामान्यत: 1 mm या 0.1 cm होता है।
3. इसी तरह, विराम घड़ी का अल्पतमांक ज्ञात करें।
4. अब, हैंगर पर द्रव्यमान m_1 के भार या खांचेदार भार को धीरे से निलंबित करें। किसी दिए गए लोड 'm_1' के लिए संकेतक की गति रुकने तक प्रतीक्षा करें। यह द्रव्यमान m_1 के लिए इसकी संतुलन स्थिति है।
5. भार 'm_1' को थोड़ा नीचे की ओर खींचें और फिर इसे धीरे से छोड़ दें ताकि यह अपनी संतुलन स्थिति 's' के परित: एक ऊर्ध्वाधर तल में दोलन करना प्रारम्भ कर दे।
6. जैसे ही संकेतक अपनी माध्य स्थिति (संतुलन की स्थिति) को पार करता है, वैसे ही 'n' दोलनों के लिए समय नोट करें। दोलित्र भार 'm_1' के n दोलनों के लिए समय (t) नोट कर लें।
7. समान भार के लिए प्रेक्षण को कम से कम तीन बार दोहराएं और 'n' दोलनों के लिए समय नोट करें। एक हेलिकल स्प्रिंग के n दोलनों के लिए माध्य समय (t_m) ज्ञात करें और एक दोलन के लिए समय की गणना करें, अर्थात, भार m_1 के साथ हेलिकल स्प्रिंग के लिए आवर्तकाल T ($= t_m/n$) नोट कर लें।
8. दो और खांचेदार वजनों के लिए चरण 5 से 7 को दोहराएं और प्रत्येक भार के लिए दोलनों के आवर्तकाल की गणना करें और उन्हें अवलोकन तालिका में लिखें।
9. प्रत्येक भार के लिए स्प्रिंग नियतांक (K_1, K_2, K_3) के मान की गणना कीजिए और दिए गए के लिए स्प्रिंग नियतांक K का माध्य मान ज्ञात कीजिए।
10. वैकल्पिक रूप से, Y-अक्ष पर 'T^2' और X-अक्ष पर 'm' के साथ एक ग्राफ बनाकर भी K का मान निर्धारित किया जा सकता है, जो एक प्रतिच्छेद और ढाल के साथ एक सीधी रेखा होगी। स्प्रिंग नियतांक का मान सीधी रेखा के ढाल से निर्धारित किया जा सकता है और हेलिकल स्प्रिंग का प्रभावी द्रव्यमान, प्रतिच्छेद बिंदु का उपयोग करके निर्धारित किया जा सकता है।

प्रेक्षण और गणना

प्रेक्षण:

1. मापने के पैमाने का अल्पतमांक =.................. मिमी = ... सेमी
2. विराम घड़ी का अल्पतमांक = ... sec
3. लोड 1 का द्रव्यमान, m_1 = ... gm =......................... kg
4. लोड 2 का द्रव्यमान, m_2 = ... gm = ... kg
5. लोड 3 का द्रव्यमान, m_3 = ... gm =......................... kg

प्रेक्षण तालिका :

क्रमांक	लोड का द्रव्यमान, m (kg)	संकेतक की माध्य स्थिति s (cm में)	दोलनों की संख्या (n)	'n' दोलनों में लिया गया समय, t (sec)				आवर्तकाल $T = t_m/n$ (sec)
				1 (t_1) (sec)	2 (t_2) (sec)	3 (t_3) (sec)	माध्य समय ($t_m = \frac{t_1+t_2+t_3}{3}$) (sec)	
1								
2								
3								

गणना :

सैद्धांतिक से: (लोड 'm' के लिए बल नियतांक की गणना करें और फिर उनका माध्य लें)

$$K_1 = \frac{4\pi^2(m_1 - m_2)}{(T_1^2 - T_2^2)}; K_2 = \frac{4\pi^2(m_2 - m_3)}{(T_2^2 - T_3^2)}; K_3 = \frac{4\pi^2(m_2 - m_3)}{(T_1^2 - T_3^2)}$$

और

$$K = \frac{K_1 + K_2 + K_3}{3}$$

$$= \text{..............................} \; N/m$$

ग्राफ से: $$K = \frac{4\pi^2}{\text{रेखीय ग्राफ का ढाल}}$$

Y-अक्ष पर T^2 और X-अक्ष पर m के बीच ग्राफ से K के मान में त्रुटि

K के मान में त्रुटि $= \frac{\Delta K}{K} = \frac{\Delta \text{ढाल}}{\text{ढाल}} =$ .... N/m

हेलिकल स्प्रिंग का प्रभावी द्रव्यमान, $m_0 = \frac{\text{प्रतिच्छेद (c)}}{\text{ढाल}}$

परिणाम और/या व्याख्या

1. हुक के नियम का उपयोग करके दिए गए हेलिकल स्प्रिंग का प्राप्त बल नियतांक = ...N/m
2. ग्राफ से प्राप्त K के मान में त्रुटि = ...%
3. हेलिकल स्प्रिंग का प्रभावी द्रव्यमान, m_0 = ... kg

निष्कर्ष और/या सत्यापन (विद्यार्थी द्वारा भरा जाना है)

....

....

प्रयोग संबंधित प्रश्न (उत्तर के लिए अलग शीट का प्रयोग करें)

1. बल नियतांक 11.2 N/m का क्या अर्थ है?
2. एक दूसरे के साथ श्रेणी में जुड़े स्प्रिंगों का बल नियतांक कैसे परिवर्तित होता है?
3. एक दूसरे के समांतर जुड़े तीन स्प्रिंग की प्रणाली का बल नियतांक स्थिरांक क्या होगा?
4. हुक के नियम की क्या सीमाएँ हैं?
5. वास्तविक जीवन के उन अनुप्रयोगों की सूची बनाइए, जिनमें हुक का नियम लागू होता है।

अपशिष्ट का निपटान

इस प्रयोग में फेंके जाने वाले अपशिष्ट पदार्थों को निम्नलिखित बिन में वर्गीकृत करें:

अपशिष्ट के प्रकार	 बिन (Bin) का रंग	विवरण
बायोडिग्रेडेबल अपशिष्ट	हरा	कोई नहीं
ई-अपशिष्ट	काला	कोई नहीं
प्लास्टिक एवं धातु अपशिष्ट	नीला	कोई नहीं
अन्य		कोई नहीं

पर्यावरण के अनुकूल दृष्टिकोण: कम उपयोग (रिड्यूज), पुनः उपयोग (रियूज) एवं पुर्नचक्रण (रिसायकल)

इस प्रयोग के लिए उपकरण पर्याप्त रूप से लंबे समय के लिए पुनः उपयोग में लाये जा सकते हैं, यदि उन्हें देखभाल के साथ संचालित किया जाए।

सुझाई गई मूल्यांकन योजना (शिक्षक द्वारा भरी जानी है)

दिए गए कार्य निष्पादन संकेतक, प्रक्रिया और परिणाम सहसंबंध के मूल्यांकन के लिए दिशा निर्देश के रूप में उपयोग करने चाहिए।

कार्य निष्पादन संकेतक		भारिता	प्राप्तांक
प्रक्रिया सूचक : .... अंक* (...........%)		60%	
1.	उपकरणों का संचालन	20%	
2.	समय का सही मापन	20%	
3.	स्प्रिंग का बल नियतांक ज्ञात करना	20%	
परिणाम सूचक : ....अंक* (................%)		40%	
4.	रिपोर्ट को सफाई से और समय पर जमा करना	10%	
5.	ग्राफ की सहायता से एक स्प्रिंग के बल नियतांक, % त्रुटि और प्रभावी द्रव्यमान की गणना करना	10%	
6.	गणना और परिणाम की व्याख्या	10%	
7.	प्रयोग से सम्बन्धित प्रश्न	10%	
कुल		**100%**	

*** प्रक्रिया और परिणाम मूल्यांकन के लिए अंक और प्रतिशत भार शिक्षक द्वारा तय किये जायें।**

विद्यार्थी का नाम: .... **प्राप्तांक**			**शिक्षक के हस्ताक्षर (दिनांक के साथ)**
प्रक्रिया सूचक	परिणाम सूचक	कुल	

प्रयोग 2. स्टोक के नियम द्वारा दिए गए द्रव (ग्लिसरीन) की श्यानता ज्ञात करना।

प्रायोगिक महत्व

स्टोक का नियम, किसी तरल में गिरती गोलाकार वस्तु द्वारा अनुभव किए गए अवरोधक बलों और उस गोले के वेग के बीच सम्बन्ध दर्शाता है। जब श्यानता ज्ञात हो, तो इस प्रयोग से किसी छोटी और गोलाकार वस्तु का सीमांत वेग ज्ञात किया जा सकता है। किसी गोलाकार वस्तु के सीमांत वेग और व्यास को मापकर, हम किसी अज्ञात द्रव की श्यानता या श्यानता गुणांक ज्ञात कर सकते हैं।

प्रासंगिक सिद्धांत

सिद्धांत के लिए, यूनिट 5 का संदर्भ लें (अनुभाग: 5.4.2)

सूत्र: $V_t = \frac{2}{9}\frac{r^2 g}{\eta}(\rho - \rho_f) \therefore \eta = \frac{2}{9}\frac{r^2}{V_t}g(\rho - \rho_f)$ (सिद्धांत से)

और $\eta = \frac{2}{9}\frac{1}{\text{ढाल}}g(\rho - \rho_f)$ (V_t और r^2 के ग्राफ से)

जहाँ r = गोलाकार वस्तु की त्रिज्या;

V_t = गोलाकार वस्तु का सीमांत वेग;

g = गुरुत्वीय त्वरण;

η = तरल पदार्थ की श्यानता या श्यानता गुणांक;

ρ = गोलाकार वस्तु का घनत्व;

ρ_f = द्रव का घनत्व

प्रैक्टिकल आउटकम्स (PrO)

प्रैक्टिकल आउटकम्स पाठ्यक्रम की विषयवस्तु से लिये गये है:

PrO1: गोलाकार वस्तु के व्यास को मापने में रबर बैंड की स्थिति को समायोजित और चिह्नित करने, वर्नियर कैलीपर का उपयोग करने और फ्री-फॉल में लगने वाले समय को मापनें के लिए विराम घड़ी के सटीक उपयोग में कौशल प्राप्त करना।

PrO2: किसी श्यान तरल पदार्थ के लिए स्टोक के नियम का वर्णन करना और दिए गए समय में दिए गए तरल पदार्थ की श्यानता ज्ञात करना।

PrO3: समूह में या व्यक्तिगत रूप से उचित सावधानियों के साथ आवश्यक उपकरण का संचालन और नियंत्रण करना।

प्रायोगिक व्यवस्था (चित्रांकन/ रेखा-चित्र/ रैखिक परिपथ/ कार्य स्थिति)

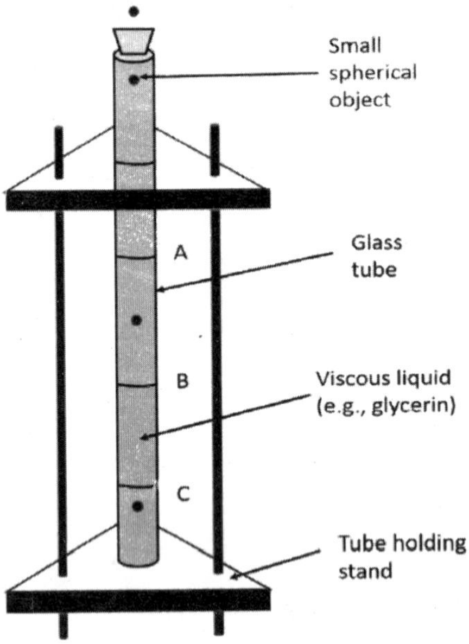

चित्र 5.24 : स्टोक के नियम की सहायता से दिए गए द्रव की श्यानता ज्ञात करने के लिए प्रायोगिक सेट अप

आवश्यक संसाधन

क्रमांक	सुझाए गए आवश्यक संसाधन मशीनें/यंत्र /महत्वपूर्ण विशिष्टताओं वाले उपकरण	मात्रा	वास्तविक आवश्यक संसाधन मशीनें/यंत्र /महत्वपूर्ण विशिष्टताओं वाले उपकरण (छात्र द्वारा भरे जाने के लिए)		टिप्पणियाँ (यदि कोई हो, तो)
			मॉडल	विवरण	
1.	एक पारदर्शी कांच/ एक्रोलाईट की चौड़े छिद्र वाली नली (लगभग 1.25 m लंबी और 4 cm व्यास वाली)	1			
2.	लगभग 10 cm लंबाई और 1 cm व्यास की एक प्रवेशिका नली (या 1 cm माप के मुख वाला एक फनल)	1			
3.	ज्ञात व्यास के स्टील बॉल (1.0 mm और 3 mm के मध्य)	1			
4.	पारदर्शी श्यान द्रव (अरंडी का तेल / ग्लिसरीन) (प्रयोगशाला श्रेणी)	2 लीटर			

क्रमांक	सुझाए गए आवश्यक संसाधन मशीनें/यंत्र /महत्वपूर्ण विशिष्टताओं वाले उपकरण	मात्रा	वास्तविक आवश्यक संसाधन मशीनें/यंत्र /महत्वपूर्ण विशिष्टताओं वाले उपकरण (छात्र द्वारा भरे जाने के लिए)		टिप्पणियाँ (यदि कोई हो, तो)
			मॉडल	विवरण	
5.	प्रयोगशाला स्टैंड	1			
6.	चिमटी	1			
7.	रबर बैंड	3			
8.	दो रबर स्टॉपर (एक छिद्र के साथ)	1 प्रत्येक			
9.	एक थर्मामीटर (0-50°C),	1			
10.	मीटर पैमाना	1			

सावधानियाँ

1. चौड़े छिद्र वाली कांच की नली जिसमें श्यान द्रव होता है, की त्रिज्या स्टील की गोलीय गेंद की त्रिज्या से बहुत अधिक होनी चाहिए।
2. श्यान द्रव में स्वतंत्र रूप से गिरते समय गोलीय गेंद कांच की नली के किनारों को नहीं छूनी चाहिए। गोलीय गेंद को नली में गिराने के लिए चिमटी का प्रयोग करना चाहिए ।
3. गोलाकार गेंद को श्यान द्रव से भरी कांच की नली में धीरे से गिराना चाहिए। जब वह तरल स्तम्भ में प्रवेश करती है, तो हवा के बुलबुले बनाने से बचने के लिए उन्हें एक कांच की प्लेट में प्रयोगात्मक श्यान तरल पदार्थ (ग्लिसरीन) से धोया जाना चाहिए।
4. तरल स्तंभ में श्यान तरल को सावधानी से डालना चाहिए। किसी भी विषाक्त या अविषाक्त रसायन के साथ व्यवहार करते समय सावधानियों के दिशा-निर्देशों का पालन करें।

प्रयोग विधि

1. कमरे के तापमान और दाब पर चित्र में दिखाए अनुसार उपकरण को सेट करें। सुनिश्चित करें कि ग्लास ट्यूब में श्यान द्रव के अंदर कोई हवाई बुलबुले नहीं हैं। थर्मामीटर का उपयोग करके कमरे के तापमान को मापें।
2. चौड़े छिद्र वाली कांच की नली के चारों ओर A, B और C पर तीन रबर बैंड इस तरह रखें कि कांच की नली चार भागों में विभाजित हो जाए। यहाँ दूरी AB = BC रखें। A पर रबर बैंड को चौड़े छिद्र वाली कांच की नली के मुंह से मापा जाना चाहिए।
3. दी गई गोलाकार वस्तुओं (स्टील की गेंदों) के व्यास को मापने के लिए वर्नियर कैलिपर का उपयोग करें।
4. चौड़े छिद्र वाली कांच की नली के खुले सिरे पर एक छोटी प्रवेशिका नाली या फनल को लंबवत रूप से लगाएं ताकि स्टील की गेंदें कांच की नली के किनारों को छुए बिना स्वतंत्र रूप से गिरें। अब, विभिन्न त्रिज्याओं की एक साफ और सूखी गोलाकार वस्तु (या स्टील के गोले) को धीरे से द्रव में गिराएं। आपको समान त्रिज्या (r) की चार या पांच समान स्टील गेंदों के सेट की आवश्यकता हो सकती है, इसलिए समान त्रिज्या के स्टील की गेंदों के अलग-अलग सेट बनाएं।

5. दो विराम घड़ियों का उपयोग करें और जैसे ही स्टील की गेंद रबर बैंड से A की स्थिति में गुजरती है, दोनों को एक साथ शुरू करें। जब गेंद B पर रबर बैंड से गुजरती है, तो एक घड़ी को रोक दें। जब गेंद, रबर बैंड को C पर पार करे तो दूसरी घड़ी को रोक दें।
6. स्टील की गेंद को A से B और A से C तक गिरने में लगने वाले समय को क्रमशः 't_1' और 't_2' के रूप में नोट करें। यदि स्टील की गेंद सीमांत वेग प्राप्त करती है, तो $t_2 = 2\ t_1$ होगा । यदि स्टील की गेंद सीमांत वेग प्राप्त नहीं करती है, तो रबर बैंड की स्थिति को समायोजित करते हुए उसी त्रिज्या की स्टील की दूसरी गेंद के साथ प्रयोग को दोहराएं।
7. विभिन्न त्रिज्याओं (r_i) वाली स्टील की अन्य गेंदों के लिए भी यही प्रयोग दोहराएं।
8. यदि रबर बैंड को सीमांत वेग प्राप्त करने के लिए समायोजित किया जाता है, तो लंबाई AB और AC को मापें।
9. अलग-अलग त्रिज्या वाली स्टील की प्रत्येक गेंद के लिए सीमांत वेग (V_t) ज्ञात करें।
10. Y-अक्ष पर सीमांत वेग (V_t) और X-अक्ष पर गोलाकार वस्तु की त्रिज्या के वर्ग r^2 के बीच एक ग्राफ आलेखित करें। एक सीधी रेखा का ढाल ज्ञात कीजिए और ऊपर दिए गए संबंध का उपयोग करके तरल की श्यानता गुणांक ज्ञात करें।

प्रेक्षण और गणना

गणना

1. द्रव का तापमान (T) = ...°C
2. स्टील की गेंदों के पदार्थ का घनत्व (ρ) = ... kg m^{-3}
3. नली में प्रयुक्त श्यान द्रव का घनत्व (ρ_f) = ... kg m^{-3}
4. चौड़े छिद्र वाली कांच की नली या स्तम्भ का आंतरिक व्यास = ... सेमी =................ m
5. कांच की नली की लंबाई =........................ सेमी =...................... m
6. A और B के बीच की दूरी = ... सेमी =....................... m
7. B और C के बीच की दूरी =..................... सेमी = ... m
8. दो क्रमागत रबर बैंडों के बीच औसत दूरी (h) = ... cm =.......................... m
9. प्रयोग के स्थान पर गुरुत्वीय त्वरण (g) = ... cm.s^{-2} = ... m.s^{-2}
10. विराम घड़ी का अल्पतमांक = ... s

प्रेक्षण तालिका

क्रमांक	गोलाकार वस्तु का व्यास (D) (cm)	गोलाकार वस्तु की त्रिज्या (r = D/2) (m)	गोलाकार वस्तु की त्रिज्या का वर्ग (r^2) (m^2)	A, B और C पर रबर बैंड के बीच औसत दूरी (h) तय करने में लगा समय =...........m				सीमांत वेग $Vt = h/t$ (m.s^{-2})
				A और B (t_1) (sec)	A और C (t_2) (sec)	B और C ($t_3 = t_2 - t_1$)	माध्य समय ($t = \frac{t_1 + t_3}{2}$) (sec)	
1								
2								

गणना:

सैद्धांतिक रूप से : (अलग अलग व्यास के प्रत्येक गोलीय गेंद के लिए श्यानता गुणांक ज्ञात कीजिये और उनका माध्य लीजिये)

$\eta = \frac{2}{9}\frac{r^2}{v_t} g\,(\rho - \rho_f)$ (सिद्धांत के अनुसार)

Y-अक्ष पर V_t और X-अक्ष पर r^2 के बीच ग्राफ खींचनें पर :

$\eta = \frac{2}{9} = \frac{1}{\text{ढाल}}\ g(\rho - \rho_f)$ =..................... $Ns.m^{-2}$

परिणाम और/या व्याख्या

.... °C तापमान पर स्टोक के नियम द्वारा परिकलित दिए गए श्यान द्रव (ग्लिसरीन) की श्यानता का गुणांक η = ... $Ns.m^{-2}$ है।

निष्कर्ष और/या सत्यापन (विद्यार्थी द्वारा भरा जाना है)

....

....

प्रयोग संबंधित प्रश्न (उत्तर के लिए अलग शीट का प्रयोग करें)

1. इस प्रयोग के लिए आपको एक गोलाकार वस्तु की आवश्यकता क्यों है?
2. मुक्त रूप से वाली गोलाकार वस्तु सीमांत वेग कब प्राप्त करती है?
3. स्टोक के नियम की क्या सीमाएँ हैं?
4. ग्लिसरीन की श्यानता का मान तापमान के साथ कैसे बदलता है?
5. यदि गोलाकार वस्तु का घनत्व तरल के घनत्व से कम हो तो क्या होगा?

अपशिष्ट का निपटान

इस प्रयोग में फेंके जाने वाले अपशिष्ट पदार्थों को निम्नलिखित बिन में वर्गीकृत करें:

अपशिष्ट के प्रकार	 बिन (Bin) का रंग	विवरण
बायोडिग्रेडेबल अपशिष्ट	हरा	ग्लिसरीन एक जैविक अपशिष्ट रसायन है। इसको मौजूदा खाद में डालकर डीस्पोस करना चाहिए
ई-अपशिष्ट	काला	कोई नहीं
प्लास्टिक एवं धातु अपशिष्ट	नीला	कोई नहीं
अन्य		कोई नहीं

पर्यावरण के अनुकूल दृष्टिकोण: कम उपयोग (रिड्यूज), पुनः उपयोग (रियूज) एवं पुर्नचक्रण (रिसायकल)

स्टील की गेंदों को उनके पुनः उपयोग के लिए तरल स्तंभ से वापस लाने के लिए पर्याप्त रूप से प्रबल चुंबक का उपयोग करें। जब तक आवश्यक न हो, एक बार तरल स्तंभ में डाले गए श्यान तरल को कई बार पुनः उपयोग किया किया जाना चाहिए। विभिन्न तरल पदार्थों के लिए, कुछ समान कांच की नलियों को खरीदा और पुनः उपयोग किया जा सकता है।

सुझाई गई मूल्यांकन योजना (शिक्षक द्वारा भरी जानी है)

दिए गए कार्य निष्पादन संकेतक, प्रक्रिया और परिणाम सहसंबंध के मूल्यांकन के लिए दिशा निर्देश के रूप में उपयोग करने चाहिए।

कार्य निष्पादन संकेतक		भारिता	प्राप्तांक
प्रक्रिया सूचक : .... अंक* (...........%)		**60%**	
1.	उपकरणों का संचालन	20%	
2.	समय का सही मापन	20%	
3.	स्प्रिंग का बल नियतांक ज्ञात करना	20%	
परिणाम सूचक : ....अंक* (................%)		**40%**	
4.	रिपोर्ट को सफाई से और समय पर जमा करना	10%	
5.	ग्राफ की सहायता से एक स्प्रिंग के बल नियतांक, % त्रुटि और प्रभावी द्रव्यमान की गणना करना	10%	
6.	गणना और परिणाम की व्याख्या	10%	
7.	प्रयोग से सम्बन्धित प्रश्न	10%	
कुल		**100%**	

*** प्रक्रिया और परिणाम मूल्यांकन के लिए अंक और प्रतिशत भार शिक्षक द्वारा तय किये जाये।**

विद्यार्थी का नाम: .... प्राप्तांक			शिक्षक के हस्ताक्षर (दिनांक के साथ)
प्रक्रिया सूचक	परिणाम सूचक	कुल	

प्रयोग 3. फोर्टिन के बैरोमीटर का उपयोग करके किसी सतह पर वायुमंडलीय दाब ज्ञात करना।

प्रायोगिक महत्व

भविष्य में विद्यार्थी इस बैरोमीटर का उपयोग, विभिन्न कार्यशालाओं, प्रयोगशालाओं और इंजीनियरिंग कार्यों में वायुमंडलीय दाब के मापन में कर सकते हैं।

प्रासंगिक सिद्धांत

जैसे ही वायुमंडलीय दाब में परिवर्तन होता है तदनुसार फोर्टिन के बैरोमीटर की टंकी में पारे का स्तर परिवर्तित होता है। जब दाब बढ़ता है, बैरोमीटर में पारे का स्तर गिर जाता है। फोर्टिन के बैरोमीटर में पाठ्यांक लेते समय टंकी में पारे का स्तर हमेशा मुख्य पैमाने के शून्य पर रखा होता है। इसमें लेदर बैग में पारा भरा होता है और एक स्क्रू जैक की मदद से पारे के लेवल को ऊपर या नीचे किया जाता है। इस समायोजन के बाद, कांच की नली में पारा स्तंभ के शीर्ष को वर्नियर के निचले किनारे को लाकर मापा जाता है ताकि यह पारा स्तंभ या पारे के मेनिस्कस के शीर्ष को छू सके। फिर मुख्य पैमाने के पठन को मापकर पाठ्यांक लिया जाता है और वर्नियर पैमाने के सम्पाती भाग को अल्पतमांक से गुणन करके मुख्य पैमाने के पाठ्यांक से जोड़ दिया जाता है। अतः, पारा कॉलम की ऊंचाई मुख्य पैमाने और वर्नियर पैमाने के पाठ्यांक के योग के बराबर होती है।

$\therefore$ कुल पाठ्यांक h = मुख्य पैमाने का पाठ्यांक + वर्नियर पैमाने का संपाती भाग × अल्पतमांक (L.C.)

अतः वायुमंडलीय दाब च्वायुमंडलीय = $\rho g h$

यदि पारे का घनत्व ρ और g नियत है, तो $P_{\text{वायुमंडलीय}} \propto h$

$$\text{वर्नियर कैलीपर का अल्पतमांक L.C.} = \frac{\text{मुख्य पैमाने पर सबसे छोटे भाग का मान}}{\text{वर्नियर पैमाने पर कुल भागों की संख्या}} = \frac{1\text{ mm}}{10} = 0.1\text{ mm} = 0.01\text{ cm}$$

प्रैक्टिकल आउटकम्स (PrO)

PrO1: फोर्टिन के बैरोमीटर के सिद्धांत को समझना।

PrO2: फोर्टिन के बैरोमीटर का उपयोग करके वायुमंडलीय दाब का पता लगाने में सक्षम होना।

PrO3: जीवन में पृथ्वी की सतह पर किसी भी स्थान पर वायुमंडलीय दाब को मापने में सक्षम होना।

आवश्यक संसाधन

क्रमांक	सुझाए गए आवश्यक संसाधन मशीनें/यंत्र /महत्वपूर्ण विशिष्टताओं वाले उपकरण	मात्रा	वास्तविक आवश्यक संसाधन मशीनें/यंत्र /महत्वपूर्ण विशिष्टताओं वाले उपकरण (छात्र द्वारा भरे जाने के लिए)		टिप्पणियाँ (यदि कोई हो, तो)
			मॉडल	विवरण	
1.	फोर्टिन का बैरोमीटर	1			
2.	थर्मामीटर	1			

सावधानियाँ

1. पारा स्तर को शून्य पर समायोजित करते समय, समायोजन स्क्रू को जल्दी- जल्दी नहीं घुमाना चाहिए।
2. जिस कमरे में दाब को मापा जाना है, उसके तापमान में कोई बदलाव नहीं होना चाहिए।
3. सूरज की रोशनी के संपर्क में नहीं आना चाहिए अन्यथा पीतल की नली में पारा के स्तर को आंकना मुश्किल होगा।
4. यह सुनिश्चित करने के लिए परीक्षण किया जाना चाहिए कि पारा स्तंभ के शीर्ष पर कोई हवा, निर्वात स्थान में प्रवेश नहीं कर रही है।

प्रयोग विधि

1. बैरोमीटर को हल्का सा दबाएँ, ताकि मेनिस्कस (कांच की नली में पारा स्तंभ की ऊपरी सतह का आकार) की ऊंचाई न तो बहुत ज्यादा हो और न ही बहुत कम।
2. शून्य समायोजन नोब का उपयोग कर पारे की टंकी के शीर्ष को, शून्य कील या आइवरी पॉइंटर की नोक और मुख्य स्केल के शून्य से मिलाये।
3. गतिमान पैमानें या वर्नियर पैमानें की ऊंचाई को इस प्रकार समायोजित करें कि,पैमाने का स्केल के आगे और पीछे का निचला भाग मेनिस्कस के शीर्ष पर हो।
4. वर्नियर और मुख्य पैमाने का उपयोग करके कांच की नली में पारा स्तम्भ की ऊंचाई नोट कर लें । मुख्य पैमाने के पाठ्यांक और वर्नियर पैमानें के सम्पाती भाग का पाठ्यांक लेने पर, कुल पाठ्यांक से पारा स्तम्भ की ऊँचाई h प्राप्त होगी ।
5. चरण 4 को तीन बार दोहराएँ और फिर ऊँचाई h के पाठ्यांकों का माध्य लें ।
6. बैरोमीटर पर लगे थर्मामीटर का उपयोग करके तापमान पढ़ें।

प्रेक्षण और गणना

पारा स्तंभ की ऊंचाई (h) के लिए प्रेक्षण तालिका

क्रमांक	मुख्य पैमाने का पाठ्यांक (MSR) mm	वर्नियर पैमाने का सम्पाती भाग (VSD) (n)	कुल पाठ्यांक (h) = MSR + $n \times$ L.C. mm
1.			
2.			
3.			

गणना:

ऊँचाई h का माध्य = ...mm

वायुमंडलीय दाब की गणना सूत्र P वायुमंडलीय = ρgh के द्वारा की जाती है।

कमरे का तापमान t = ... °C

परिणाम और/या व्याख्या

प्रयोगशाला में मापा गया वायुमंडलीय दाब $P_{\text{वायुमंडलीय}}$ = ... पास्कल

निष्कर्ष और/या सत्यापन (विद्यार्थी द्वारा भरा जाना है)

....

....

प्रयोग संबंधित या मौखिक प्रश्न

1. वायुमंडलीय दाब को परिभाषित करें।
2. ऊंचाई के साथ वायुमंडलीय दाब में परिवर्तन की व्याख्या करें।
3. टंकी के तल पर स्क्रू का उपयोग समझाइए।
4. गुरुत्वीय त्वरण g के साथ वायुमंडलीय दाब परिवर्तन पर चर्चा करें।

सुझाई गई मूल्यांकन योजना (शिक्षक द्वारा भरा जाना है)

दिए गए कार्य निष्पादन संकेतक, प्रक्रिया और परिणाम सहसंबंध के मूल्यांकन के लिए दिशा निर्देश के रूप में उपयोग करने चाहिए।

	कार्य निष्पादन संकेतक	भारिता	प्राप्तांक
प्रक्रिया सूचकः .... अंक* (...........%)		60%	
1.	समायोजन स्क्रू का उचित समायोजन	15%	
2.	वर्नियर का अल्पतमांक मापन	15%	
3.	कांच की नली में पारा स्तम्भ की ऊँचाई का उचित मापन	15%	
4.	गणना करना और परिणाम प्राप्त करना	15%	
परिणाम सूचक : ....अंक* (.................%)		40%	
5.	त्रुटि का अनुमान	10%	
6.	परिणाम और व्याख्या	10%	
7.	निष्कर्ष और सत्यापन	10%	
8.	प्रायोगिक प्रश्नों या मौखिक प्रश्नों के उत्तर देने की तैयारी	10%	
	कुल	**100%**	

* **प्रक्रिया और परिणाम मूल्यांकन के लिए अंक और प्रतिशत भार शिक्षक द्वारा तय किये जायें।**

विद्यार्थी का नामः .... **प्राप्तांक**			**शिक्षक के हस्ताक्षर (दिनांक के साथ)**
प्रक्रिया सूचक	परिणाम सूचक	कुल	

अधिक जानिए

1. **पॉइसन अनुपातः** किसी तार के व्यास (या पार्श्व विकृति) में अनुपातिक परिवर्तन और तार की लंबाई (या अनुदैर्ध्य विकृति) में अनुपातिक परिवर्तन के अनुपात को पॉइसन अनुपात कहा जाता है।

   (a) $$\sigma = \frac{\frac{\text{व्यास में परिवर्तन}}{\text{प्रारम्भिक व्यास}}}{\frac{\text{लंबाई में परिवर्तन}}{\text{प्रारम्भिक लम्बाई}}} = \frac{\frac{\Delta D}{D}}{\frac{\Delta L}{L}} = \frac{L\Delta D}{D\Delta L}$$

   (b) सैद्धांतिक रूप से, σ के सीमित मान, –1 तथा 0.5 के बीच होते है।

2. **पास्कल का नियमः** इसके अनुसार, जब एक बंद तरल में किसी बिंदु पर दाब आरोपित किया जाता है, तो वह उस तरल के प्रत्येक बिंदु पर समान रूप से प्रसारित हो जाता है।

3. आपेक्षिक घनत्व या विशिष्ट गुरुत्व किसी पदार्थ के घनत्व और 4°C पर पानी के घनत्व का अनुपात होता है।

4. **आरोहण सूत्रः** मान लीजिए कि जब त्रिज्या r की एक केशिका नली को पृष्ठ तनाव S के एक तरल में डुबोया जाता है और तरल केशिका नली में ऊंचाई h से ऊपर उठ जाता है, जैसा कि चित्र 5.23 में दिखाया गया है, तो

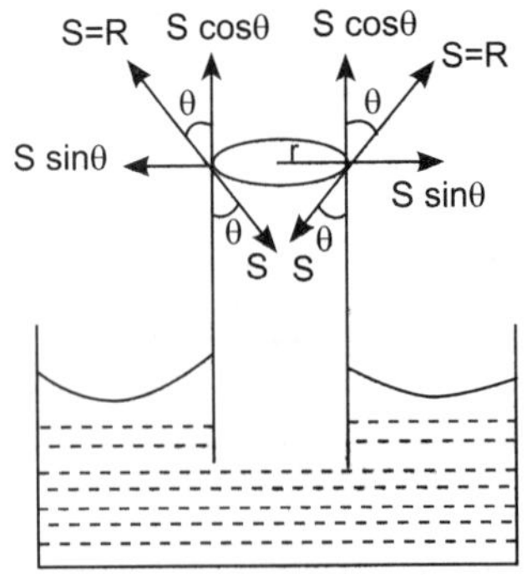

चित्र 5.25 : केशिकीय उन्नयन विधि में द्रव का आरोहण

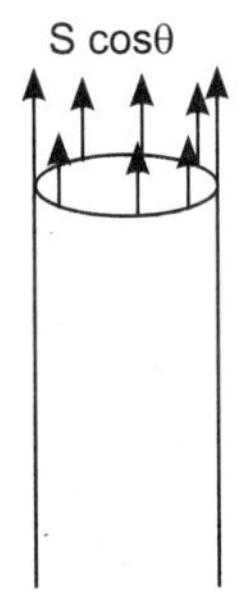

चित्र 5.26 : केशिका के पृष्ठ पर ऊपर की ओर बल

(a) केशिका में द्रव वृद्धि का भार = पृष्ठ तनाव के कारण बल या $Mg = (S\cos\theta)2\pi r$

(b) यहाँ द्रव का द्रव्यमान $M =$ घनत्व $\times$ आयतन $= \rho \times r^2h$

(c) तो, $\rho \times \pi r^2hg = (S\cos\theta)\ 2\pi r$ या $h = (2\cos\theta)/\rho rg$ (यहाँ ρ तरल का घनत्व है)

5. थिक्सोट्रोपिक तरल वे पदार्थ होते हैं जिनमें कालाश्रित अपरूपण विरल गुणधर्म होता है, अर्थात अपरूपण प्रतिबल के कारण इन अन्यूटोनियन तरल पदार्थों की श्यानता कम हो जाती है। थिक्सोट्रोपिक तरल पदार्थ सामान्य परिस्थितियों में स्थिर श्यान तरल पदार्थ होते हैं, लेकिन जब इन्हे उत्तेजित किया जाता है या जोर से हिलाया जाता है या अपरूपण प्रतिबल लगाया जाता है, तो इनकी श्यानता कम हो जाती है। कुछ क्ले, कोशिका द्रव्य, ड्रिलिंग मड थिक्सोट्रोपिक तरल पदार्थों के प्राकृतिक उदाहरण हैं। शून्य-गुरुत्वाकर्षण अंतरिक्ष उड़ानों के दौरान लिखने में उपयोग की जाने वाली पेन में थिक्सोट्रोपिक स्याही का विशेषत: उपयोग किया जाता है। इलेक्ट्रॉनिक विनिर्माण मुद्रण प्रक्रियाओं के लिए, थिक्सोट्रोपिक सोल्डर पेस्ट का उपयोग किया जाता है। मानुका शहद थिक्सोट्रोपिक तरल का एक उदाहरण है। पैराफिन तेल, क्रीम, पेंट, केचप, टूथपेस्ट आदि भी थिक्सोट्रोपिक तरल पदार्थों के उदाहरण हैं। यह ध्यान रखना महत्वपूर्ण है कि किसी तरल में छद्म प्लास्टिक व्यवहार, कालाश्रित अपरूपण विरल गुणधर्म को छोड़कर थिक्सोट्रोपिक व्यवहार के ही समान होता है।

अभिनव प्रायोगिक परियोजनाएं/गतिविधियां डिजाइन करें

1. टोरिसिली बैरोमीटर द्वारा वायुमंडलीय दाब ज्ञात करना।
2. शहद का श्यानता गुणांक ज्ञात करना।
3. मैनोमीटर द्वारा गैस का गेज दाब ज्ञात करना।
4. पानी, अरंडी का तेल, कार्बनिक तरल पदार्थ, पेंट, पॉलिमर, कच्चा तेल, आदि जैसे विभिन्न तरल पदार्थों की गतिक और शुद्ध गतिक श्यानता को मापने के लिए विभिन्न तरीकों के बारे में एक पावरपॉइंट प्रस्तुति तैयार करें।
5. खेल गेंदों पर मैग्नस प्रभाव के बारे में छात्रों के समूह के बीच चर्चा करें और कार्य को पावरपॉइंट प्रस्तुति के रूप में प्रस्तुत करें।

संदर्भ एवं अध्ययन हेतु सुझाव

संदर्भ

1. H. C. Verma, Concepts of Physics Vol. I & II, Bharti Bhawan Ltd. New Delhi, 2017.
2. J. Walker, Principles of Physics, 9th Edition, Hoboken, New Jersey: Wiley, 2011.
3. M. E. Browne, Schaum's Outline of Physics For Engineering And Science, 4th Edition, McGraw-Hill, 2019.
4. E. Hecht, Schaum's Outline of College Physics, 12th Edition, McGraw-Hill, 2017.
5. A. Halpern, Schaum's 3,000 Solved Problems In Physics, McGraw-Hill, 2011.
6. A. Beiser, Schaum's Outline Of Applied Physics, 4th Edition, Mc-Graw-Hill, 2009.

7. A. Beiser, Schaum's Easy Outline Of Applied Physics, Revised Edition, McGraw-Hill, 2011.
8. PhET Interactive Simulations, University of Colorado Boulder, https://phet.colorado.edu
9. OLabs, Developed by Amrita Vishwa Vidyapeetham & CDAC Mumbai and funded by MeitY (Ministry of Electronics & Information Technology, India), http://www.olabs.edu.in/
10. Swayam Prabha, INFLIBNET, India, https://www.swayamprabha.gov.in/index.php/

प्रैक्टिकल हेतु सुझाए गये संसाधन

1. C. L. Arora, B.Sc. Practical Physics, S. Chand Limited, 2001.
2. G. L. Squires, Practical Physics, Cambridge University Press, 2001.

6 ऊष्मा और ऊष्मामिति

यूनिट विशिष्ट

भूमिका

ऊष्मा एक तापीय ऊर्जा है और तापमान इस ऊर्जा का परिमाणीकरण है। यहाँ, आप इन राशियों की अवधारणाओं को समझेंगे और कुछ उदाहरणों का उपयोग करके ऊष्मा स्थानांतरण के तीन तरीकों में अंतर करने में सक्षम होंगे। आप पदार्थों की विशिष्ट ऊष्मा जैसे अंतर्निहित गुणों का अध्ययन करेंगे और विभिन्न तापमान पैमानों और उनके संबंधों में अंतर करने में सक्षम होंगे। आप विभिन्न प्रकार के थर्मामीटरों को भी समझेंगे। अंत में प्रसार और ऊष्मीय चालकता के संदर्भ में गैस, तरल और ठोस पदार्थों पर तापमान के प्रभावों का अध्ययन करेंगे। आप विभिन्न इंजीनियरिंग अनुप्रयोगों को महसूस करने में सक्षम होंगे।

पूर्व अपेक्षित ज्ञान

भौतिकी – हाई स्कूल स्तर की भौतिकी

गणित – मूल बीजगणित

अन्य – कम्प्यूटर का बुनियादी ज्ञान

यूनिट आउटकम्स (UOs)

U6-O1: उपयुक्त इकाई और विमाओं के साथ ऊष्मा, तापमान, ऊष्मीय चालकता, और ऊष्मा धारिता की पहचान करना।

U6-O2: ऊष्मा स्थानांतरण और तापमान पैमाने के प्रकारों में अंतर करना। पदार्थों के तापमान को एक पैमाने से दूसरे पैमाने में परिवर्तित करना।

U6-O3: ठोसों में रेखीय, क्षेत्रीय और आयतन प्रसार के बीच संबंध ज्ञात करने के ऊष्मीय चालकता की अवधारणा को लागू करना।

U6-O4: इंजीनियरिंग अनुप्रयोगों में ऊष्मीय चालकता के महत्व को समझना और ऊष्मा के अच्छे और खराब संवाहकों की पहचान करना।

कोर्स आउटकम्स (COs) के साथ यूनिट आउटकम्स (UOs) की मैपिंग (परस्पर संबंध)

यूनिट-6 आउटकम्स (UOs)	कोर्स आउटकम्स (COs) के साथ अपेक्षित संबंध *(1-कमजोर सहसंबंध, 2-मध्यम सहसंबंध, 3-मजबूत सहसंबंध)*					
	CO-1	CO-2	CO-3	CO-4	CO-5	CO-6
U6-O1	3	1	1	0	1	3
U6-O2	1	1	1	0	1	3
U6-O3	1	1	2	1	1	3
U6-O4	3	0	0	0	1	3

6.1 ऊष्मा स्थानांतरण और तापमान मापन

रोचक तथ्य

क्या आप जानते हैं कि पनीर की अधिकांश किस्मों में 40% से अधिक पानी होता है और यही कारण है कि पिज़्ज़ा पर पनीर को गर्म होने और ठंडा होने में अधिक समय लगता है? यदि आप पिज़्ज़ा के गर्म परोसे गये पनीर वाले हिस्से को खाते हैं, तो पनीर में उपस्थित पानी की ऊष्मा धारिता के कारण यह आपके मुँह के तालु को झुलसा देता है। हालांकि, पिज़्ज़ा की पपड़ी गर्म होती है और अपेक्षाकृत तेजी से ठंडी होती है, और इसलिए तुलनात्मक रूप से, आप पपड़ी से अपना मुँह नहीं जलाते हैं।

6.1.1 ऊष्मा और तापमान की अवधारणाएँ

ऊष्मा और तापमान समान राशियाँ नहीं हैं, हालांकि हम कभी-कभी उनका परस्पर उपयोग करते हैं। ऊष्मा, आणविक गतियों की एक समग्र स्थितिज और गतिज ऊर्जा है और इसे जूल या कैलोरी में मापा जाता है, जबकि तापमान, आण्विक गतियों की औसत गतिज ऊर्जा और ऊष्मीय ऊर्जा की एक माप है। तापमान का S.I. मात्रक केल्विन होता है, इसके अन्य मात्रक डिग्री सेल्सियस (°C) और डिग्री फारेनहाइट (°F) हैं। किसी वस्तु का तापमान अणुओं के प्रकार या संख्या पर निर्भर नहीं करता है; यह केवल ऊष्मीय ऊर्जा की तीव्रता के रूप में किसी वस्तु में परमाणुओं या अणुओं की गति को मापता है। ऊष्मीय ऊर्जा का प्रतीक 'Q' और तापमान का प्रतीक 'T' है। किसी वस्तु में ऊष्मा की मात्रा, उसे गर्म या ठंडी बनाती है। ऊष्मा ऊर्जा हमेशा गर्म पदार्थ (या क्षेत्र) से, ठंडे पदार्थ (या क्षेत्र) की ओर प्रवाहित होती है, अर्थात यह उच्च तापमान से निम्न तापमान की ओर प्रवाहित होती है। ऊष्मीय ऊर्जा कार्य करने की क्षमता है जबकि तापमान, ऊष्मा की डिग्री (अर्थात, किसी वस्तु की गर्माहट या ठंडक) की एक माप है।

6.1.2 ऊष्मा स्थानांतरण के प्रकार: चालन, संवहन, और विकिरण

ऊष्मा तीन अलग-अलग तरीकों से स्थानांतरित होती है: (*a*) चालन (*b*) संवहन (*c*) विकिरण।

(a) चालन: धातुओं जैसे ठोस पदार्थों में, अणुओं के आणविक कंपन के माध्यम से ऊष्मा स्थानांतरण होता है जो एक दूसरे के सीधे संपर्क में होते हैं। इस तरीके में, कणों की वास्तविक गति के बिना ऊष्मा स्थानांतरित की जाती है। ऊष्मा स्थानांतरण की इस विधि को चालन के रूप में जाना जाता है। ठोसों में ऊष्मा स्थानांतरण चालन के द्वारा होता है, जिसके लिए माध्यम की आवश्यकता होती है।

वे पदार्थ जो ऊष्मा का चालन करते हैं, ऊष्मीय चालक के रूप में जाने जाते हैं।

(b) **संवहनः** पानी या वायु जैसे तरल पदार्थों में, ऊष्मा का स्थानांतरण कणों के एक स्थान से दूसरे स्थान पर वास्तविक गति के कारण होता है, जोकि संवहन है। इसे संवहन के रूप में जाना जाता है। निर्वात में संवहन के माध्यम से ऊष्मा स्थानांतरण नहीं हो सकती है।

चालन और संवहन दोनों में ऊष्मा, साम्यावस्था को प्राप्त करने हेतु माध्यम के सभी भागों में फैल जाती है।

(c) **विकिरणः** विकिरण एक माध्यम या निर्वात में हो सकता है। जब विकिरण के माध्यम से ऊष्मा का स्थानांतरण होता है, तो बीच का स्थान गर्म नहीं होता है। इसका अर्थ यह है कि, ऊष्मा का प्रसार विद्युत चुम्बकीय तरंगों के रूप में विकिरण के माध्यम से लक्षित और स्थानीयकृत होता है।

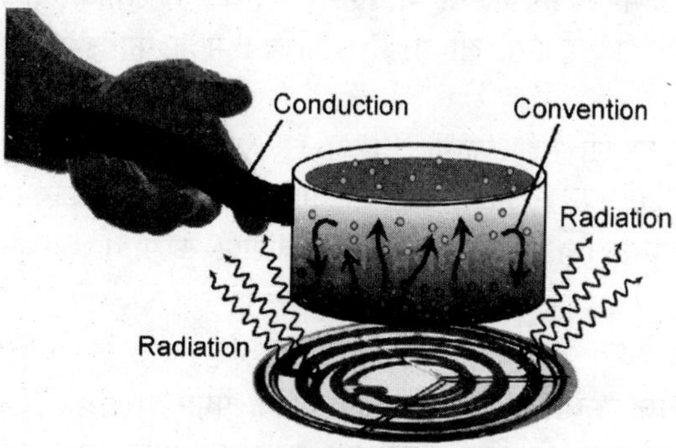

चित्र 6.1: ऊष्मा स्थानांतरण के प्रकारः (a) चालन (b) संवहन (c) विकिरण

आइए इस उदाहरण पर विचार करें, जिसमें एक गर्म प्लेट या गैस स्टोव पर स्टील के बर्तन में पानी उबालते हैं। चूंकि बर्तन के निचले हिस्से को गर्म प्लेट या गैस स्टोव पर रखा जाता है, इसलिए ऊष्मीय ऊर्जा, (ऊष्मीय) विकिरण के माध्यम से बर्तन के निचले हिस्से में पहले स्थानांतरित होती है। ऊष्मा अंततः चालन के माध्यम से बर्तन के मध्य, शीर्ष और हत्थे तक फैल जाती है, जहाँ बर्तन में अणु अपनी स्थिति से नहीं हटते हैं। आण्विक कंपन द्वारा अणुओं के बीच सीधे संपर्क से ऊष्मा का स्थानांतरण होता है। बर्तन में पानी अधिक तापमान होने के कारण नीचे की ओर से गर्म होने लगता है। चूंकि पानी के अणुओं के बीच का बंधन उतना मजबूत नहीं होता है, जितना स्टील के बर्तन के अणुओं में होता है, अतः वे प्राप्त ऊर्जा के कारण अधिक गतिशील हो जाते हैं। वे अपने साथ ऊष्मा ऊर्जा को ठंडे क्षेत्र में ले जाते हैं। चूंकि पानी में ठंडा क्षेत्र, गर्म क्षेत्र की तुलना में अधिक सघन होता है, इसलिए ठंडे क्षेत्र से अणु बर्तन के निचले हिस्से की ओर बढ़ते हैं और गर्म क्षेत्र से हल्के अणु ऊपर की ओर ठंडे हिस्से में चले जाते हैं। ठंडे से गर्म क्षेत्र में अणुओं की यह गति तब तक जारी रहती है, जब तक साम्यावस्था नही आ जाती है । पानी को गर्म करने की यह प्रक्रिया संवहन कहलाती है, जिसमें पानी के अणुओं की वास्तविक गति शामिल होती है। इस प्रक्रिया में हम पानी की अपेक्षा तेल पर भी विचार कर सकते हैं।

जल निकायों में पानी सीधे सूर्य के प्रकाश में गर्म हो जाता है, यह विकिरण और संवहन के कारण होता है। संवहन और विकिरण के कारण हम बता सकते हैं कि रेगिस्तानी क्षेत्र दिन में गर्म और रात में ठंडे क्यों होते है। एक गर्म दूध के गिलास में रखा धातु का चम्मच भी चालन के कारण अंततः गर्म हो जाता है। खाना पकाने के दौरान गर्म बर्तनों में चालन के कारण जलने से बचने के लिए, ऊष्मीय कुचालक हत्थों का प्रयोग किया जाता है।

6.1.3 विशिष्ट ऊष्मा

ऊष्मा धारिताः यह किसी पदार्थ के तापमान को 1 K तक बढ़ाने (या कम करने) के लिए **आवश्यक ऊष्मा की मात्रा** है। ऊष्मा धारिता का प्रतीक 'C' है और इसकी SI इकाई $J.K^{-1}$ है।

किसी पदार्थ को दी गई (या उसमें से ली गई) ऊष्मा, $Q = C\Delta T = C(T_2 - T_1)$ होती है; जहाँ, ΔT = तापमान में परिवर्तन, T_2 = अंतिम तापमान और T_1 = प्रारंभिक तापमान है।

विशिष्ट ऊष्मा या विशिष्ट ऊष्मा धारिता: यह किसी पदार्थ के 1 ग्राम के तापमान को 1°C बढ़ाने के लिए आवश्यक ऊष्मा की मात्रा है। विशिष्ट ऊष्मा की इकाई 1 $cal.gm^{-1}°C^{-1}$ या 1 $J.gm^{-1}°C^{-1}$ होता है। या यह किसी पदार्थ के 1 किलोग्राम के तापमान को 1 केल्विन तक बढ़ाने के लिए आवश्यक ऊष्मा की मात्रा है। विशिष्ट ऊष्मा का SI मात्रक $J\ kg^{-1}\ K^{-1}$ होता है। FPS मात्रक प्रणाली में, विशिष्ट ऊष्मा की इकाई $BTU\ lb^{-1}°F^{-1}$ (ब्रिटिश थर्मल यूनिट प्रति पाउंड प्रति फारेनहाइट) होती है।

सामान्य तौर पर, किसी ऊष्मागतिक प्रक्रिया में किसी पदार्थ के एकांक द्रव्यमान के तापमान को एक डिग्री तक बढ़ाने (या घटाने) के लिए दी गई (या ली गई) ऊष्मा की मात्रा को उस पदार्थ की विशिष्ट ऊष्मा कहा जाता है।

किसी पदार्थ को दी गई (या ली गई) ऊष्मा, $Q = mC\ \Delta T = mC(T_2 - T_1)$; जहाँ, m = किसी पदार्थ का द्रव्यमान, ΔT = तापमान में परिवर्तन, T_2 = अंतिम तापमान और T_1 = प्रारंभिक तापमान है।

कमरे के तापमान और वायुमंडलीय दाब पर पानी की विशिष्ट ऊष्मा 1 $cal.gm^{-1}°C^{-1}$ या 4.186 $J.gm^{-1}°C^{-1}$ होती है।

विशिष्ट ऊष्मा या विशिष्ट ऊष्मा धारिता के दो प्रकार होते हैं:

1. **स्थिर दाब पर विशिष्ट ऊष्मा (C_P):** यह ऊष्मागतिक पैमाने पर स्थिर दाब पर एकांक द्रव्यमान के तापमान को एकांक डिग्री तक बढ़ाने के लिए आवश्यक ऊष्मा की मात्रा होती है।
2. **स्थिर आयतन पर विशिष्ट ऊष्मा (C_V):** यह ऊष्मागतिक पैमाने पर स्थिर आयतन पर एकांक द्रव्यमान के तापमान को एकांक डिग्री तक बढ़ाने के लिए आवश्यक ऊष्मा की मात्रा होती है।

मोलर ऊष्मा धारिता: यह किसी 1 मोल पदार्थ के तापमान को 1 केल्विन तक बढ़ाने के लिए आवश्यक ऊष्मा की मात्रा होती है। इसका SI मात्रक $J\ mol^{-1}\ K^{-1}$ है। इसे C_m द्वारा निरूपित किया जाता है।

यहाँ दी की गई ऊष्मा, $Q = nC_m\ \Delta T = nC_m\ (T_2 - T_1)$; जहाँ, n = किसी पदार्थ के मोलों की संख्या, T = तापमान में परिवर्तन, T_2 = अंतिम तापमान और T_1 = प्रारंभिक तापमान है।

किसी पदार्थ की मोलर विशिष्ट ऊष्मा, उस पदार्थ की एक अंतर्निहित विशेषता है जो पदार्थ के आकार और माप पर निर्भर नही करती है। सामान्यत:, किसी पदार्थ की मोलर विशिष्ट ऊष्मा का मान उस पदार्थ की विशिष्ट ऊष्मा से कम होता है। उदाहरण के लिए, पैराफिन मोम की विशिष्ट ऊष्मा लगभग 2500 $J\ kg^{-1}\ K^{-1}$ होती है, लेकिन इसकी मोलर ऊष्मा धारिता लगभग 600 $J\ mol^{-1}\ K^{-1}$ होती है।

C_p और C_v के बीच संबंध

1. विशिष्ट ऊष्माओं का अनुपात, $\gamma = \frac{C_p}{C_v}$ होता है। विशिष्ट ऊष्मा के इस अनुपात को समस्थानिक प्रसार गुणांक या रुद्धोष्म सूचकांक के रूप में भी जाना जाता है।
2. $C_p - C_V = R$ होता है, जहां R = सार्वत्रिक गैस नियतांक है। यहाँ ध्यान दें कि, C_p हमेशा C_v (यानी, $C_P > C_V$) से बड़ा होता है।

6.1.4 तापमान पैमाने और उनके बीच संबंध

वर्तमान में चार तापमान पैमाने उपयोग किये जाते है: (*a*) सेल्सियस (या सेंटीग्रेड) स्केल (*b*) फारेनहाइट स्केल (*c*) केल्विन स्केल (*d*) रैंकिन स्केल।

(a) **सेल्सियस (या सेंटीग्रेड) स्केलः** सेल्सियस पैमाने में, पानी का हिमांक तापमान 0° C और क्वथनांक 100°C होता है।

(b) **फारेनहाइट स्केलः** फारेनहाइट स्केल में, पानी 32 °F के तापमान पर जम जाता है और 212 °F पर उबलता है।

(c) **केल्विन स्केलः** केल्विन स्केल में, पानी का हिमांक 273.15 K होता है और क्वथनांक बिंदु 373.15 K होता है। इसमे, शून्य को परम शून्य (0 K) पर सेट किया जाता है, अर्थात −273.15 °C या −459.67 °F पर। ध्यान दें कि केल्विन पैमाने पर तापमान की डिग्री को प्रदर्शित करने के लिए (°) प्रतीक का उपयोग नहीं किया जाता है, उदाहरण के लिए, 100 K शुद्ध है, किन्तु 100 °K शुद्ध नहीं है।

(d) **रैंकिन स्केलः** रैंकिन स्केल में, शून्य को परम शून्य पर सेट किया जाता है और इस स्केल में पानी 491.67 °R पर जम जाता है और 671.67 °R पर उबलता है।

फारेनहाइट पैमाने और सेल्सियस पैमाने के बीच रूपांतरणः

$$°F = \frac{9}{5}°C + 32$$

यहाँ ध्यान दें, कि −40 के मान पर फारेनहाइट पैमाने का मान और सेल्सियस पैमाने का मान बराबर होता है, अर्थात −40°F = −40 °C

केल्विन स्केल और सेल्सियस स्केल के बीच रूपांतरणः

$$K = 273.15 + °C$$

रैंकिन स्केल और फारेनहाइट स्केल के बीच रूपांतरणः

$$°R = °F + 459.67$$

रैंकिन स्केल और केल्विन स्केल के बीच रूपांतरणः

$$°R = \frac{9}{5} K$$

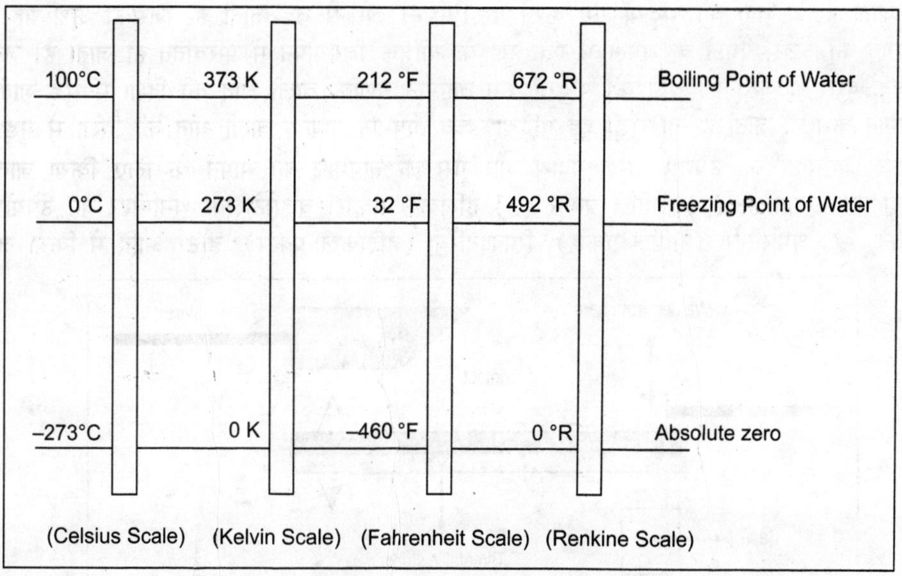

चित्र 6.2: तापमान पैमाने

6.1.5 थर्मामीटर के प्रकार और उनके उपयोग

थर्मामीटर किसी पिण्ड या वस्तु के तापमान को मापने का एक उपकरण या यंत्र है और यह वस्तु के सीधे संपर्क में या वस्तु के आसपास के क्षेत्र में रखा जाता है। ये दो प्रकार के होते हैं: (*a*) विद्युत (*b*) गैर-विद्युत। पारा थर्मामीटर और बाइमेटेलिक थर्मामीटर गैर-विद्युत उपकरण हैं, जबकि पाइरोमीटर और प्रतिरोध थर्मामीटर विद्युत उपकरण हैं।

(a) पारा थर्मामीटर

तापमान में परिवर्तन के साथ पारे में ऊष्मीय प्रसार और संकुचन के गुण के कारण, पारा थर्मामीटर में कांच में पारे (Hg) का उपयोग किया जाता है । सामान्यत:, पारा थर्मामीटर का उपयोग मानव शरीर, तरल और वाष्प के तापमान को मापने के लिए किया जाता है। पारा थर्मामीटर का आविष्कार पहली बार भौतिक विज्ञानी डेनिएल गेब्रियल फारेनहाइट ने एम्स्टर्डम में 1714 में किया था।

एक पारा थर्मामीटर में, एक कांच की ट्यूब में पारे को भरा जाता है और थर्मामीटर पर मानक तापमान अंकित किया जाता है। इन थर्मामीटरों का उपयोग चिकित्सकीय उद्देश्यों, प्रयोगशाला प्रयोगों, और औद्योगिक उद्देश्यों के लिए किया जाता है।

चूंकि पारा एक विषैला पदार्थ है, इसलिए अविषाक्त तरल पदार्थ के साथ पारा मुक्त ग्लास ट्यूब थर्मामीटर, डिजिटल थर्मामीटर, अवरक्त थर्मामीटर, थर्मोकपल थर्मामीटर, लिक्विड क्रिस्टल थर्मामीटर, बाइमेटेलिक थर्मामीटर, प्रतिरोध थर्मामीटर और पाइरोमीटर का भी उपयोग कई अनुप्रयोगों में किया जाता है।

(b) बाइमेटेलिक थर्मामीटर

यह थर्मामीटर समान तापमान पर विभिन्न धातुओं के ऊष्मीय प्रसार एवं संकुचन और उनके विभिन्न तापमान गुणांकों के सिद्धांत पर कार्य करता है। तापमान गुणांक, तापमान और धातुओं की भौतिक विमाओं पर इसके प्रभाव के बीच का संबंध होता है।

बाइमेटेलिक थर्मामीटर में विभिन्न धातुओं जैसे स्टील, तांबा और पीतल की आपस में जुड़ी हुई दो पट्टियों का उपयोग किया जाता है; ये धातु की पट्टियाँ गर्म करने पर विभिन्न दरों से बढ़ जाती हैं, जिसका अर्थ यह है कि दो पट्टियों में तापमान का अंतर, पैमाने के बगल में एक सुई के यांत्रिक विस्थापन में परिवर्तित हो जाता है। जब तापमान बढ़ता है, तो एक दूसरे से जुड़ी हुई धातु की पट्टियाँ कम तापमान गुणांक वाली धातु की दिशा में मुड़ जाती हैं। इसी तरह, जब तापमान कम हो जाता है, तो जुड़ी हुई पट्टियां उच्च तापमान गुणांक वाली धातु की दिशा में मुड़ जाती हैं।

बाइमेटेलिक थर्मामीटर का उपयोग तरल पदार्थ और गैस के तापमान को मापने के लिए किया जाता है। इस थर्मामीटर के दो प्रकार होते हैं: (1) सर्पिल प्रकार (2) हेलिकल प्रकार। बाइमेटेलिक थर्मामीटर का उपयोग नियंत्रण उपकरणों, ओवन, AC थर्मोस्टैट्स (सर्पिल प्रकार), रिफाइनरियों (हेलिकल प्रकार), हीटर आदि में किया जाता है।

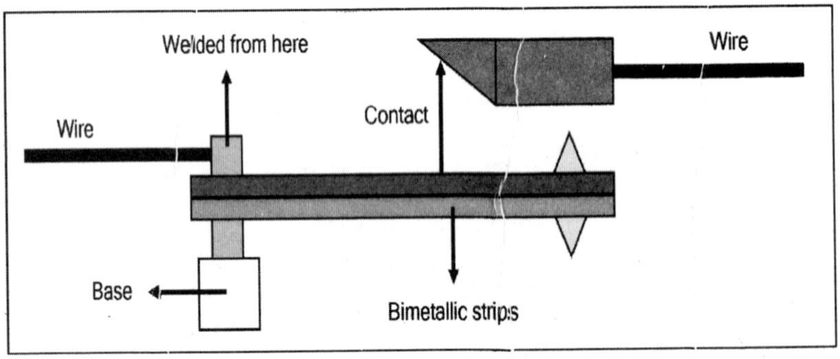

चित्र 6.3: बाइमेटेलिक थर्मामीटर का योजनाबद्ध आरेख

(c) प्लेटिनम प्रतिरोध थर्मामीटर (PRT)

प्लेटिनम का तापमान गुणांक धनात्मक होता है, जिसका अर्थ यह है कि, यह तापमान में वृद्धि के साथ यह फैलता है और इससे इसका प्रतिरोध बढ़ जाता है। इसका उपयोग तापमान मापक उपकरणों में एक संवेदनशील तत्व के रूप में किया जाता है क्योंकि यह अक्रियाशील है और इसे महीन तारों के रूप में बनाया जा सकता है। इस थर्मामीटर में, उच्च शुद्धता वाले प्लेटिनम को कुंडली या पतली फिल्म के रूप में एक कांच या धातु की ट्यूब में रखा जाता है और फिर ट्यूब को अक्रिय गैस से सील कर दिया जाता है। कुचालक ढक्कन के माध्यम से इससे जुड़े सम्पर्क तारों का उपयोग प्लेटिनम के विद्युत प्रतिरोध को मापने के लिए किया जाता है। जब प्रत्यावर्ती या दिष्ट धारा प्लेटिनम से होकर गुजरती है तो इसके प्रतिरोध का मान बदल जाता है और धातु के आर-पार वोल्टेज प्रेरित हो जाता है जिसे वोल्टमीटर द्वारा मापा जाता है। वोल्टमीटर के पाठ्यांक को अंशांकन समीकरण का उपयोग करके तापमान में परिवर्तित किया जाता है। प्लेटिनम प्रतिरोध थर्मामीटर का उपयोग तापमान की एक विस्तृत श्रृंखला (~ –200 °C से 1000 °C) को मापने के लिए किया जाता है और यह सटीक पाठ्यांक देता है। ये काफी संवेदनशील होते हैं लेकिन समय और तापमान के साथ स्थिर होते हैं और मापने एवं अंशांकन करने में भी आसान होते हैं। यदि तापमान को 1200 °C से बढ़ा दिया जाए तो प्लैटिनम वाष्पित होने लगता है; इसका गलनांक 1800 °C होता है।

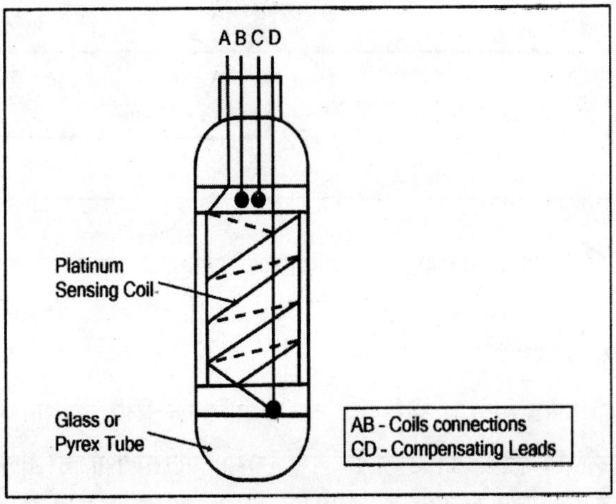

चित्र. 6.4: प्लेटिनम प्रतिरोध थर्मामीटर (PRT) का योजनाबद्ध आरेख

(d) पाइरोमीटर

पाइरोमीटर एक ऐसा उपकरण है जो अपेक्षाकृत उच्च तापमान (> 2000 K) वाले निकायों जैसे भट्टियों, पिघली हुई धातुओं, और अतितप्त पदार्थों या द्रवों के तापमानों को उनसे उत्सर्जित विकिरणों की सहायता से उनका तापमान मापता है। यह थर्मामीटर स्टीफन के कृष्ण पिंड विकिरण के नियम पर कार्य करता है।

एक प्रकाशीय पाइरोमीटर में, किसी वस्तु की चमक और एक बेलनाकार पाइरोमीटर के अंदर रखे फिलामेंट के प्रकाश की तीव्रता का मिलान तापमान मापन के लिए किया जाता है। बेलन के अंदर, लैम्प को लेंस और नेत्रिका के बीच में रखा जाता है। नेत्रिका के सामने रखा गया फिल्टर, एकवर्णी प्रकाश प्राप्त करने में सहायता करता है। लैम्प, एक विद्युत ऊर्जा स्रोत, एक एमीटर और एक धारा नियंत्रक के साथ जुड़ा होता है। लेंस, वस्तु से विकिरणित ऊर्जा को केंद्रित करता है और इसे लैंप के फिलामेंट पर लक्षित करता है। यह उपकरण उच्च सटीकता के साथ तापमान को मापता है और इसकी सटीकता फिलामेंट धारा पर निर्भर करती है। प्रकाशीय पाइरोमीटर एक संपर्क हीन माप उपकरण है जिसका अर्थ यह है कि इसमें निकायों या वस्तुओं के साथ सीधे संपर्क की आवश्यकता नहीं होती है।

एक प्रतिरोध पाइरोमीटर, ऊष्मा के कारण होने वाले विद्युत प्रतिरोध में परिवर्तन को किसी वस्तु के तापमान में परिवर्तित करता है। इस उपकरण में वस्तु के संपर्क के साथ एक महीन तार का उपयोग किया जाता है। एक तापयुग्म पाइरोमीटर को गर्म वस्तु के संपर्क में रखा जाता है तो यह तापयुग्म के आउटपुट को मापता है जो उचित अंशांकन द्वारा किसी वस्तु का तापमान प्रदर्शित करता है।

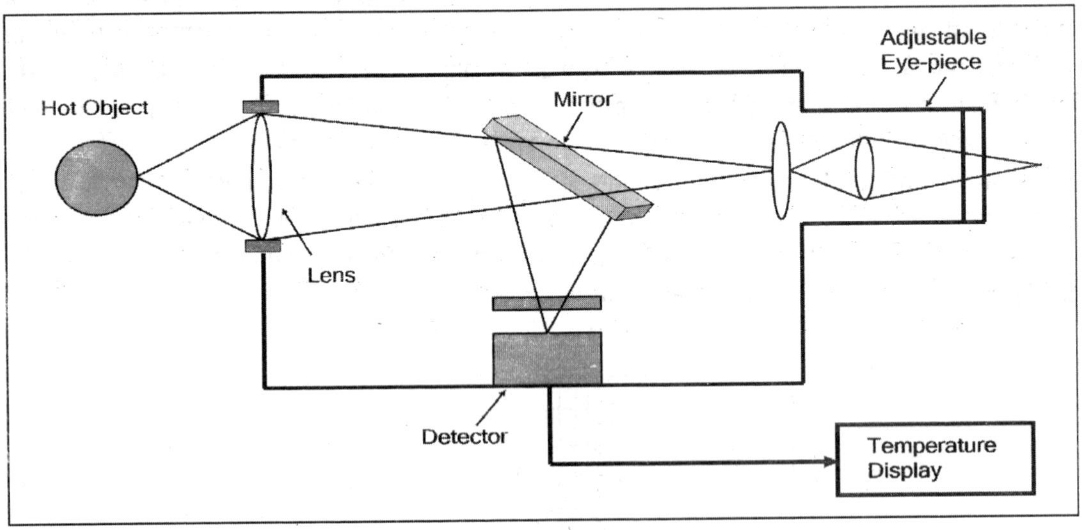

चित्र 6.5: प्रकाशीय या विकिरणीय पाइरोमीटर का रेखीय आरेख

अनुप्रयोग (वास्तविक जीवन/उद्योग)

खाद्य उद्योग, कागज निर्माण, कोल्ड स्टोरेज और दवा उद्योग आदि के लिए तापमान मापन आवश्यक है।

कम विशिष्ट ऊष्मा वाली सामग्रियों को उच्च विशिष्ट ऊष्मा वाले पदार्थों की तुलना में तेजी से गर्म या ठंडा किया जा सकता है। यही कारण है कि जिन धातुओं की विशिष्ट ऊष्मा धारिता कम होती है उन्हें खाना पकाने के बर्तन के रूप में उपयोग किया जाता है। इसी प्रकार, पारे की विशिष्ट ऊष्मा कम होती है, इसलिए इसका उपयोग तापमान मापन के लिए किया जाता है। पानी की उच्च विशिष्ट ऊष्मा धारिता के कारण इसका उपयोग कार रेडिएटर्स और ऊष्मीय विकिरकों में शीतलक के रूप में किया जाता है। एक आदर्श शीतलक की ऊष्मा धारिता उच्च होती है।

केस स्टडी (पर्यावरण/स्थिरता/सामाजिक/नैतिक मुद्दे)

चूँकि भूमि की ऊष्मा धारिता, समुद्री जल की तुलना में कम होती है, इसलिए दिन के समय भूमि का तापमान समुद्री जल की तुलना में तेजी से बढ़ता है और रात में भूमि, समुद्री जल की तुलना में तेजी से ठंडी होती है। दिन के दौरान, गर्म हवा अपने कम घनत्व के कारण भूमि से ऊपर उठती है, और समुद्र से ठंडी हवा उच्च घनत्व के कारण भूमि की ओर बहती है। इस प्रकार समुद्री हवाएँ उत्पन्न होती है। रात में, समुद्र के ऊपर गर्म हवा उठकर जमीन की ओर बहती है और जमीन से ठंडी हवा समुद्र की ओर बहती है, जिसे थल समीर कहा जाता है।

अन्वेषणशीलता और जिज्ञासा पैदा करें

परमाणु रिएक्टर कोर के तापमान को मापने के लिए किस प्रकार के उपकरणों और विधियों का उपयोग किया जाता है?

हल किये गए प्रश्न

प्रश्न 1. यदि चांदी (Ag) की विशिष्ट ऊष्मा 0.235 KJ/kg.K है। तब 100 ग्राम चांदी के तापमान को 50 K तक बढ़ाने के लिए आवश्यक ऊष्मा ऊर्जा की मात्रा ज्ञात कीजिए।

हल: चांदी की विशिष्ट ऊष्मा = 0.235 KJ/kg.K = 0.235×10^3 J/kg.K

चाँदी का द्रव्यमान = m = 100 gm = 100×10^{-3} kg = 0.1 kg

तापमान अंतर = ΔT = 50 K

अत: आवश्यक ऊष्मा की मात्रा = $Q = mC\Delta T = 0.1 \times 0.235 \times 10^3 \times 50 = 1175$ J

6.2 ठोस, तरल और गैस पर तापमान का प्रभाव

रोचक तथ्य

प्राकृतिक हीरे की ऊष्मीय चालकता का मान (2200 $WK^{-1}m^{-1}$) अधिकतम होता है और यह चांदी, जोकि दूसरे क्रम की अधिकतम ऊष्मीय चालकता का पदार्थ है, की तुलना में 5 गुनी अधिक होता है। परंतु यह एक विद्युत कुचालक होता है। इसकी उच्चतम ऊष्मीय चालकता के करण, हीरे का उपयोग विद्युत उपकरणों में ऊष्मा अंतरण के लिए और हीरे के आभूषणों की प्रामाणिकता की जांच के लिए किया जा सकता है।

6.2.1 ठोसों, द्रवों और गैसों का प्रसार

ठोसों में अणुओं के बीच एक मजबूत बंधन होता हैं इसलिए जब इन्हें उच्च तापमान पर गर्म किया जाता है तो उनके अणु अपनी साम्य स्थिति के चारो ओर दीर्घ आयामों के साथ कंपन करने के लिए पर्याप्त गतिज ऊर्जा प्राप्त कर लेते हैं। किन्तु, प्राप्त ऊष्मीय ऊर्जा ठोसों में बंधनों को तोड़ने और अणुओं को स्वतन्त्र रूप से विचरण कराने के लिए पर्याप्त नहीं होती है। परिणामस्वरूप, ठोसों में प्रसार कम होता है। द्रव पदार्थों में, अणुओं के बीच के बंधन ठोसों की तुलना में कमजोर होते हैं। इसलिए जब किसी द्रव को पर्याप्त उच्च तापमान दिया जाता है, तो अणु एक साथ गति करते है और इस प्रक्रिया में वे एक दूसरे से अलग हो जाते हैं। अत: द्रवों के आयतन में प्रसार ठोसों की तुलना में अधिक होता है। गैसों में, अणु उच्च तापमान पर अधिक ऊर्जा प्राप्त करते हैं और वे तेजी से आगे बढ़ते है और एक दूसरे से अलग हो जाते है। इससे गैस के आयतन में वृद्धि हो जाती है। जब तापमान कम करके गैस को ठंडा किया जाता है, तो अणुओं को कम ऊर्जा मिलती है और वे धीमी गति से चलते हैं और एक दूसरे के पास आ जाते हैं। जिससे तापमान कम करने पर गैस का आयतन भी कम हो जाता है। गैस का जिस पात्र में प्रसार होता है वह उसके पूरे स्थान को भर देती है, जबकि ठोस और तरल पदार्थ प्रसार द्वारा केवल एक निश्चित स्थान घेरते हैं। गैसों में प्रसार ठोसों या तरल पदार्थों की तुलना में अधिक होता हैं।

6.2.2 रेखीय, क्षेत्रीय और आयतनिक प्रसार गुणांक और उनके बीच संबंध

जैसे-जैसे किसी पदार्थ का तापमान बदलता है, उसकी विमाओं में भी परिवर्तन होता है। यदि परिवर्तन या प्रसार उसके आयतन की एक ही विमा में होता है, तो इसे रेखीय प्रसार कहा जाता है। यदि प्रसार पदार्थ के दो विमाओं (अर्थात, सतह क्षेत्र) में होता है, तो इसे सतही या क्षेत्रीय प्रसार कहा जाता है और यदि प्रसार, पदार्थ की सभी 3 विमाओं (अर्थात, आयतन) में होता है, तो इसे आयतनिक या घनीय प्रसार कहा जाता है।

रेखीय प्रसार गुणांक: इसे किसी पदार्थ के तापमान परिवर्तन (dT) के लिये अनुपातिक लंबाई परिवर्तन $\frac{dL}{L_0}$ के रूप में परिभाषित किया जाता है, और इसे α द्वारा दर्शाया जाता है, अर्थात $\alpha = \frac{dL}{L_0 dT}$

$\therefore$ पदार्थ की एकांक वास्तविक लम्बाई L_0 के लिये $\alpha = \frac{dL}{dT}$

क्षेत्रीय प्रसार गुणांक: इसे किसी पदार्थ के प्रति एकांक डिग्री तापमान परिवर्तन (dT) के साथ अनुपातिक क्षेत्रफल परिवर्तन $\frac{dA}{A_0}$ के रूप में परिभाषित किया जाता है और इसे β द्वारा दर्शाया जाता है, अर्थात $\beta = \frac{dA}{A_0 dT}$

$\therefore$ पदार्थ के एकांक वास्तविक क्षेत्रफल के लिये की $\beta = \frac{dA}{dT}$

आयतनिक प्रसार गुणांक: इसे **किसी पदार्थ के** क्षेत्रफल के लिये तापमान परिवर्तन (dT) के लिये अनुपातिक आयतन परिवर्तन $\frac{dV}{V_0}$ के रूप में परिभाषित किया जाता है और इसे γ द्वारा दर्शाया जाता है अर्थात $\gamma = \frac{dV}{V_0 dT}$

$\therefore$ पदार्थ के एकांक वास्तविक आयातन के लिये की $\gamma = \frac{dV}{dT}$

रेखीय, क्षेत्रीय या आयतन के लिए ऊष्मीय प्रसार के गुणांक का S.I. मात्रक K^{-1} या $°C^{-1}$ होता है।

रेखीय प्रसार गुणांक और क्षेत्रीय प्रसार गुणांक के बीच संबंध: माना, तापमान $t_1 = 0°C$ पर लंबाई 'l_0', चौड़ाई 'b_0', और पृष्ठीय क्षेत्रफल A_0 की एक पतली धातु की प्लेट को लेते है। माना प्लेट को $t_2 = T°C$ ताप पर गर्म करने पर प्लेट की लंबाई, चौड़ाई और क्षेत्रफल क्रमशः 'l', 'b', और 'A' हो जाती है।

धातु की प्लेट का मूल क्षेत्रफल, $A_0 = l_0 b_0$ होगा।

ध्यान दें कि रेखीय प्रसार, मूल लंबाई (l_0) और तापमान में परिवर्तन ($\Delta T = T - 0 = T$) के अनुक्रमापाती होता है।

अर्थात लंबाई में रेखीय प्रसार, $(l - l_0) \propto l_0 T$

इसलिए, $l - l_0 = \alpha l_0 T$ या $l = l_0(1 + \alpha T)$ यहाँ, α रेखीय प्रसार गुणांक है।

इसी प्रकार, चौड़ाई में रेखीय प्रसार के लिए, हमें, $b = b_0(1 + \alpha T)$ प्राप्त होता है।

इन मानों को अंतिम क्षेत्रफल A के व्यंजक में रखने पर हमें प्राप्त होता है,

$$A = lb = [l_0(1 + \alpha T)] \times [b_0(1 + \alpha T)] = l_0 b_0(1 + 2\alpha T + \alpha^2 T^2)$$

अब, चूंकि ठोसों के लिए α का मान बहुत कम होता है, इसलिए $\alpha^2 T^2$ की उपेक्षा की जा सकती है। इसलिए, उपरोक्त समीकरण को इस प्रकार लिखा जा सकता है:

$$A = l_0 b_0(1 + 2\alpha T) = A_0(1 + 2\alpha T) \qquad (\because A_0 = l_0 b_0)$$

लेकिन क्षेत्रीय प्रसार को $A = A_0(1 + \beta T)$ के रूप में व्यक्त किया जाता है।

इसलिए, $\beta = 2\alpha$

यह हमें रेखीय प्रसार गुणांक और क्षेत्रीय प्रसार गुणांक के बीच संबंध प्रदान करता है।

रेखीय प्रसार गुणांक और आयतन प्रसार गुणांक के बीच संबंध: माना, तापमान $t_1 = 0°C$ पर लंबाई 'l_0', चौड़ाई 'b_0', ऊंचाई 'h_0' और आयतन V_0 वाले एक पतले समांतर षटफलक को लेते है। तापमान $t_2 = T°C$ पर गर्म करने पर प्लेट की लंबाई, चौड़ाई, ऊँचाई और आयतन क्रमशः 'l', 'b', 'h', और 'V' हो जाता है।

धातु की प्लेट का मूल आयतन, $V_0 = l_0 \, b_0 \, h_0$ होगा।

लंबाई में रेखीय प्रसार, $l = l_0(1 + \alpha T)$

चौड़ाई में रेखीय प्रसार, $b = b_0(1 + \alpha T)$

ऊँचाई में रेखीय प्रसार, $h = h_0(1 + \alpha T)$, यहाँ, α रेखीय प्रसार गुणांक है।

इन मानों को आयतन V के अंतिम व्यंजक में रखने पर, हमें प्राप्त होता है:

$$V = l\,b\,h = [l_0(1 + \alpha T)] \times [\beta_0(1 + \alpha T)] \times [\eta_0(1 + \alpha T)]$$

$$= l_0\,b_0\,h_0\,(1 + 3\alpha T + 3\alpha^2 T^2 + \alpha^3 T^3)$$

अब, चूंकि α का मान ठोस पदार्थों के लिए नगण्य होता है, इसलिए α^2T^2 और α^3T^3 की उपेक्षा की जा सकती है। इसलिए, उपरोक्त समीकरण को इस प्रकार लिखा जा सकता है,

$$V = l_0\,b_0\,h_0\,(1 + 3\alpha T + 3\alpha^2T^2 + \alpha^3T^3) = V_0(1 + 3\alpha T) \qquad (\because V_0 = l_0\,b_0\,h_0)$$

लेकिन आयतन प्रसार को $V = V_0(1 + \gamma T)$ के रूप में व्यक्त किया जा सकता है।

इसलिए, $\gamma = 3\alpha$

यह हमें रेखीय प्रसार गुणांक और आयतन प्रसार गुणांक के बीच संबंध बताता है।

क्षेत्रीय प्रसार गुणांक और आयतन प्रसार गुणांक के बीच संबंध:

अब, चूंकि हमारे पास, $\beta = 2\alpha$ है

$$\therefore \qquad \alpha = \frac{\beta}{2} \text{ और } \gamma = 3\alpha$$

$$\text{इसलिए,} \qquad \alpha = \frac{\beta}{2} = \frac{\gamma}{3} \text{ या } 6\alpha = 3\beta = 2\gamma$$

6.2.3 ऊष्मीय चालकता गुणांक

ऊष्मीय चालकता किसी पदार्थ का वह गुण है जो किसी पदार्थ के ऊष्मा संचालन करने की क्षमता को मापती है। इसे 'K' से निरूपित करते हैं। ऊष्मीय चालकता का व्युत्क्रम ऊष्मीय प्रतिरोधकता कहलाती है।

माना, एक ठोस पदार्थ है, जिसका अनुप्रस्थ काट का क्षेत्रफल A है, जिसे $d_1 = 0$ पर तापमान 'θ_1' और $d_1 = d$ पर 'θ_2' के बीच रखा गया है। यहाँ, माना कि $\theta_1 > \theta_2$, तब ऊष्मागतिकी के दूसरे नियम के अनुसार, ऊष्मा उच्च तापमान से निम्न तापमान की ओर प्रवाहित होती है। ऊष्मा प्रवाह की धनात्मक दिशा को लेते हुए, ऊष्मा फ्लक्स 'q' जो प्रति एकांक समय में प्रति एकांक क्षेत्रफल ऊष्मा ऊर्जा है, को इस प्रकार लिखा जा सकता है:

$$q = \frac{Q}{A.t}$$

ऊष्मा फ्लक्स 'q' तापमान परिवर्तन $(\theta_1 - \theta_2)$ के अनुक्रमानुपाती होता है और पृथक्करण दूरी 'd' के व्युत्क्रमानुपाती होता है।

अर्थात, $q \propto (\theta_1 - \theta_2)$ और $q \propto \frac{1}{d}$

अत:, $q \propto \frac{(\theta_1 - \theta_2)}{d}$ या $q = K\frac{(\theta_1 - \theta_2)}{d}$, जहाँ K = ऊष्मीय चालकता गुणांक है।

हम उपरोक्त व्यंजक को ऊष्मा ऊर्जा के रूप में पुन: इस प्रकार लिख सकते हैं:

$$q = \frac{Q}{A.t} = K\frac{(\theta_1 - \theta_2)}{d} \quad \text{या, } Q = K \frac{A(\theta_1 - \theta_2)t}{d}$$

इसलिए, ऊष्मीय चालकता गुणांक, $K = \dfrac{Q.d}{A(\theta_1 - \theta_2)t}$ होगा। ऊष्मीय चालकता की SI इकाई $WK^{-1}m^{-1}$ होती है।

अब, यदि $A = 1\ m^2$, $t = 1\ sec$, तापमान प्रवणता $= \dfrac{(\theta_1 - \theta_2)}{d} = 1\ m^{-1}K$, हो, तो $K = Q$

यह हमें ऊष्मीय चालकता गुणांक 'K' की परिभाषा देता है। इसे किसी पदार्थ के प्रति एकांक समय, प्रति एकांक क्षेत्रफल, प्रति एकांक तापमान प्रवणता के अनुसार प्रवाहित होने वाली ऊष्मा ऊर्जा के रूप में परिभाषित किया जाता है।

6.2.4 इंजीनियरिंग अनुप्रयोग

उच्च ऊष्मीय चालकता वाले पदार्थ अच्छे ऊष्मीय चालक होते हैं और वे ऊष्मा को प्रभावी ढंग से स्थानांतरित करते हैं। इनका उपयोग इलेक्ट्रॉनिक्स और उपकरणों में ऊष्मा सिंक के रूप में किया जा सकता है। धातुएँ जैसे Al, Cu, Ag, Au, Be और ग्रेफाइट, एल्युमिनियम नाइट्राइड, सिलिकॉन कार्बाइड आदि अच्छे ऊष्मीय चालक पदार्थ हैं।

चूँकि चांदी एक कुशल ऊष्मीय चालक है, इसलिए इसका पेस्ट फोटोवोल्टिक सेल के उत्पादन में उपयोग किया जाता है और उच्च ऊष्मीय चालकता के कारण तांबे का उपयोग बर्तन, गर्म पानी के पाइप और इलेक्ट्रॉनिक ऊष्मा सिंक बनाने के लिए किया जाता है। एल्युमिनियम पन्नी का उपयोग भोजन को गर्म रखने के लिए और खाना पकाने के बर्तनों के निर्माण के लिए भी किया जाता है। ऊष्मा को प्रभावी ढंग से संचालित करने की क्षमता के कारण लोहे का उपयोग वाहनों के इंजन निर्माण और कार रेडिएटर्स में किया जाता है। कम ऊष्मीय चालकता वाले पदार्थ ऊष्मा के अच्छे चालक नही होते है और आसानी से ऊष्मा स्थानांतरित नहीं करते है। इसलिए उनका उपयोग ऊष्मीय कुचालकों या ऊष्मा प्रतिरोधी के रूप में किया जा सकता है, जैसे, रबर, फोम, प्लास्टिक, कांच, अभ्रक, क्वार्ट्ज, आदि ऊष्मा के खराब संवाहक हैं। ऊष्मीय कुचालकों का उपयोग अवांछित अतिरिक्त ऊष्मा से सुरक्षा के लिए किया जाता है।

अनुप्रयोग (वास्तविक जीवन/उद्योग)

ऊष्मीय प्रसार और संकुचन की अवधारणा का उपयोग पारा थर्मामीटर और बाइमेटेलिक थर्मामीटर में, कीलों का उपयोग करके स्टील प्लेटों को जोड़ने के लिए, गर्म पानी से जार के तंग ढक्कन को खोलने के लिए, गाड़ी के लकड़ी के पहियों पर लोहे के रिम को गर्म करने और फिक्स करने के लिए, थर्मोस्टैट्स में, इंजन शीतलक में अतिप्रवाह से बचने के लिए, ऊष्मीय प्रसार के कारण इसकी शिथिलता को देखते हुए पावरलाइन स्थापित करने में और गर्मी के दिनों में ऊष्मीय प्रसार के कारण बकलिंग से बचने के लिए छोटे अंतराल या प्रसार जोड़ों के साथ रेलवे ट्रैकों एवं पुलों के निर्माण में किया जाता है। गर्मियों में टायरों को फुलाते समय गैसों या वायु के ऊष्मीय प्रसार को ध्यान में रखा जाता है।

केस स्टडी (पर्यावरण/स्थिरता/सामाजिक/नैतिक मुद्दे)

पानी को 4 से 0 डिग्री सेल्सियस नीचे ठंडा करने पर यह असामान्य ऊष्मीय प्रसार का अस्वभाविक गुण दर्शाता है। यदि इसे और ठंडा किया जाता है, तो ठोस अवस्था अर्थात 0°C पर बर्फ मे बदलने के दौरान, इसका आयतन अचानक बढ़ जाता है, जब बर्फ को 0°C से नीचे ठंडा किया जाता है, तो इसका आयतन ऊष्मीय संकुचन के कारण ठोस पदार्थों की तरह सिकुड़ जाता है। पानी के इस विषम ऊष्मीय प्रसार के कारण आर्कटिक महासागर में अत्यधिक ठंडे दिनों में समुद्री जीवन सुरक्षित रहता है।

अन्वेषणशीलता और जिज्ञासा पैदा करें

धातुओं की विद्युत चालकता और ऊष्मीय चालकता एक दूसरे से कैसे संबंधित हैं?

हल किये गए प्रश्न

प्रश्न 1. दो धातुओं, P और Q, के आकार समान हैं। धातु P की ऊष्मीय चालकता = $2k$ और धातु Q की ऊष्मा चालकता = k हैं। धातुओं के जिन दो सिरों को आपस में जोड़ा जाता है, उनके भिन्न भिन्न तापमान क्रमशः $T_{1(P)}$ = 200°C और $T_{2(Q)}$ = 20°C है । दोनों धातुओं के अंतरापृष्ठ पर तापमान क्या होगा?

हल: चूँकि दोनों धातुओं के आकार समान हैं, इसलिए अंतरापृष्ठ की दूरी 'd' और अनुप्रस्थ काट का क्षेत्रफल 'A', दोनों धातुओं P और Q के लिए समान होगा। माना कि अंतरापृष्ठ का तापमान T°C है।

यहाँ, $K_P = 2k$ और $K_Q = k$; $T_{1(P)} = 200°C$ और $T_{2(Q)} = 20°C$

तब, चालन के माध्यम से धातु P और Q में ऊष्मा स्थानांतरण की दरें होंगी

$$\left(\frac{Q}{t}\right)_P = \frac{K(T_1 - T)A}{d} = \frac{2k(200 - T)A}{d}$$

तथा
$$\left(\frac{Q}{t}\right)_Q = \frac{K(T - T_2)A}{d} = \frac{k(T - 20)A}{d}$$

तब, P और Q के अंतरापृष्ठ पर, हमें प्राप्त होगा

$$\left(\frac{Q}{t}\right)_P = \left(\frac{Q}{t}\right)_Q$$

$$\therefore \quad \frac{2k(200 - T)A}{d} = \frac{k(T - 20)A}{d}$$

$$\therefore \quad 2k(200 - T) = k(T - 20)$$

$$\therefore \quad 400 - 2T = T - 20$$

$$\therefore \quad 420 = 3T$$

$$\therefore \quad T = 140°C$$

यूनिट सारांश

- ऊष्मा एक तापीय ऊर्जा है और यह कार्य करने की क्षमता है, जबकि तापमान ऊष्मा की तीव्रता की माप है।
- विशिष्ट ऊष्मा की गणना किसी पदार्थ के एक इकाई द्रव्यमान के लिए किलोग्राम, ग्राम या पाउंड में की जाती है जबकि मोलर ऊष्मा धारिता की गणना किसी पदार्थ के एक इकाई मोल के लिए की जाती है।
- ठोस, द्रव और गैस सभी गर्म होने पर फैलते हैं और ठंडा होने पर सिकुड़ते हैं। प्रसार या संकुचन उनके अणुओं के गर्म या ठंडा होने पर उनकी गति में वृद्धि या कमी के कारण होता है।
- ऊष्मीय चालकता, पदार्थों के ऊष्मा का चालन करने का एक गुण है। कुछ पदार्थ जैसे धातुएं अच्छे ऊष्मीय चालक होती हैं और कुछ पदार्थ जैसे रबर, ऊष्मा के कुचालक होते हैं।

अभ्यास

(A) वस्तुनिष्ठ प्रश्न

6.1 ऊष्मीय ऊर्जा को ________ का उपयोग करके मापा जाता है। (थर्मामीटर, पाइरोमीटर, कैलोरीमीटर) [LOD 1]

6.2 $\frac{C_p}{C_V}$ = ________ (α, β, γ, R) [LOD 1]

6.3 ऊष्मीय ऊर्जा का SI मात्रक ________ है। (वाट, जूल, न्यूटन, मैक्सवेल) [LOD1]

6.4 ऊष्मीय प्रसार के कारण किसी गैस का आयतन, किसी ठोस के आयतन से अधिक प्रभावित होता है। [LOD2]

[A] सत्य [B] असत्य

6.5 वे नलियाँ जिनसे गर्म पानी प्रवाहित किया जाता है, सामान्यतः पानी के ________ के कारण सीधी नहीं होती हैं। [LOD2]

(a) ऊष्मीय संकुचन (b) विषम प्रसार
(c) ऊष्मीय प्रसार (d) ऊष्मीय चालकता

(A) वस्तुनिष्ठ प्रश्नों के उत्तर

6.1 कैलोरीमीटर **6.2** γ
6.3 जूल **6.4** (a) सत्य
6.5 (c) ऊष्मीय प्रसार

(B) विषयात्मक प्रश्न

6.1 ऊष्मा और तापमान में अंतर बताइए। [LOD1]

6.2. एसीटोन का क्वथनांक और हिमांक 56.2°C और –94.8°C है। इन मानों को फारेनहाइट, केल्विन और रैंकिन स्केल में बदलें। [LOD2]

6.3. द्रव धातुओं में ऊष्मा स्थानांतरण की विधि को समझाइए। [LOD3]

6.4. अच्छी ईंटें वे होती हैं जिनकी ऊष्मीय चालकता कम होती है, ताकि गर्मी में घर को ठंडा और सर्दियों में गर्म रखा जा सके। लाल ईंटों की ऊष्मीय चालकता 0.6 WK^{-1} m^{-1} होती है। ऐसी एक ईंट के एक सिरे का तापमान 45°C और दूसरे सिरे का तापमान 26°C है और दोनों सिरों के बीच की दूरी 10 सेमी है। तो उस ईंट से प्रति एकांक समय गुजरने वाले ऊष्मा फ्लक्स का मान ज्ञात कीजिए। [LOD2]

6.5. ऊष्मीय चालक और ऊष्मीय कुचालक में अंतर बताइये। [LOD2]

(B) विषयात्मक प्रश्नों के उत्तर

5.2 एसीटोन का क्वथनांक : 56.2 °C = 133.16 °F = 329.3 K = 592.74 °R
एसीटोन का हिमांक: –94.8 °C = –138.64 °F = 178.3 K = 320.94 °R
[**संकेत:** तापमान पैमाने के रूपांतरण के सूत्र का प्रयोग करें]

5.4 [**संकेत:** ऊष्मा फ्लक्स की दर के लिए इस सूत्र: $\frac{Q}{At} = \frac{K(T_1 - T_2)}{d}$ का उपयोग करें और मात्रकों के उपयुक्त रूपांतरण का उपयोग करें।]

प्रायोगिक कार्य

प्रयोग 1. किसी छड़ के पदार्थ का रेखीय प्रसार गुणांक ज्ञात करना।

प्रायोगिक महत्व

जब पदार्थों, विशेष रूप से धातुओं के तापमान में वृद्धि होती है तो उनमे प्रसार होता है, क्योंकि तापमान वृद्धि से उनके परमाणुओं के बीच औसत दूरी बढ़ जाती है। किसी पदार्थ की लंबाई में प्रसार को उसके उष्मीय प्रसार गुणांक से वर्णित किया जाता है। धातुओं के लिए, उष्मीय प्रसार गुणांक 10^{-5} प्रति °C की कोटि के होते हैं। रेखीय प्रसार गुणांक, एक माइक्रोमीटर स्क्रू और एक उपकरण की सहायता से ज्ञात किया जा सकता है, जिसमें पदार्थ को छड़ के आकार का लिया जाता है।

प्रासंगिक सिद्धांत

सिद्धांत के लिए, यूनिट 6 का संदर्भ लें (अनुभाग: 6.2.1 और 6.2.2)

सूत्र: रेखीय उष्मीय प्रसार गुणांक,

$$\alpha = \frac{1}{L_0}\frac{dL}{dT} \text{ या } \frac{\Delta L}{L.\Delta T} = \frac{\Delta L}{L.(T_f - T_{Room})}(°C)^{-1}$$

जहाँ, L_0 = छड़ की मूल लंबाई;

dL या ΔL = छड़ की लंबाई में प्रसार;

dT या ΔT = तापमान में परिवर्तन;

T_f = अंतिम स्थायी तापमान (°C);

T_{Room} = कमरे का तापमान (°C);

प्रैक्टिकल आउटकम्स (PrOs)

प्रैक्टिकल आउटकम्स इस पाठ्यक्रम की विषयवस्तु से लिये गये है–

PrO1: प्रयोग को सेट करने और थर्मामीटर का उपयोग करके तापमान के सटीक मापन में कौशल हासिल करना।

PrO2: ठोसों में उष्मीय प्रसार वर्णन करना और विभिन्न धातुओं की छड़ के रेखीय उष्मीय प्रसार ज्ञात करना।

PRO3: समूह में या व्यक्तिगत रूप से उचित सावधानियों के साथ आवश्यक उपकरण का संचालन और नियंत्रण करना।

प्रायोगिक व्यवस्था (चित्रांकन/ रेखा-चित्र/ रैखिक परिपथ/ कार्य स्थिति)

बायीं और का चित्र: रेखीय प्रसार उपकरण, यहाँ छड़ें चांदी के जैकेट में रखी गयी हैं और पूरा संयोजन एक काले बेस पर रखा होता है। (Photo credit: IISER Pune, (http://www.iiserpune.ac.in/~bhasbapat/phy221_files/lab1.pdf) (31st July 2021 के अनुसार))

चित्र 6.6 एक धात्विक छड़ का रेखीय प्रसार गुणांक ज्ञात करने के लिए प्रायोगिक सेट अप

आवश्यक संसाधन

क्रमांक	सुझाए गए आवश्यक संसाधन मशीनें/यंत्र /महत्वपूर्ण विशिष्टताओं वाले उपकरण	मात्रा	वास्तविक आवश्यक संसाधन मशीनें/यंत्र /महत्वपूर्ण विशिष्टताओं वाले उपकरण (छात्र द्वारा भरे जाने के लिए)		टिप्पणियाँ (यदि कोई हो, तो)
			मॉडल	विवरण	
1.	रेखीय प्रसार गुणांक	1			
2.	भाप जनरेटर या बायलर, 2 स्टापर के साथ (एक छिद्र के साथ, दूसरा छिद्र के बिना)	1			
3.	बीकर (300 उस या 500 उस)	1			
4.	थर्मामीटर 0°C)	1			
5.	हॉट प्लेट	1			
6.	रबर ट्यूबिंग	1			

क्रमांक	सुझाए गए आवश्यक संसाधन मशीनें/यंत्र /महत्वपूर्ण विशिष्टताओं वाले उपकरण	मात्रा	वास्तविक आवश्यक संसाधन मशीनें/यंत्र /महत्वपूर्ण विशिष्टताओं वाले उपकरण (छात्र द्वारा भरे जाने के लिए)		टिप्पणियाँ (यदि कोई हो, तो)
			मॉडल	विवरण	
7.	पीतल या तांबा या लोहे या एलुमिनियम की छड़	प्रत्येक की 1			
8.	पॉवर सप्लाई	1			

सावधानियाँ

1. भाप जनरेटर या बॉयलर, रबर ट्यूब, हॉट प्लेट और रेखीय प्रसार उपकरण के संचालन में अतिरिक्त सावधानी बरतें। उच्च उष्मा धारिता के कारण भाप खतरनाक हो सकती है और यदि आप असावधान रहते हैं तो यह गंभीर रूप से जला सकती है।
2. अपने चेहरे को भाप के आउटलेट के मुख से दूर रखें।
3. दाब निर्माण और बाद में भाप विस्फोट या उच्च दाब वाले भाप जेट को रोकने के लिए स्टॉपर्स और कैप को अधिक कसना नहीं चाहिए।
4. रेखीय प्रसार मापन में, छड़ों को गर्म करने से पहले उनकी लंबाई तथा कमरे के तापमान को माप लें और नोट कर लें।

प्रयोग विधि

1. भाप जनरेटर या बॉयलर को उसके दो-तिहाई स्तर तक पानी से भरें और फिर उसे चालू करें।
2. जैकेट में एक छड़ डालें और इसे बेस पर रखें। माइक्रोमीटर स्क्रू को इस तरह एडजस्ट करें कि वह छड़ को स्पर्श करे और छड़ का दूसरा सिरा फिक्स स्क्रू को स्पर्श करें। छड़ की लंबाई मापने के लिए माइक्रोमीटर स्क्रू गेज का प्रयोग करें।
3. किसी भी छड़ को गर्म करने से पहले, दिए गए पदार्थ की छड़ की लंबाई और कमरे का तापमान नोट कर लें।
4. भाप जनरेटर या बॉयलर से टयूबिंग को रेखीय प्रसार उपकरण से जोड़े। रेखीय प्रसार उपकरण में, बीकर की ट्यूबिंग का स्तर उपकरण से काफी नीचे होना चाहिए।
5. थर्मामीटर को प्रसार उपकरण में दी गयी ओपनिंग में ठीक से रखें। एक स्थिर तापमान तक पहुंचने तक भाप को जैकेट के माध्यम में प्रवाहित होने दीजिये।
6. फिर, माइक्रोमीटर स्क्रू को तब तक घुमाएं जब तक कि वह ठीक से फिट न हो जाए और माइक्रोमीटर स्क्रू की सहायता से छड़ और थर्मामीटर की लंबाई के अंतर को नोट कर लें । पानी का प्रवाह बंद कर दें और जैकेट को खाली कर लें। माइक्रोमीटर स्क्रू को वापस घुमा लीजिये।
7. छड़ को दूसरी धातु से बनी छड़ से बदलें और इस नई छड़ के लिए चरण 4 से 6 दोहराएं।
8. उपकरण को वियोजित कर लें, भाप जनरेटर या बॉयलर और बीकर को खाली करें, गिरा हुआ पानी साफ करें और किसी भी दुर्घटना को रोकने के लिए कार्य क्षेत्र को साफ छोड़ दें।

प्रेक्षण और गणना

प्रेक्षण:

कमरे का तापमान (T_{Room}) = ... °C

प्रेक्षण तालिका:

छड़ का पदार्थ	छड़ की प्रारम्भिक लंबाई L_0 (*m*)	छड़ की लंबाई में प्रसार ΔL (m)	अंतिम तापमान, T_f (°C)	$\alpha_{प्रायोगिक}$ $(°C)^{-1}$	समान तापमान पर $\alpha_{मानक}$ $(°C)^{-1}$	% त्रुटि
एलुमिनियम						
लोहा						

गणना:

सैद्धांतिक रूप से: (विभिन्न पदार्थ की प्रत्येक छड़ के लिए रेखीय उष्मीय प्रसार की गणना करें)

एक छड़ में रेखीय उष्मीय प्रसार,

$$\alpha = \frac{\Delta L}{L.\Delta T} = \frac{\Delta L}{L.(T_f - T_{Room})} (°C)^{-1}$$

रेखीय उष्मीय प्रसार में % त्रुटि:

$$\frac{\alpha_{मानक} - \alpha_{प्रायोगिक}}{\alpha_{मानक}} \times 100\%$$

परिणाम और/या व्याख्या

1. एल्युमिनियम की छड़ का रेखीय उष्मीय प्रसार गुणांक .... $(°C)^{-1}$ होता है।
2. लोहे/पीतल/तांबे की छड़ का रेखीय उष्मीय प्रसार गुणांक.............................. $(°C)^{-1}$ होता है।
3. एक एल्युमिनियम छड़ के रेखीय उष्मीय प्रसार गुणांक में % त्रुटि = ...%
4. एक लोहे की छड़ के रेखीय उष्मीय प्रसार गुणांक में % त्रुटि =........................%

निष्कर्ष और/या सत्यापन (विद्यार्थी द्वारा भरा जाना है)

....

....

प्रयोग संबंधित प्रश्न (उत्तर के लिए अलग शीट का प्रयोग करें)

1. आप एल्यूमीनियम और लोहे के लिए रेखीय प्रसार गुणांक की व्याख्या कैसे कर सकते हैं?
2. पारा थर्मामीटर का सिद्धांत क्या है?
3. क्या आप अपने परिणामों का आयतन प्रसार गुणांक का अनुमान लगा सकते हैं? अपना उत्तर α के पदों में दीजिए।

4. ठोसों में उष्मीय प्रसार के वास्तविक जीवन अनुप्रयोगों या उपयोगों की सूची बनाइये।
5. एक 0.8350 मीटर लंबाई और 34.7 °C तापमान वाले तांबे के तार को एक अत्यधिक ठंडे तापमान में रात भर बाहर छोड़ दिया जाता है। यह मानते हुए कि रात का तापमान हिमांक तक पहुँच जाता है, तांबे के तार की नई लंबाई की गणना कीजिये।

अपशिष्ट का निपटान

इस प्रयोग में फेंके जाने वाले अपशिष्ट पदार्थों को निम्नलिखित बिन में वर्गीकृत करें:

अपशिष्ट के प्रकार	 बिन (Bin) का रंग	विवरण
बायोडिग्रेडेबल अपशिष्ट	हरा	कोई नहीं
ई-अपशिष्ट	काला	कोई नहीं
प्लास्टिक एवं धातु अपशिष्ट	नीला	कोई नहीं
अन्य		कोई नहीं

पर्यावरण के अनुकूल दृष्टिकोणः कम उपयोग (रिड्यूज), पुनः उपयोग (रियूज) एवं पुर्नचक्रण (रिसायकल)

इस प्रयोग के लिए उपकरण पर्याप्त रूप से लंबे समय के लिए पुनः उपयोग किये जा सकते हैं, यदि उन्हें देखभाल के साथ संचालित किया जाये ।

सुझाई गई मूल्यांकन योजना (शिक्षक द्वारा भरी जानी है)

दिए गए कार्य निष्पादन संकेतक, प्रक्रिया और परिणाम सहसंबंध के मूल्यांकन के लिए दिशा निर्देश के रूप में उपयोग करने चाहिए।

कार्य निष्पादन संकेतक		भारिता	प्राप्तांक
प्रक्रिया सूचक : .... अंक* (...........%)		60%	
1.	उपकरणों का संचालन	20%	
2.	ठीक से तापमान मापना	20%	
3.	एक धात्विक छड़ का रेखीय प्रसार गुणांक ज्ञात करना	20%	

कार्य निष्पादन संकेतक		भारिता	प्राप्तांक
परिणाम सूचक : ....अंक* (.................%)		**40%**	
4.	रिपोर्ट को सफाई से और समय पर जमा करना	10%	
5.	रेखीय प्रसार गुणांक की गणना करना और, % त्रुटि ज्ञात करना	10%	
6.	गणना और परिणाम की व्याख्या	10%	
7.	प्रयोग से सम्बन्धित प्रश्न	10%	
कुल		**100%**	

*** प्रक्रिया और परिणाम मूल्यांकन के लिए अंक और प्रतिशत भार शिक्षक द्वारा तय किये जायें।**

विद्यार्थी का नाम: .... प्राप्तांक			शिक्षक के हस्ताक्षर (दिनांक के साथ)
प्रक्रिया सूचक	परिणाम सूचक	कुल	

प्रयोग 2. पारा थर्मामीटर का उपयोग करके कमरे के तापमान और हॉट बाथ के तापमान को मापना और इसे विभिन्न पैमानों में परिवर्तित करना।

प्रायोगिक महत्व

विज्ञान और उद्योगों में सटीकता के साथ तापमान मापन बहुत महत्वपूर्ण होता है, विशेष रूप से विभिन्न औद्योगिक प्रक्रियाओं मे, आंतरिक दहन इंजनों में और कई भौतिक घटनाओं में। वैज्ञानिक कार्यों में तापमान के केल्विन पैमानें जबकि, दैनिक जीवन में डिग्री सेल्सियस पैमाने का उपयोग किया जाता है। मानव शरीर के लिए, सामान्यतः तापमान के फारेनहाइट पैमाने का उपयोग किया जाता है। इसलिए, इकाई रूपांतरण कारकों को जानना आवश्यक है।

प्रासंगिक सिद्धांत

सिद्धांत के लिए, इकाई 6 (अनुभाग: 6.1.4 और 6.1.5 (a)) का संदर्भ लें।

प्रैक्टिकल आउटकम्स (PrOs)

प्रैक्टिकल आउटकम्स इस पाठ्यक्रम की विषयवस्तु से लिये गये है।

PrO1: विभिन्न तापमानों पर विभिन्न वस्तुओं के तापमान के सटीक माप में कौशल हासिल करना और उन्हें सटीकता के साथ विभिन्न तापमान पैमानों में परिवर्तित करना।

PrO2: विभिन्न परिस्थितियों और तापमान पैमानों में तापमान मापने के लिए थर्मामीटर के उपयोग का को समझना।

PrO3: पारा की अत्यधिक विषाक्तता को ध्यान में रखते हुए पारा थर्मामीटर को सावधानी और उचित सावधानियों के साथ संचालित करना।

प्रायोगिक व्यवस्था (चित्रांकन/ रेखा-चित्र/ रैखिक परिपथ/ कार्य स्थिति)

तापमान रूपांतरण के चित्र के लिए यूनिट 6 (अनुभाग: 6.1.4) और चित्र 2 का संदर्भ लें।

आवश्यक संसाधन

क्रमांक	सुझाए गए आवश्यक संसाधन मशीनें/यंत्र /महत्वपूर्ण विशिष्टताओं वाले उपकरण	मात्रा	वास्तविक आवश्यक संसाधन मशीनें/यंत्र/महत्वपूर्ण विशिष्टताओं वाले उपकरण (छात्र द्वारा भरे जाने के लिए)		टिप्पणियाँ (यदि कोई हो, तो)
			मॉडल	विवरण	
1.	ग्रेडेड थर्मामीटर (0 -100 °C)	1			
2.	पानी	500 ml			
3.	अरंडी का तेल	500 ml			
4.	कांच का बीकर या सिरेमिक पात्र	2×500 ml			

सावधानियाँ

1. कुनकुने या गर्म पानी या अरंडी के तेल से कार्य करते हुए उचित सावधानी बरतनी चाहिए।
2. थर्मामीटर में पारा होता है, जो प्रकृति में अत्यंत विषैला होता है, इसलिए इसे सावधानी से संचालित करना चाहिए।
3. तरल पदार्थ में रखने से पहले पारे के बल्ब को नहीं छूना चाहिए। थर्मामीटर को ऊपर से पकड़ना चाहिए ।

प्रयोग विधि

1. कमरे के तापमान को मापने से पहले थर्मामीटर को धीरे से हिलाएं।
2. थर्मामीटर को हवादार और बड़े कमरे में एक मिनट के लिए ऊपर से लटकाएं या पकड़ें और फिर ग्रेडेड थर्मामीटर में पारा स्तर का पाठ्यांक नोट करें।
3. अब एक बीकर या पात्र को समतल और सख्त सतह पर रखें।
4. इसमें गर्म पानी डालें और एक थर्मामीटर को पात्र में इस तरह रखें कि पारा बल्ब पानी के सीधे संपर्क में आ जाए। एक मिनट के लिए थर्मामीटर को इसी अवस्था में रहने दें और तापमान को मापें।
5. इसी तरह कुनकुने या गर्म अरंडी के तेल के लिए भी प्रयोग को दोहराएं।

प्रेक्षण और गणना

प्रेक्षण:

1. पारा थर्मामीटर की परास = ... से........................°C
2. पारा थर्मामीटर का अल्पतमांक = ...°C
3. वर्ष का वह महीना जिसमें प्रयोग किया गया है = ...

प्रेक्षण तालिका :

क्रमांक	पदार्थ/स्थान जिसका तापमान मापा गया है	तापमान, T (°C)	तापमान, T (°F)	तापमान, T (K)	तापमान, T (°R)
1	भौतिकी प्रयोगशाला				
2	कक्षा				
3	500 ml पानी (कुनकुने से गर्म)				
4	500 ml अरंडी का तेल (कुनकुने से गर्म)				

गणना:

सेल्सियस स्केल से फारेनहाइट स्केल : $°F = \frac{9}{5}\ °C + 32$

सेल्सियस स्केल से केल्विन स्केल: $K = 273.15 + °C$

केल्विन स्केल से रैंकिन स्केल: $°R = \frac{9}{5}\ K$

परिणाम और/या निरूपण

कमरे का तापमान .... महीने में = ... °C =................ °F =................. K = ... R

गर्म पानी का तापमान = ... °C = ... °F =.......................K = ...R

गर्म तेल का ताप = ... °C = ... °F =.......................K = ...R

निष्कर्ष और/या सत्यापन (विद्यार्थी द्वारा भरा जाना है)

....

....

प्रयोग संबंधित प्रश्न (उत्तर के लिए अलग शीट का प्रयोग करें)

1. केल्विन और फारेनहाइट स्केल में पानी किस तापमान पर उबलता है?
2. त्रिक बिंदु क्या है?
3. H_2O के त्रिक बिंदु के मान को फारेनहाइट स्केल में बदलें।
4. तापमान मापने से पहले आपको पारे के बल्ब को क्यों नहीं छूना चाहिए?
5. क्या मानव शरीर का तापमान सभी आयु वर्ग के लिए समान रहता है? क्यों?

अपशिष्ट का निपटान

इस प्रयोग में फेंके जाने वाले अपशिष्ट पदार्थों को निम्नलिखित बिन में वर्गीकृत करें:

अपशिष्ट के प्रकार	 बिन (Bin) का रंग	विवरण
बायोडिग्रेडेबल अपशिष्ट	हरा	एक्सपायर्ड अरंडी के तेल को, कचरे में फेंकनें या नाली में बहाने की अपेक्षा तेल रिसायकलिंग केंद्र पर पहुंचाकर निपटान करना चाहिए ।
ई-अपशिष्ट	काला	कोई नहीं
प्लास्टिक एवं धातु अपशिष्ट	नीला	पारा अपशिष्ट का निपटान, खतरनाक अपशिष्टों के निपटान की उचित दिशा निर्देशों के अनुसार करना चाहिए या इसे रिसाइक्लिंग केंद्र पर पहुंचाना चाहिए।
अन्य		कोई नहीं

पर्यावरण के अनुकूल दृष्टिकोण: कम उपयोग (रिड्यूज), पुनः उपयोग (रियूज) एवं पुर्नचक्रण (रिसायकल)

अरंडी-तेल और थर्मामीटर दोनों लंबे समय तक पुनः उपयोग में लाये जा सकते हैं। अरंडी के तेल को स्टोर करने के लिए इसे धूप और नमी से दूर रखना चाहिए । पानी ठंडा होने के बाद, आस-पास के पौधों के लिए उपयोग किया जा सकता है।

सुझाई गई मूल्यांकन योजना (शिक्षक द्वारा भरी जानी है)

दिए गए कार्य निष्पादन संकेतक, प्रक्रिया और परिणाम सहसंबंध के मूल्यांकन के लिए दिशा निर्देश के रूप में उपयोग करने चाहिए।

कार्य निष्पादन संकेतक		भारिता	प्राप्तांक
प्रक्रिया सूचक : .... अंक* (..........%)		**60%**	
1.	उपकरणों का संचालन	20%	
2.	ठीक से तापमान मापना	20%	
3.	सुरक्षा उपायों का पालन करना	20%	

कार्य निष्पादन संकेतक		भारिता	प्राप्तांक
परिणाम सूचक : ....अंक* (.................%)		**40%**	
4.	रिपोर्ट को सफाई से और समय पर जमा करना	10%	
5.	तापमान पैमाने का रूपांतरण	10%	
6.	गणना और परिणाम की व्याख्या	10%	
7.	प्रयोग सम्बन्धित प्रश्न	10%	
कुल		**100%**	

* **प्रक्रिया और परिणाम मूल्यांकन के लिए अंक और प्रतिशत भार शिक्षक द्वारा तय किये जायें।**

विद्यार्थी का नामः .... प्राप्तांक			शिक्षक के हस्ताक्षर (दिनांक के साथ)
प्रक्रिया सूचक	परिणाम सूचक	कुल	

अधिक जानिए

- केल्विन स्केल, में सेल्सियस स्केल के समान आकार की डिग्री (अर्थात, 100 डिग्री) का उपयोग होता है तथा रैंकिन स्केल में फारेनहाइट स्केल के समान आकार की डिग्री (180 डिग्री) का उपयोग होता है।
- बोलोमीटर एक ऐसा उपकरण है जो विद्युत चुम्बकीय विकिरणों और ऊष्मा को मापता है। इसमे एक तापमान संवेदनशील प्रतिरोधक तत्व का उपयोग होता है। बोलोमीटर, कण डिटेक्टरों से विकिरण और ऊष्मा को मापता हैं और इसका उपयोग ऊष्मीय कैमरों, फिंगरप्रिंट स्कैनर में, जंगल की आग, छिपे हुए हथियारों और खगोलीय विकिरणों का पता लगाने में किया जाता है। बोलोमीटर के थर्मल इमेजिंग, THz संचार, और सोलर प्रोब्स में आशाजनक अनुप्रयोग हैं। उष्मामिति में पायरोमीटर, अपने उपयोगों की वजह से बोलोमीटर और थर्मिस्टर्स के सदृश्य स्थान रखता हैं।

अभिनव प्रयोग/परियोजनाएं/गतिविधियां डिजाइन करें:

1. थर्मिस्टर्स के सिद्धांत, कार्यप्रणाली और अनुप्रयोगों के बारे में एक चार्ट या पावरपॉइंट प्रस्तुति तैयार करें।
2. ठोस, द्रव और गैसों की ऊष्मीय चालकता को मापने के लिए विभिन्न विधियों की एक सूची बनाएं और व्यक्तिगत रूप से या समूह में एक प्रस्तुति तैयार करें।
3. औद्योगिक अग्नि और विस्फोटों के प्रमुख कारणों और रोकथाम के उपायों की सूची बनाएं और समूह में चर्चा करें। औद्योगिक अग्नि सुरक्षा के बारे में एक प्रस्तुति दें।

संदर्भ एवं अध्ययन हेतु सुझाव

संदर्भ

1. H. C. Verma, *Concepts of Physics Vol. I & II,* Bharti Bhawan Ltd. New Delhi, 2017.
2. J. Walker, *Principles of Physics,* 9th Edition, Hoboken, New Jersey: Wiley, 2011.
3. M. W. Zemansky and R. H. Dittman, *Heat and Thermodynamics,* 6th Edition, McGraw-Hill, New York, 1981.
4. M. C. Potter and C. W. Somerton, *Schaum's outlines of Thermodynamics for Engineering,* 2nd Edition, McGraw-Hill, 2006.
5. M. E. Browne, *Schaum's Outline of Physics For Engineering And Science,* 4th Edition, McGraw-Hill, 2019.
6. E. Hecht, *Schaum's Outline of College Physics,* 12th Edition, McGraw-Hill, 2017.
7. A. Halpern, *Schaum's 3,000 Solved Problems In Physics,* McGraw-Hill, 2011.
8. PhET Interactive Simulations, University of Colorado Boulder, https://phet.colorado.edu
9. OLabs, Developed by Amrita Vishwa Vidyapeetham & CDAC Mumbai and funded by MeitY (Ministry of Electronics & Information Technology, India), http://www.olabs.edu.in/
10. Swayam Prabha, INFLIBNET, India, https://www.swayamprabha.gov.in/index.php/

प्रैक्टिकल हेतु सुझाए गये संसाधन

1. C. L. Arora, *B.Sc. Practical Physics,* S. Chand Limited, 2001.
2. G. L. Squires, *Practical Physics,* Cambridge University Press, 2001.
3. Thermal expansion: http://www.iiserpune.ac.in/~bhasbapat/phy221_files/lab1.pdf (as on 31st July, 2021).
4. http://mercury.pr.erau.edu/~jesse400/PS195QLab9.pdf (As on 31st July, 2021)
5. Interactive Thermometer (https://www.mathsisfun.com/measure/thermometer.html) as on 31st July 2021.
6. Java Simulation: https://javalab.org/en/heat_capacity_en/
7. Java Simulation: https://javalab.org/en/bimetal_en/

अनुलग्नक

अनुलग्नक-I: महत्वपूर्ण सूत्र

यूनिट 1: भौतिक जगत, मात्रक एवं मापन

1. किसी दी गयी भौतिक राशि के मान का मात्रकों के एक सिस्टम से दूसरे सिस्टम में रूपांतरण का सूत्र
$n_1u_1 = n_2u_2$
n_1 = मात्रकों के पहले सिस्टम में संख्यात्मक मान,
u_1 = मात्रकों के पहले सिस्टम में भौतिक राशि का मात्रक
n_2 = मात्रकों के दूसरे सिस्टम में संख्यात्मक मान,
u_2 = मात्रकों के दूसरे सिस्टम में भौतिक राशि का मात्रक
2. वर्नियर कैलिपर्स का अल्पतमांक (L.C.) निम्न सूत्र द्वारा दिया जाता है:
$$\text{अल्पमतांक (L.C.)} = \frac{\text{मुख्य स्केल के सबसे छोटे भाग का मान}}{\text{वर्नियर स्केल के कुल भागों की संख्या}} = \frac{\text{SDMS}}{\text{TDVS}} = \frac{1\,\text{MSD}}{n}$$
3. माइक्रोमीटर स्क्रू गेज का अल्पतमांक (L.C.) निम्न सूत्र द्वारा दिया जाता है:
$$\text{माइक्रोमीटर स्क्रू गेज का अल्पतमांक (L.C.)} = \frac{\text{स्क्रू गेज की पिच}}{\text{वृत्तीय स्केल पर कुल खानों की संख्या}}$$
4. $$\text{स्फेरोमीटर का अल्पतमांक (L.C.)} = \frac{\text{स्फेरोमीटर की पिच}}{\text{वृत्तीय स्केल पर कुल खानों की संख्या}}$$
5. यदि प्राप्त मान $a_1, a_2, a_3, \ldots, a_n$ है, तब इन मानों का समांतर माध्य इस प्रकार दिया जाता है:
$$\bar{a} = a_{(\text{माध्य})} = \frac{a_1 + a_2 + a_3 + \ldots + a_n}{n}$$
6. तब व्यक्तिगत मापन में त्रुटियों को इस प्रकार लिखा जाता है,
$\Delta a_1 = \bar{a} - a_1; \Delta a_2 = \bar{a} - a_2; \Delta a_3 = \bar{a} - a_3 \ldots, \Delta a_n = \bar{a} - a_n$
7. माध्य निरपेक्ष त्रुटि $(\overline{|\Delta a|})$: यह $(\overline{\Delta a})$ या $\Delta a_{\text{माध्य}}$ से प्रदर्शित की जाती है।
$$\text{अतः}, (\overline{|\Delta a|}) = \overline{\Delta a}_{(\text{माध्य})} = \frac{|\Delta a_1| + |\Delta a_2| + |\Delta a_3| + \ldots + |\Delta a_n|}{n}$$
8. आपेक्षिक त्रुटि $(\delta a) = \dfrac{(\overline{|\Delta a|})}{\bar{a}} = \dfrac{\Delta a_{\text{माध्य}}}{a_{\text{माध्य}}}$ और
9. प्रतिशत त्रुटि, $\delta a = \dfrac{\Delta a_{\text{माध्य}}}{a_{\text{माध्य}}} \times 100\%$

10. योग $(Z = X + Y)$ या अंतर $(Z = X - Y)$ में त्रुटियाँ : योग या अंतर में अधिकतम संभावित त्रुटि, $\Delta Z = \Delta X + \Delta Y$ द्वारा दी जाती है।

11. गुणनफल $(Z = XY)$ या भागफल $(Z = X - Y)$ में त्रुटि: गुणनफल या भाग में अधिकतम आपेक्षिक या भिन्नात्मक त्रुटि $\frac{\Delta Z}{Z} = \frac{\Delta X}{X} + \frac{\Delta Y}{Y}$ से दर्शायी जाती है।

12. मापित राशि के घातों के प्रकरण में त्रुटि: माना $Z = \frac{X^n Y^m}{c^q}$ जहाँ k एक नियतांक है, तब सापेक्ष या भिन्नात्मक त्रुटि को $\frac{\Delta Z}{Z} = n\frac{\Delta X}{X} + m\frac{\Delta Y}{Y} + q\frac{\Delta C}{C}$ के रूप में लिखा जा सकता है।

यूनिट 2: बल एवं गति

1. सदिश $\vec{A}$ के एकांक सदिश को $\hat{A} = \frac{\vec{A}}{|\vec{A}|} = \frac{\text{सदिश}}{\text{सदिश का परिणामी}}$ से दर्शाया जाता हैं।

2. $(\vec{a} + \vec{b})$ के परिमाण को $|\vec{a} + \vec{b}| = \sqrt{a^2 + b^2 + 2ab\cos\theta}$ के रूप में लिखा जाता है। जहाँ θ, $\vec{a}$ और $\vec{b}$ के बीच एक छोटा कोण है।

3. यदि $(\vec{a} + \vec{b})$ सदिश $\vec{a}$ से कोण α बनाता है तो, $\tan\alpha = \frac{b\sin\theta}{a + b\cos\theta}$

4. यदि सदिश $\vec{A}$, X-अक्ष के साथ कोण α तथा Y-अक्ष के साथ कोण $\beta = (90 - \alpha)$ बनाता है, और X-अक्ष के साथ आयताकार घटक $A_x = A\cos\alpha$ तथा Y-अक्ष में आयताकार घटक $A_y = A\cos\beta$, है, तब, सदिश $\vec{A} = A_x\vec{i} + A_y\vec{j} = (A\cos\alpha)\vec{i} + (A\cos\beta)\vec{j}$

5. यदि घटक A_x और A_y दिए गए हो, तब सदिश $\vec{A}$ का परिणामी $|(\vec{A}|) = \sqrt{A_x^2 + A_y^2}$ तथा $\tan\alpha = \frac{A_y}{A_x}$

6. माना $\vec{A} = A_x\vec{i} + A_y\vec{j} + A_z\vec{k}, \vec{B} = B_x\vec{i} + B_y\vec{j} + B_z\vec{k}$

   $\vec{A} \pm \vec{B} = (A_x \pm B_x)\vec{i} + (A_y \pm B_y)\vec{j} + (A_z \pm B_z)\vec{k}$

   तो परिमाण $|\vec{A} \pm \vec{B}| = \sqrt{(A_x \pm B_x)^2 + (A_y \pm B_y)^2 + (A_z \pm B_z)^2}$

7. दो सदिशों $\vec{A}$ और $\vec{B}$ का डॉट गुणनफल इस प्रकार लिखा जाता है

   $\vec{A}.\vec{B} = AB\cos\theta = |\vec{A}||\vec{B}|\cos\theta$ जहाँ θ, सदिश $\vec{A}$ और $\vec{B}$ के बीच कोण है।

   $\vec{A}.\vec{B} = A_xB_x + A_yB_y + A_zB_z$

8. सदिश गुणनफल या दो सदिशों $\vec{A}$ और $\vec{B}$ के क्रॉस गुणनफल को $\vec{A} \times \vec{B}$ द्वारा दर्शाया जाता है और यह स्वयं भी एक सदिश होता है। तब, इस सदिश का परिणामी होगा $|\vec{A} \times \vec{B}| = AB\sin\theta$

   $\vec{A} \times \vec{B} = (A_yB_z - A_zB_y)\vec{i} + (A_zB_x - A_xB_z)\vec{j} + (A_xB_y - A_yB_x)\vec{k}$

9. बाह्य आरोपित बल $\vec{F} = k\frac{m(\vec{v}_2 - \vec{v}_1)}{\Delta t}$ या $F = m\vec{a}$

10. रॉकेट का थ्रस्ट = द्रव्यमान × रॉकेट का त्वरण = गैसों का वेग × द्रव्यमान के घटने की दर

$$\vec{F} = m\frac{(\Delta\vec{v})}{\Delta t} = \frac{\Delta m}{\Delta t}\vec{u}$$

11. आवेग $\vec{I} = \vec{F}\Delta t = \vec{p}_2 - \vec{p}_1$

12. तात्क्षणिक कोणीय वेग $\omega = \lim_{\Delta t \to 0}\frac{\Delta\theta}{\Delta t} = \frac{d\theta}{dt}$

13. तात्क्षणिक कोणीय त्वरण $\alpha = \lim_{\Delta t \to 0}\frac{\Delta\omega}{\Delta t} = \frac{d\omega}{dt} = \frac{d^2\theta}{dt^2}$

14. रैखिक और कोणीय वेग में संबंध $v = r\omega$
15. रैखिक और कोणीय त्वरण में संबंध $a = r\alpha$
16. नियत कोणीय त्वरण α के लिए समीकरण निम्नलिखित है

$\omega = \omega_0 + \alpha t$ (2) $\theta = \omega_0 + \frac{1}{2}\alpha t^2$ (3) $\omega^2 = \omega_0^2 + 2\alpha\theta$

17. अभिकेन्द्रीय बल F_c = द्रव्यमान × अभिकेन्द्रीय त्वरण $= \frac{mv^2}{r} = m\omega^2 r$

18. बंकित सड़क पर वाहन का वेग $v = \sqrt{rg\tan\theta}$

यूनिट 3: कार्य, शक्ति एवं ऊर्जा

1. कार्य (W) = $F \bullet r = F\cos(\theta).r$, परिवर्ती बल के लिए $W = \int F \cdot dr$
2. सीमान्त घर्षण = $\mu_{limiting}$ × (अभिलम्ब बल (या अभिलम्ब प्रतिक्रिया बल) = $\mu_{limiting}$ N
3. स्थैतिक सीमांत घर्षण $f_s = \mu_s N = \mu_s mg$ और गतिक घर्षण बल $f_k = \mu_k N$
4. किसी अवनत समतल पर $\mu_s = \mu_k = \tan\theta$
5. गतिज ऊर्जा (KE) = $\frac{1}{2}mv^2$ गुरुत्वीय स्थितिज ऊर्जा $U = mgh$
6. शक्ति $P = \frac{dW}{dt} = \frac{F.dr}{dt} = F.v$ ($\therefore$ $W = F \cdot r$ और $\frac{dr}{dt} = v$)

यूनिट 4: घूर्णी गति

1. बल आघूर्ण $\vec{\tau} = \vec{r} = rF\sin\theta$
2. कोणीय संवेग $\vec{L} = \vec{r} \times \vec{p} = mvr\sin\theta$

3. जड़त्व आघूर्ण $I = m_1r_1^2 + m_2r_2^2 + ... + m_0r_n^2 = \Sigma_{i=1}^{n} m_i r_1^2$

4. बल आघूर्ण और जड़त्व आघूर्ण में संबंध $\tau_{net} = \Sigma_{i=1}^{n} m_i r_i^2 \alpha = I\alpha$

5. कोणीय संवेग और जडत्व आघूर्ण में संबंध $L_{net} = \Sigma_{i=1}^{n} m_i r_i^2 \omega = I\omega$

6. परिभ्रमण त्रिज्या $K = \sqrt{\frac{\Sigma_{i=1}^{n} m_i r_i^2}{M}}$ जहाँ पिंड का जड़त्व आघूर्ण $I = M \times K^2$

7. लम्बवत अक्ष प्रमेय $I_z = I_x + I_y$

8. समांतर अक्ष प्रमेय $I_{AB} = I_C + Md^2$

9. जब, बल आघूर्ण = 0 तब, $I_1\omega_1 = I_2\omega_2$ जहाँ $\frac{d\vec{L}}{dt} = \vec{\tau}_{net}$

10. किसी छड़ के केंद्र से होकर गुजरने वाले और उसकी लंबाई के लंबवत अक्ष के परितः जड़त्व आघूर्ण = $\frac{MI^2}{12}$

11. अक्ष के परितः डिस्क का M.I. = $\frac{1}{2}Mr^2$, व्यास के परितः = $\frac{1}{4}Mr^2$, रिम की स्पर्शरेखीय दिशा में व्यास के समांतर M.I. = $\frac{5}{4}Mr^2$

12. अक्ष के परितः वलय का M.I. = Mr^2, व्यास के परितः M.I. = $\frac{1}{2}Mr^2$, रिम की स्पर्शरेखीय दिशा में, अक्ष के समांतर M.I. = $2Mr^2$, रिम की स्पर्शरेखीय दिशा में, व्यास के समांतर = $\frac{3}{2}Mr^2$

13. व्यास के परितः ठोस गोले का M.I. = $\frac{2}{5}Mr^2$, स्पर्शरेखीय दिशा में = $\frac{7}{5}Mr^2$

14. व्यास के परितः खोखले गोले का M.I. = $\frac{2}{5}M\left(\frac{r_2^5 - r_1^5}{r_2^3 - r_1^3}\right)$

15. व्यास के परितः गोलीय खोल का M.I. = $\frac{2}{3}Mr^2$

यूनिट 5: द्रव्यों के गुण

1. यंग प्रत्यास्थता गुणांक $Y = \frac{\text{अनुदैर्ध्य प्रतिबल}}{\text{अनुदैर्ध्य विकृति}} = \frac{F/A}{\Delta L/L} = \frac{FL}{A\Delta L}$

2. आयतन प्रत्यास्थता गुणांक $B = \frac{\text{आयतन प्रतिबल}}{\text{आयतन विकृति}} = \frac{\Delta P}{-\Delta V/V} = \frac{-\nu(\Delta P)}{\Delta \nu}$, संपीड्यता $K = 1/B$

3. दृढ़ता गुणांक $\eta = \frac{\text{अपरूपण प्रतिबल}}{\text{अपरूपण विकृति}} = \frac{F/A}{x/L} = \frac{FL}{Ax}$

4. दाब $P = \frac{F}{A}$ और निरपेक्ष दाब $P = P_{atm} + \rho gh$, गेज दाब $= P - P_{atm} = \rho gh$

5. पृष्ठ तनाव $S = \frac{F}{1}$ और केशिका में आरोहण सूत्र $h = \frac{2s\cos\theta}{r\rho g}$

6. श्यान बल $F = \eta A \frac{(v_2 - v_1)}{d}$, जहाँ $\frac{(v_2 - v_1)}{d}$ वेग प्रवणता है

7. गतिज श्यानता और डायनेमिक श्यानता में संबंध $\mu = \frac{\eta}{\rho}$

8. सीमांत वेग $V_t = \frac{2}{9}\frac{r^2 g}{\eta}(\rho - \rho_f)$

9. स्टोक का नियम $F_V = 6\pi\eta r V$

10. द्रवों में श्यानता पर तापमान का प्रभाव $\eta = \frac{\eta_0}{(1 + \alpha t + \beta t^2)}$

11. गैसों मे श्यानता पर तापमान का प्रभाव $\eta = \eta_0 + \alpha t + \beta t^2$

12. रेनॉल्ड संख्या, $(R_e) = \frac{\rho VD}{\eta} = \frac{VD}{\mu}$

13. अविरतता का समीकरण $A_1V_1 = A_2V_2$, और $AV =$ नियतांक $= R =$ द्रव प्रवाह का वेग

14. बरनौली का समीकरण $P + \rho g h + \frac{1}{2}\rho V^2 =$ नियतांक

यूनिट 6: ऊष्मा और ऊष्मामिति

1. किसी पदार्थ को दी (या ली) गयी ऊष्मा, $Q = C\Delta T = C(T_2 - T_1)$
2. दी गयी ऊष्मा, $Q = n\, C_m \Delta T = n\, C_m (T_2 - T_1)$, जहाँ $C_m =$ मोलर ऊष्मा धारिता

3. $\gamma = \frac{C_p}{C_v}$ और $C_p - C_v = R$

4. $°F = \frac{9}{5}\,°F + 32$, $K = 273.15 + °C$, $°R = °F + 459.67$, $°R = \frac{9}{5}K$

5. $\alpha = \frac{dL}{L_0 dT}$, $\beta = \frac{dA}{A_0 dT}$ और $\gamma = \frac{dV}{V_0 dT}$

6. $1 = I_0(1 + \alpha T)$, $A = A_0(1 + \beta T)$ और $V = V_0(1 + \gamma T)$

7. $\alpha = \frac{\beta}{2} = \frac{\gamma}{3}$

7. ऊष्मा ऊर्जा $Q = K\frac{A(\theta_1 - \theta_2)t}{d}$, जहाँ तापमान प्रवणता $= \frac{(\theta_1 - \theta_2)}{d}$

अनुलग्नक-II: रूपांतरण घटक

लम्बाई

1 m = 100 cm = 3.28 फीट = 39.37 इंच

1 A° = 10^{-10} m = 10^{-8} cm

1 प्रकाश वर्ष = 9.46×10^{15} m

1 mi = 1.609 km

1 ft = 0.3048 m = 30.48 cm

1 इंच (in.) = 2.54 cm

द्रव्यमान

1 kg = 10^3 g

1 पाउंड = 0.454 kg

1 u = 1 amu = 1.66×10^{-27} kg

समय

1 min. = 60 s

1 h = 60 min. = 3600 s

1 दिन = 86400 s

आयतन

1 litre = 1000 cm^3 = 10^{-3} m^3

कोण

1 rad = 180°/π = 57.3°

1° = π/180 rad = 1.745×10^{-2} rad

1 revolution = 2 π rad = 360°

त्वरण

1 ft/s^2 = 0.3048 m/s^2 = 30.48 cm/s^2

बल

1 N = 10^5 डाइन

1lb = 4.448 N

शक्ति

1 W = 1 J/s

1 hp = 746 W

दाब

1 Pa = 1 N/m^2

1 bar = 10^5 Pa

1 atm. = 1.013 bar = 1.013×10^5 Pa

1 torr = 1mm Hg = 133.3 Pa

ऊर्जा

1 cal. = 4.186 J

1 eV = 1.6×10^{-19} J

1 J = 0.239 cal. = 10^7 अर्ग

1 kWh = 3.6×10^6 J

1 BTU = 1055 J = 252 cal.

श्यानता

1 Pa-s = 1 Pl = 10 P

1 St = 1 cm^2/s

चाल

1 km/h = 0.2778 m/s

1 mi/h = 0.447 m/s

अनुलग्नक-III: प्रयोगशाला में काम करते समय कुछ सामान्य और विशिष्ट निर्देश

सामान्य निर्देश

1. प्रयोगशाला में शांतिपूर्वक और सावधानी से काम करें। याद रखें कि, किसी भी प्रयोग को करने का मुख्य उद्देश्य विश्वसनीय माप करना होता है।
2. कार्य के सभी चरणों को हमेशा अपने साथी के साथ समान रूप से साझा करें।
3. सारणीबद्ध रूप में आँकड़ों का प्रस्तुतीकरण, रेखांकन और गणना ठीक से और सत्यनिष्ठा से की जानी चाहिए।
4. प्रयोगात्मक डेटा की रिकॉर्डिंग और प्रस्तुतिकरण के समय हमेशा सत्यनिष्ठ रहें। रीडिंग में हेराफेरी करने से बचें।
5. यदि कोई पठन गलत प्रतीत होता है, तो त्रुटि के स्रोत का पता लगाने के लिए माप को बार-बार दोहराना चाहिए।
6. प्रयोगों से सावधानीपूर्वक प्राप्त आँकड़ों का उपयोग करके ठीक से ग्राफ आलेखित करें।
7. आप मापन यंत्रों और उपकरणों से परिचित होने और मोटर कौशल विकसित करने के एकमात्र उद्देश्य के लिए प्रयोगशाला कार्य करते हैं, इसलिए ठीक बिंदुओं पर ध्यान केंद्रित करने और उन्हें सीखने का अवसर प्राप्त करें।
8. एकत्रित सैद्धांतिक ज्ञान को सत्यापित करने के लिए रुचि के साथ प्रयोग करके सीखने की प्रवृत्ति को विकसित करें।
9. समयनिष्टता सफलता की कुंजी है। प्रयोगशाला सत्रों के लिए हमेशा समय पर पहुंचे और प्रयोग के बारे में स्पष्ट ज्ञान के साथ तैयार रहें।

विशिष्ट निर्देश

1. अपने प्रयोग के डेटा एकत्र करने के लिए प्रयोगशाला में कार्य करते समय, सभी लिए गए डेटा को नोटबुक में अच्छी तरह से नोट करें।
2. नोटबुक में दर्ज किए गए डेटा को प्रयोगशाला छोड़ने से पहले आपके प्रशिक्षक द्वारा पुष्टि की जानी चाहिए।
3. एक ही प्रयोग करने वाले सभी छात्रों को रिकॉर्ड किए गए डेटा की अलग-अलग कॉपी रखनी चाहिए। प्रायोगिक कार्य के लिए प्रयोगशाला नोटबुक को नियमित रूप से प्रयोगशाला में लाना आवश्यक है।
4. प्रत्येक प्रयोग के अंत में ग्राफ ठीक से आलेखित करना चाहिए।
5. इसके लिए आपको यह जानना होगा कि ग्राफ पेपर के उपयोग को कैसे अनुकूलित किया जाए। याद रखें कि सभी दोहराए गए डेटा को एक ही ग्राफ शीट पर समायोजित किया जाना चाहिए।
6. ग्राफों को संबंधित इकाइयों को दर्शाने वाले अक्षों के साथ ठीक से लेबल किया जाना चाहिए।
7. प्रयोगशाला में कार्य अवधि के दौरान, आपको समय का पूरी तरह से उपयोग करना चाहिए और कार्य अवधि के पूरा होने से पहले प्रयोगशाला को नहीं छोड़ना चाहिए। यदि आप जल्दी खत्म कर लेते हैं, तो आप शेष समय का उपयोग गणना और ग्राफ आलेखन में करना चाहिए, इसलिए प्रयोगशाला में आपके पास कैलकुलेटर, पेंसिल और स्केल होना चाहिए।

परिशिष्ट

परिशिष्ट-A: प्रैक्टिकल के लिए सुझावात्मक टेम्पलेट

उद्देश्य

प्रयोग के उद्देश्य के बारे में संक्षेप में लिखें।

प्रासंगिकता

प्रयोग की प्रासंगिकता को अपने शब्दों में स्पष्ट रूप से लिखें।

आवश्यक उपकरण

सभी आवश्यक उपकरणों को उनके उचित विनिर्देशों के साथ सूचीबद्ध रूप से लिखें।

प्रयोग विधि, प्रेक्षण और निष्कर्ष

प्रयोग विधि को चरणबद्ध तरीके से समझाएं और प्रेक्षणों को ठीक से नोट करें। प्रेक्षणों के आधार पर कुछ निष्कर्ष निकाला जाना है। आप नीचे दी गई तालिका के समान तालिका का उपयोग कर सकते हैं:

चरण संख्या	प्रयोग विधि	प्रेक्षण	निष्कर्ष
1			
2			
3			

वीडियो / एनिमेशन

यदि संभव हो, तो प्रयोग के मानसिक चित्रण के लिए कुछ वीडियो/एनीमेशन का उपयोग कर सकते है।

गणना

अपने प्रयोग के लिए आवश्यक सभी भौतिक राशियों की ठीक से गणना करें।

परिणाम एवं चर्चा (त्रुटि मापन)

अंतिम परिणाम प्राप्त करें और प्रयोग के दौरान संभावित त्रुटियों के साथ इसकी चर्चा करें।

निष्कर्ष

अंत में प्राप्त परिणामों के आधार पर अपना निष्कर्ष लिखे।

प्रयोग में विषयों की मान्यता

प्रयोग के परिणाम को वास्तविक जीवन परिदृश्य में मान्य करने का प्रयास करें।

आईसीटी (ICT) का उपयोग

आप उपलब्ध ऑनलाइन संसाधनों का उपयोग करके भी अध्ययन कर सकते हैं। ये उपयोगी हैं क्योंकि इसमें समय की कोई बाध्यता नहीं है। जिनमें से कुछ नीचे सूचीबद्ध हैं:

https://swayam.gov.in/

https://nptel.ac.in/

https://www.swayamprabha.gov.in/

अनुदेशक और लैब-तकनीशियनों के लिए नोट

प्रयोगशाला की तैयारी, रखरखाव, सुरक्षा पहलुओं आदि के लिए कुछ सामान्य और विशिष्ट निर्देश अलग से सूचीबद्ध हैं [अनुलग्नक III देखें]। प्रयोगशाला अनुदेशक और लैब-तकनीशियन बिना किसी खतरे के प्रयोगशाला को सुचारू रूप से चलाने के लिए उन निर्देशों का ठीक से पालन कर सकते हैं।

परिशिष्ट-B: समूह में प्रायोगिक/परियोजनाओं/गतिविधियों के लिए सांकेतिक मूल्यांकन दिशानिर्देश

प्रक्रिया संबंधित कौशल

मानदंड एवं स्तर	विकासशील	सक्षम	प्रवीण
उपकरण सेट अप/यंत्रों की हैंडलिंग			
प्रेक्षणों/डेटा की रिकार्डिंग			
समय प्रबंधन			
टीम वर्क			
व्यक्तिगत कार्य			
सुरक्षा सावधानियाँ			
अन्य			

परिणाम संबंधित कौशल

मानदंड एवं स्तर	विकासशील	सक्षम	प्रवीण
विषयवस्तु			
अनुसन्धान/सर्वेक्षण			
नवीनतम तकनीक का उपयोग			
विषय पर ठहराव			
तत्परता			
प्रस्तुतिकरण पर आत्मविश्वास			
पीपीटी (PPT) बनाने के कौशल सहित आईसीटी (ICT) का उपयोग			
समय प्रबंधन			
सामूहिक प्रयास			
व्यक्तिगत प्रयास			

परिशिष्ट-C: ब्लूम स्तर के आधार पर मूल्यांकन

ब्लूम टेक्सोनोमी–इस पुस्तक के प्रश्नों के विकास के लिए इसे दो श्रेणियों में जोड़ा गया है:

श्रेणी I प्रश्न	श्रेणी II प्रश्न - उच्च क्रम सोच कौशल
ब्लूम स्तर 1 : स्मरण ब्लूम स्तर 2: समझ ब्लूम स्तर 3: अनुप्रयोग	ब्लूम स्तर 4: विश्लेषण ब्लूम स्तर 5: मूल्यांकन ब्लूम स्तर 6: सृजन

परिशिष्ट-D: प्रैक्टिकल का रिकार्ड

क्रमांक	पृष्ठ क्रमांक	प्रयोग	दिनांक			अंक	हस्ताक्षर
			वास्तविक	रिपीट	टिप्पणियाँ		
1.		वर्नियर कैलीपर का उपयोग करके एक दिए गए बेलन, परखनली और बीकर की लंबाई एवं त्रिज्या मापना और उनका आयतन ज्ञात करना					
2.		एक स्क्रूगेज का उपयोग करके किसी ठोस गेंद और तार का व्यास एवं कार्डबोर्ड की मोटाई ज्ञात करना					
3.		स्फेरोमीटर का उपयोग करके उत्राल और अवतल दर्पण/सतह की वक्रता त्रिज्या ज्ञात करना					
4.		बलों के त्रिभुज और समांतर चतुर्भुज नियमों का सत्यापन करना					
5.		क्षैतिज बोर्ड का उपयोग करके लकड़ी और कांच के बीच घर्षण गुणांक ज्ञात करना					
6.		हुक के नियम की सहायता से एक स्प्रिंग का बल नियतांक ज्ञात करना					
7.		यांत्रिक ऊर्जा (PE से KE) के संरक्षण नियम को सत्यापित करना					
8.		एक गतिपालक चक्र का जड़त्व आघूर्ण ज्ञात करना					
9.		स्टोक के नियम द्वारा दिए गए द्रव (ग्लिसरीन) की श्यानता ज्ञात करना					
10.		किसी छड़ के पदार्थ का रेखीय प्रसार गुणांक ज्ञात्त करना					
11.		फोर्टीन के बैरोमीटर का उपयोग करके किसी सतह पर वायुमंडलीय दाब ज्ञात करना					
12.		पारा थर्मामीटर का उपयोग करके कमरे के तापमान और हॉट बाथ के तापमान को मापना और इसे विभिन्न पैमानों में परिवर्तित करना					

आगामी अध्ययन के लिए संदर्भ

कुछ पुस्तकों की सूची नीचे दी गई है, जिनका उपयोग इच्छुक छात्रों द्वारा विषय (सिद्धांत और व्यावहारिक दोनों) के आगामी अध्ययन के लिए किया जा सकता है:

1. Serway, Raymond A.; Jewett, John W., *Physics for Scientists and Engineers with Modern Physics (9th ed.)*, Cengage Learning, 2017.
2. Tipler, Paul, *Physics for Scientists and Engineers*: Vol. 1 (4th ed.), W. H. Freeman, 1998.
3. Walker, Jearl, *The Flying Circus of Physics (2nd ed.)*, Wiley & Sons, 2006.
4. Bloomfield, Louis A., How Things Work: *The Physics of Everyday Life (6th ed.)*, Wiley & Sons, 2019.
5. Griffith, W. Thomas; Brosing, Juliet, *The physics of everyday phenomena: A conceptual introduction to physics (9th ed.)*, McGraw Hill, 2019.
6. Young, Hugh; Freedman, Roger, *University Physics with Modern Physics (14th ed.)*, Pearson, 2017.
7. Lamb, H., *Hydrodynamics (6th ed.)*, Cambridge University Press, 1994.
8. Giancoli, Douglas, *Physics for scientists and engineers (5th ed.)*, Pearson,2021
9. Hewitt, Paul G, *Conceptual Physics (12th ed.)*, Pearson,2017
10. Moore, Thomas, *Six Ideas that Shaped Physics: Unit – T – Some Processes are Irreversible (3rd ed.)* McGraw-Hill Education, 2016
11. Halliday, David, Resnick, Robert and Walker, Jearl, *Fundamentals of Physics (11th ed.)* Wiley & Sons, 2018

मुक्त शिक्षा संसाधनों की सूची:

(1) http://www.sciencefairadventure.com/

(2) http://www.physicsclassroom.com/

(3) http://www.physics.org/

(4) http://www.fearofphysics.com/

(5) http://www.sciencejoywagon.com/physicszone/

(6) http://www.science.howstuffworks.com/

CO और PO अटैनमेंट तालिका

पाठ्यक्रम पूर्ण होने के उपरांत कोर्स आउटकम्स (COs) को प्रोग्राम आउटकम्स (POs) के साथ मैप (परस्पर संबंध) किया जा सकता है तथा अन्तर का विश्लेषण करने के लिए POs प्राप्ति हेतु सहसंबंध स्थापित किया जा सकता है। POs प्राप्ति में अन्तर के उचित विश्लेषण पश्चात प्राप्त कमियों को दूर करने के लिए उचित उपाय भी किये जा सकते हैं।

CO और PO अटैनमेंट तालिका

कोर्स आउटकम्स (COs)	प्रोग्राम आउटकम्स (POs) के आपेक्षित संबंध *(1-कमजोर सहसंबंध; 2-मध्यम सहसंबंध; 3-मजबूत सहसंबंध)*						
	PO-1	PO-2	PO-3	PO-4	PO-5	PO-6	PO-7
CO-1							
CO-2							
CO-3							
CO-4							
CO-5							
CO-6							

उपरोक्त तालिका में उल्लेखित किये गए आंकड़ों का उपयोग, अन्तर के विश्लेषण करने में किया जा सकता है।

शब्दकोष (Glossary)

अभिलम्ब बल	Normal Force
अदिश	Scalar
अल्पतमांक	Least Count
अन्वेषण शीलता	Inquisitiveness
अभिकेंद्रीय बल	Centripetal Force
अपकेंद्रीय बल	Centrifugal Force
अवनत समतल	Inclined Plane
अपरूपण प्रतिबल	Shear Stress
अवसादन	Sedimentation
अक्रिय	Inert
अक्षदंड	axle
असम्पीड्य	incompressible
आर्द्रक	Surfactants
आवेग	Impulse
आपेक्षिक घनत्व	Relative Density
अवधारणा	Concept
आरोहण सूत्र	Ascent Formula
आसन्न	Adjacent
आवर्तकाल	Time Period
आघूर्ण भुजा	Moment Arm
आसंजक बल	Adhesive Force
उत्प्लावन बल	Buoyancy Force
उर्ध्वाधर	Vertical
ऊष्मामिति	Thermometry
ऊष्मा धारिता	Heat Capacity
ऐंठन	Torsion
अंशांकन	Calibration
कालाश्रित	Time dependent
काम्पनिक गति	Vibrational Motion
क्रमबद्ध त्रुटियाँ	Systematic errors
केशिका नली	Capillary Tube
कोणीय वेग	Angular velocity
खांचेदार वजन	
गोलक	bob
गतिपालक चक्र	Flywheel
गहन प्रसंस्करण	intensive processing
गलनांक	Melting Point
घर्षण द्रवित वेल्डिंग	friction fluid welding
घूर्णन गति	Rotational Motion
घनत्व	Density
घर्षण	Friction
घन कोण	Solid angle
चालन	Conduction
चरम तनन सामर्थ्य	Ultimate tensile strength
छद्म प्लास्टिक	Pseudoplastic
ज्योति तीव्रता	Luminous intensity
जड़त्व आघूर्ण	Moment of Inertia
ढाल	Slope
त्वरण	Acceleration

तरल	Fluid
तारत्व	Pitch
तापयुग्म	Thermocouple
थल समीर	Land Breeze
दृढ़ता गुणांक	Modulus of Rigidity
द्रव्य	Matter
द्रव्यमान केंद्र	Centre of Mass
धारारेखीय	Streamline
निरपेक्ष	Absolute
पराभव बिंदु	Yield Point
पिच्छट	Back lash
प्रवर्धन	resolution
प्रतिच्छेद	Intercept
प्रत्यानयन बल	Restoring Force
परिणामी	resultant
परिक्षिप्त	Dispersed
प्रतिबल	Stress
परिभ्रमण त्रिज्या	Radius of Gyration
पार्श्व विकृति	Lateral Strain
बड़बड़ाहट	Murmuring
बल आघूर्ण	Torque
बंकन	Banking
भंवर धाराएं	Eddy currents
यंग प्रत्यास्थता गुणांक	Young's modulus of elasticity
यांत्रिक ऊर्जा	Mechanical Energyf
रॉकेट प्रणोदन	Rocket Propulsionf
रैखिक संवेग	Linear Momentum
रबर चूषक	Rubber Sucker
वक्रता त्रिज्या	Radius of Curvature
वलय	Ring
वक्राकार	Curved
विनिर्माण	Manufacturing
विरूपक बल	Deforming Force
विविरण	Radiation
विक्षोभ	Disturbance
विशिष्ट ऊष्मा	Specific Heat
विकृति	Strain
विद्युत विभव	Electric Potential
विक्षुब्ध प्रवाह	Turbulent Flow
व्युत्पन्न मात्रक	Derived Units
शीतलक	Coolantf
शून्यांक त्रुटि	Zero Error
शक्ति	Power
श्यानता	Viscosity
स्पर्शरेखीय	Tangential
स्थैतिक घर्षण	Static Friction
सीमांत घर्षण	Limiting Friction
संवहन	Convention
संवेग	Momentum
सम्पाती	Coincidence
समतल कोण	Plane angle
सार्थक अंक	Significant Number
ससंजक बल	Cohesive Force
सम्पर्क कोण	Angle of Contact
सीमांत वेग	Terminal Velocity
सटीकता	Accuracy
क्षैतिज सतह	Horizontal Surface